国家自然科学基金项目"内蒙古草原城镇公共设施适宜性规划模式研究"资助
（项目批准号：51268039）

内蒙古锡盟南部区域中心城市空间发展研究

荣丽华　黄明华　著

中国建筑工业出版社

图书在版编目（CIP）数据

内蒙古锡盟南部区域中心城市空间发展研究 / 荣丽华，黄明华著 . —北京：中国建筑工业出版社，2016.1
ISBN 978-7-112-18711-9

Ⅰ.①内…　Ⅱ.①荣…②黄　Ⅲ.①城市规划—空间规划—研究—锡林郭勒盟　Ⅳ.①TU984.226.3

中国版本图书馆CIP数据核字（2015）第278289号

本书从国家宏观发展战略、内蒙古区域空间布局、锡林郭勒盟自身发展诉求三个层面，以区域中心城市生成理论、区域空间结构理论、区域协调发展理论为理论基础，提出"培育锡盟南部区域中心城市"这一论题，并围绕培育该区域中心城市的必要性，适宜性选址，途径与策略展开论述。

本书可供城乡规划人员及有关专业师生参考。

责任编辑：许顺法
书籍设计：京点制版
责任校对：刘　钰　姜小莲

内蒙古锡盟南部区域中心城市空间发展研究
荣丽华　黄明华　著
＊
中国建筑工业出版社出版、发行（北京西郊百万庄）
各地新华书店、建筑书店经销
北京京点图文设计有限公司制版
北京市密东印刷有限公司印刷
＊
开本：787×1092 毫米　1/16　印张：14¼　插页：8　字数：344千字
2016年6月第一版　2016年6月第一次印刷
定价：**52.00 元**
ISBN 978-7-112-18711-9
（27929）

前　言

　　"扩大内陆沿边开放"和"桥头堡"战略背景下,我国对外开放格局正在由沿海向沿边和内陆延伸。内蒙古因借区位和资源优势,在国家全方位开放格局中备受关注。内蒙古空间广阔,地域狭长,城镇规模小,布局松散,一体化网络较难形成,均衡发展投入大见效慢。针对这一独特的地域特征,为了在区域竞争和协作中取得优势地位,内蒙古应打破行政界域,以跨区域的视角,重新审视区域空间发展条件,选择具有优势条件的地区优先发展,优化区域中心城市体系,空间上培育战略门户节点和区域联动轴线,构筑外向型空间格局,通过区域中心城市的辐射带动作用和发展轴线的扩散效应,融入周边省份和地区的发展网络。

　　锡林郭勒盟(以下简称"锡盟")资源富集,锡盟南部地区近邻"京津冀",具有参与"京津冀"一体化发展的优势条件,同时也是我国打通中蒙国际通道、内蒙古连接东西的战略节点。本书从国家宏观发展战略、内蒙古区域空间布局、锡盟自身发展诉求三个层面,以区域中心城市生成理论、区域空间结构理论、区域协调发展理论为理论基础,提出"培育锡盟南部区域中心城市"这一论题,并围绕培育该区域中心城市的必要性、适宜性选址、途径与策略展开论述。

　　首先,通过对内蒙古区域中心城市生长环境、空间布局特征和发展现状的分析,对地级以上城市中心性和县级以上城市综合规模的量化测度,认为亟须在锡盟南部培育区域中心城市。其次,针对内蒙古地域特征,提出符合内蒙古区情的区域中心城市构建条件,对比分析锡盟南部空间发展条件,初判选址可能,选取适宜性评价因子量化校核,遴选锡盟南部区域中心城市合宜选址。再次,这个"将有的"的区域中心城市具有"生长型"特征,并以"生长型"规划理念和方法,从产业发展、人口与城镇化、区域交通和城市空间布局等角度,探讨传统草原城镇生长为区域中心城市的途径与策略。

　　本研究认为,培育锡盟南部区域中心城市,锡盟南部可以以这个"将有的"区域中心城市为门户和节点,打通区际联系通道,融入"京津冀"乃至更大区域的发展网络,实现"洼地崛起"。此举有助于内蒙古优化区域中心城市体系,完善城镇规模结构;利于内蒙古打通国际性通道和区域联系走廊,构筑外向型空间格局。通过探讨典型草原城镇"生长"为区域中心城市的途径与策略,拓展了区域中心城市和城市空间发展研究的层次性和地域性。

目　录

前　言

第1章　绪论 ……………………………………………………………………001

　1.1　研究背景 ……………………………………………………………………001

　　1.1.1　全方位开放背景下，内蒙古构筑外向型空间发展格局 ……………… 001

　　1.1.2　桥头堡战略背景下，锡盟南部地区由边缘向桥梁转变 ……………… 003

　　1.1.3　新型城镇化背景下，草原城镇构筑城乡发展新格局 ………………… 005

　1.2　研究问题的提出 ……………………………………………………………006

　　1.2.1　国家宏观战略层面 ……………………………………………………… 006

　　1.2.2　内蒙古区域空间布局 …………………………………………………… 007

　　1.2.3　锡盟自身发展诉求 ……………………………………………………… 008

　1.3　题目及相关概念释义 ………………………………………………………009

　　1.3.1　锡盟南部地区 …………………………………………………………… 009

　　1.3.2　区域中心城市 …………………………………………………………… 010

　　1.3.3　城市空间发展 …………………………………………………………… 011

　1.4　研究内容 ……………………………………………………………………011

　　1.4.1　必要性和重要性 ………………………………………………………… 011

　　1.4.2　适宜性选址 ……………………………………………………………… 012

　　1.4.3　途径与策略 ……………………………………………………………… 012

　1.5　研究目的、意义及方法 ……………………………………………………013

　　1.5.1　研究目的 ………………………………………………………………… 013

　　1.5.2　研究意义 ………………………………………………………………… 014

　　1.5.3　研究方法 ………………………………………………………………… 015

1.6　研究框架 ·· 016

第2章　相关理论基础与研究综述 ·· 017

2.1　相关理论基础 ·· 017

2.1.1　区域中心城市生成理论 ·· 017

2.1.2　区域空间结构理论 ·· 020

2.1.3　区域协调发展理论 ·· 021

2.1.4　城市空间布局方法 ·· 023

2.2　既有相关研究综述 ·· 024

2.2.1　关于区域中心城市研究综述 ··· 024

2.2.2　关于城市空间发展研究综述 ··· 027

2.2.3　关于城市中心性研究综述 ··· 033

2.3　典型案例分析 ·· 035

2.3.1　深圳市跨越式发展经验 ·· 035

2.3.2　榆林构建省际边界区域中心城市 ·· 040

2.4　本章小结 ·· 044

第3章　内蒙古区域中心城市发展 ·· 046

3.1　内蒙古区域中心城市形成与空间布局 ·· 046

3.1.1　区域中心城市的形成与演进 ··· 046

3.1.2　区域中心城市的生长环境 ··· 048

3.1.3　区域中心城市空间布局 ·· 055

3.1.4　城镇空间布局特征 ·· 057

3.2　内蒙古区域中心城市发展现状 ··· 063

3.2.1　区位与交通 ··· 063

3.2.2　自然与生态 ··· 066

3.2.3　经济与社会 ··· 068

3.2.4　资源与产业 ··· 073

3.3 内蒙古区域中心城市中心性分析 ·············· 077

3.3.1 地级以上城市中心性分析 ·············· 077

3.3.2 县级以上城镇场强格局分析 ·············· 078

3.4 本章小结 ·············· 082

第4章 适宜性选址与构建条件 ·············· 084

4.1 区域中心城市的构建条件 ·············· 084

4.1.1 辐射带动能力 ·············· 084

4.1.2 适宜的城市规模 ·············· 085

4.1.3 交通通达能力 ·············· 086

4.1.4 综合服务功能 ·············· 086

4.1.5 良好的生态环境 ·············· 087

4.2 锡盟南部及周边区域概况 ·············· 087

4.2.1 锡林郭勒盟城镇空间布局分析 ·············· 087

4.2.2 锡盟南部与冀北六县比较分析 ·············· 089

4.2.3 锡盟南部区域概况 ·············· 093

4.3 培育区域中心城市的条件评价 ·············· 095

4.3.1 评价因子选择及数据获取 ·············· 095

4.3.2 培育区域中心城市的综合适宜性指数 ·············· 098

4.3.3 区域中心城市适宜性选址 ·············· 102

4.4 本章小结 ·············· 103

第5章 产业发展与布局 ·············· 104

5.1 多伦诺尔产业发展基础及发展环境分析 ·············· 104

5.1.1 城市产业发展一般规律 ·············· 104

5.1.2 多伦诺尔产业发展基础 ·············· 106

5.1.3 锡盟产业经济发展环境 ·············· 108

5.1.4 首都经济圈产业协同发展和北京产业外迁趋势分析 ·············· 111

5.2 构建多伦诺尔多元产业体系 ·················· 115

5.2.1 多伦诺尔未来产业层次划分 ·············· 115

5.2.2 多伦诺尔未来产业发展选择 ·············· 116

5.3 多伦诺尔产业空间布局 ······················ 123

5.3.1 产业空间布局的内涵及影响因素 ·········· 123

5.3.2 多伦诺尔地区产业空间布局研究 ·········· 124

5.4 本章小结 ································ 128

第6章 人口与城镇化途径 ···················· 130

6.1 中心城市适宜人口规模 ······················ 130

6.1.1 适宜人口规模下限 ···················· 130

6.1.2 适宜人口规模上限 ···················· 132

6.2 区域人口发展趋势与多伦诺尔人口现状 ·········· 134

6.2.1 区域人口发展变化趋势 ················ 134

6.2.2 多伦诺尔人口发展特征 ················ 137

6.2.3 多伦诺尔人口发展趋势 ················ 140

6.3 多伦诺尔人口与城镇化途径 ·················· 142

6.3.1 产业发展带动人口聚集 ················ 142

6.3.2 宜居城市吸引人口聚集 ················ 143

6.3.3 新型城镇化引导人口回流 ·············· 144

6.3.4 承接生态移民迁入 ···················· 144

6.4 本章小结 ································ 145

第7章 区域交通一体化发展 ·················· 146

7.1 交通与城市发展的关系 ······················ 146

7.1.1 区域交通与城市形成及发展 ·············· 146

7.1.2 城市交通与城市空间结构交互作用 ········ 147

7.2 区域交通基础及发展趋势 ·· 147

　　7.2.1 区域公路交通现状 ·· 148

　　7.2.2 区域铁路交通现状 ·· 150

　　7.2.3 区域航空交通现状 ·· 151

　　7.2.4 锡盟南部交通通达性分析 ······································ 153

7.3 锡盟南部区域交通需求及主要流向分析 ·························· 155

　　7.3.1 锡盟南部区域交通需求分析 ···································· 155

　　7.3.2 锡盟南部区域交通主要流向分析 ································ 156

　　7.3.3 区域综合交通发展趋势与前景 ·································· 158

7.4 区域交通一体化发展策略 ·· 162

　　7.4.1 构建通疆达海区域性通道 ······································ 162

　　7.4.2 构建多蓝综合交通枢纽 ·· 164

　　7.4.3 建立便捷高效的内外交通网络 ·································· 164

7.5 本章小结 ·· 166

第8章　"生长型"规划理念下城市空间布局 ····················· 167

8.1 城市空间格局的形成与演变 ·· 167

　　8.1.1 多伦诺尔城市发展历程回顾 ···································· 167

　　8.1.2 多伦诺尔城市空间形态演变 ···································· 169

　　8.1.3 多伦诺尔城市空间布局影响因素 ································ 170

8.2 "生态导向"空间拓展条件评价 ···································· 173

　　8.2.1 适宜性建设用地评价 ·· 174

　　8.2.2 城市发展方向选择 ·· 177

　　8.2.3 城市空间增长边界 ·· 178

8.3 多伦诺尔构建区域中心城市空间布局 ································ 180

　　8.3.1 多伦诺尔城市空间布局特征 ···································· 180

　　8.3.2 多伦诺尔城市空间结构与形态 ·································· 181

　　8.3.3 多伦诺尔城市空间布局 ·· 185

8.4　本章小结 ·· 190

第9章　结论与展望 ··· 192

9.1　主要结论与创新点 ·· 192

9.1.1　主要结论 ·· 192

9.1.2　创新点 ·· 195

9.2　研究不足与未来展望 ·· 196

9.2.1　研究不足 ·· 196

9.2.2　未来展望 ·· 197

附录　城镇综合规模指数 ·· 198

参考文献 ··· 210

彩色插页 ··· 218

第1章 绪论

1.1 研究背景

1.1.1 全方位开放背景下，内蒙古构筑外向型空间发展格局

改革开放后的 30 多年里，我国的经济、社会、文化发展步入了快速发展阶段，尤其 2000 年以后 GDP 基本保持了 8% 以上的高速增长势头（图 1-1）。经济高速增长对能源和资源的争夺使得城市和区域间竞争加剧，城市发展格局也在发生着深刻的变化，城市竞争已不再是单一城市间的竞争，而是以区域中心城市为核心，引领周边城镇共同构成的城市区之间的竞争。城市通过将各方资源、能力进行整合，从而使其能够在更高层次上与更大规模的城市或区域进行竞争，完成单个城市难以完成的任务，比如吸引战略投资、引进高端部门或举办重大活动等 [1]。适应这一发展趋势，《全国城镇体系规划（2006—2020）》提出了以城镇群为核心，以促进区域协作的主要城镇联系通道为骨架，重要中心城市为节点，形成"多元、多级、网络化"的城镇空间格局 [2]。区域协调发展趋势日益突显，省域空间结构也更加开放，与周边地区的互动性明显增强。为了在区域竞争中谋求发展优势和占据有利地位，各城市和地区纷纷开展城市空间发展研究，优化区域空间结构，转变经济发展方式，调整产业结构，培育省域范围内和多省结合部的区域中心城市，促进跨省区间的要素有序流动和资源的高效配置，推动跨省区合作。

十八届三中全会提出"扩大内陆沿边开放"。从国家对外开放战略来看，我国的空间开放格局正在由沿海开放向沿边和内陆开放延伸，发展重心由东部沿海向内陆转移，促进沿海和内陆沿边开放协作。国家空间发展战略转移和全方位对内对外开放格局的形成，极大地促进了沿边、省际边界区域和省际边界城市的发展。全方位对内对外开放战略背景下，省际边界区域和城市由发展边缘向前沿转变，为了在区域协作、竞争中取得发展优势和占有更多的资源，各省市积极培育省际边界区域中心城市，以区域中心城市为核心，辐射带动省际边界区域融入更为广阔的发展网络。

内蒙古位于我国北部边疆，地域狭长，东西纵横 2500 多公里，横跨我国东北、西北、华北地区 [3]，省域周边与黑龙江、吉林、辽宁、河北、山西、陕西、宁夏、甘肃等八个省份毗邻，北部与俄罗斯和蒙古国接壤，边境线长达 4240km，拥有对外开放口岸 19 个，是我国毗邻省区最多，边境线较长，拥有对外开放口岸较多的省份。内蒙古的口岸群是我国

内陆边境口岸体系中进出口总量最大的口岸群，且综合实力较强，随着新亚欧大陆桥的贯通，内蒙古在大陆桥中的战略地位将更为凸显。内蒙古独特的地理区位和狭长的省域版图，具有实施对内对外全方位开放和加强区域合作的优势条件，在国家全方位开放版图中的战略地位不断上升，未来将引领国际经济合作和带动区域协调发展，在构建全国沿海、内陆、沿边全方位开放格局中发挥更大作用。

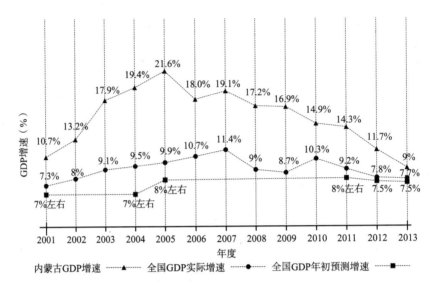

图1-1　内蒙古GDP增速示意图

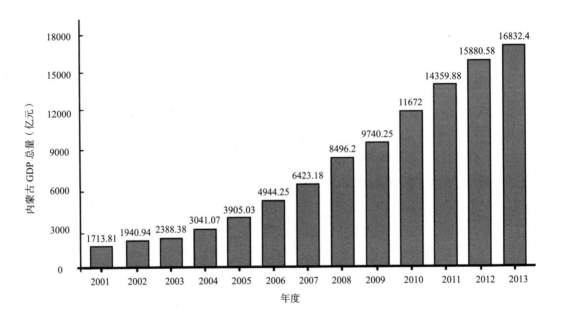

图1-2　内蒙古GDP总量发展概况

近年来，内蒙古的经济发展较快，GDP 增速 2002~2009 年连续 8 年保持全国第一，积蓄了较为雄厚的经济实力（图 1-2），目前正在打破结构性束缚，优化空间布局结构，加强与周边省份和国家的跨区域协作，主动融入东北三省、京津冀、陕甘宁晋等地区的发展。区域协调发展和全方位开放宏观背景下，要求内蒙古重新梳理区域中心城市空间布局，完善城镇规模等级结构，加强出区交通通道、能源通道和中俄中蒙边境口岸国际通道建设，构筑面向俄蒙、服务内地的外向型空间格局。

1.1.2 桥头堡战略背景下，锡盟南部地区由边缘向桥梁转变

2011 年，《国务院关于进一步促进内蒙古经济社会又好又快发展的若干意见》（国发〔2011〕21 号）中，明确了内蒙古的四大战略定位，"我国向北开放的重要桥头堡"是其中之一。2012 年，国家第一次明确了沿边开放的大格局定位：内蒙古，向北开放的重要桥头堡；新疆，向西开放的门户；广西，东盟合作高地；云南，向西南开放的重要桥头堡[①]。

内蒙古与俄罗斯、蒙古等国家边境线绵长，是我国边境线较长的省份之一，具有参与东北亚、中亚等国际合作的区位优势，统筹考虑内蒙古的资源禀赋和发展优势，自治区提出将内蒙古建设成为"我国向北开放的重要桥头堡和充满活力的沿边经济带"战略构想。桥头堡和沿边经济带战略背景下，内蒙古将大力实施沿边开放，加快国际通道、对外窗口和沿边开发开放实验区建设[4]，推动区域合作和国际交流，积极参与国内外竞争，主动承接辐射带动和产业转移，培育新的经济增长点，发挥"桥头堡和沿边经济带"的开放带动效应，将口岸的辐射带动作用向腹地延伸，构筑面向俄蒙，服务内地的空间开放格局。

内蒙古与俄罗斯、蒙古等国的毗邻地区在矿产资源、产业结构、经济技术、生活资料、劳动力市场等方面互补性较强，2 条亚欧大陆桥和 3 条欧亚新通道的建设（图 1-3），将大大缩短欧亚之间物流时间和距离，内蒙古将改变被边缘化的困境，成为我国向北开放的重要桥头堡。

目前，京津冀地区与蒙古、俄罗斯等国家的联系通道，主要为二连浩特口岸、甘其毛都口岸和满洲里口岸。满洲里口岸依托滨洲铁路和绥满高速等区域性交通走廊，与内地联系非常便捷，而二连浩特口岸和甘其毛都口岸与京津冀及国内其他区域之间的联系存在瓶颈。京津冀地区与俄蒙的联系通道，目前经由 G6（京藏高速）至乌兰察布市，再由 G55（二广高速）至二连浩特（图 1-3），路途遥远且给 G6 高速带来较大交通压力，需要开辟更为便捷的联系通道。另一方面，内蒙古和周边省份之间跨省域能源合作以内蒙古的能源输出为主，但外运通道的瓶颈制约日益严重，2010 年有 2.5 亿吨煤炭不能通过铁路输出，一定程度上制约了内蒙古与周边省份的协作和发展，进而也影响了我国与东北亚、中亚地区的联系。

---

① 引自 2012 年 2 月 20 日发布的《西部大开发"十二五"（2011—2015 年）规划》中第三章第十一节内容。

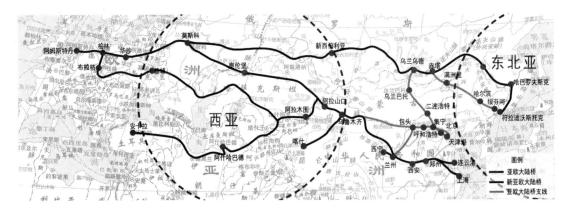

图1-3 亚欧大陆桥重要通道线路示意图

锡盟南部地区位于北京正北方，区域交通向南连接京津冀和出海口，东西方向可连接内蒙古"呼包鄂"和"赤通"城镇群，向北可以通过二连浩特和珠恩嘎达布其口岸直达蒙古国，是锡盟乃至内蒙古向南对接京津冀地区的重要门户，也是我国构筑中蒙国际通道、内蒙古连接东西的战略支点。

《京津冀地区城乡空间发展规划研究三期报告》针对北京面临的发展困境，提出从更大的范围布局北京的政治、文化功能，以及衍生出来的旅游、交通、休养职能，可以一定程度上缓解北京的人口、交通、生态、资源等方面的压力，在保障首都核心功能良性运行的同时，将北京的部分城市功能向外扩散，首都优势转化为区域优势，带动区域整体繁荣[5]。锡盟南部所在区位属于首都功能支撑区（图1-4），具有承接首都产业转移和人口外迁的区位优势。

面对京津冀地区的高速发展，锡盟南部应该主动顺应区域合作和区域协调发展潮流，充分利用近邻京津的区位优势和资源优势，做好京津冀一体化发展的资源腹地，加强与京津冀的区域合作。桥头堡战略背景下锡盟南部正在由省际"边

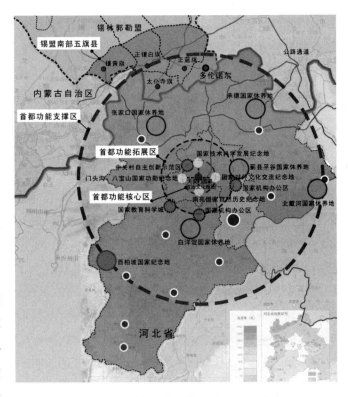

图1-4 首都功能区协调发展示意图

资料来源：根据《京津冀地区城乡空间发展规划研究三期报告》改绘

缘区"向对接京津冀的"桥梁"转变，培育锡盟南部区域中心城市，成为内蒙古自治区空间发展的战略重点，同时也是内蒙古"一核多中心，一带多轴线"① 空间发展战略的重要组成部分。

1.1.3　新型城镇化背景下，草原城镇构筑城乡发展新格局

城镇化是我国解决三农问题，推动区域协调发展，实现现代化的根本途径，2000 年"十五"计划首次把积极稳妥推进城镇化，作为国家重点发展战略之一，城镇化作为基本国策上升到国家战略高度。1990~2011 的 20 年间，我国城镇化率以每年 0.8%~1.2% 的速度增长，拉动 1.5%~3% 的 GDP[6]，直至 2011 年城镇化率首次超过 50%，但户籍人口城镇化率仅 34.93%。高速增长的城镇化率背后也存在一系列问题，全国平均每年有 1850 万农村人口进入城市，其中差不多 1/3 左右的人口并没有城镇户籍，受户籍限制，子女教育、社会保险、医疗、住房等无法享受城市居民同等待遇，这些半城镇人口与城镇户籍人口形成新的二元结构。传统城镇化重视城镇化速度，忽视产业支撑，导致市民变游民、新城变空城现象时有发生 [7]；社会形态的价值体系、城市特色、社会公平、城市管理面临诸多挑战 [8]。针对传统城镇化存在的诸多弊端，国家准确研判城镇化发展新趋势，十六大提出"走中国特色的城镇化道路"，十八大和 2012 年中央经济工作会议② 之后，新型城镇化上升为国家战略重点备受各界瞩目。

新型城镇化是以城乡统筹、城乡一体、产城互动、节约集约、生态宜居、和谐发展为基本特征的城镇化，是大中小城市、小城镇、新型农村社区协调发展、互促共进的城镇化 [9]。笔者搜索了有关"新型城镇化"的相关研究③，十八大之后达到高潮，涉及城市规划、管理、金融、环境科学、政治、文化等学科领域。《全国主体功能区规划》确定了"两横三纵的城镇化战略格局"，《国家新型城镇化规划（2014—2020）》提出："强化城市分工合作，提升中心城市辐射带动能力，依托陆桥通道上的城市群和节点城市，构建丝绸之路经济带，推动形成与中亚乃至整个欧亚大陆的区域大合作。建立完善跨区域城市发展协调机制，消除行政壁垒和垄断，推动跨区域城市间的产业分工、基础设施、环境治理的协调联动。把加快中小城市发展作为优化城镇规模结构的主攻方向，引导有市场、有效益的劳动密集型产业优先向中西部转移，吸纳东部返乡和就近转移的农民工。"锡盟南部位居北京正北方，近邻京津冀地区，属于环渤海经济区的组成部分，具有承接京津地区产业和人口转移和构建陆桥通道的区位优势。以锡盟南部为门户节点可以构建通疆达海国际通道，推动跨区域协调发展，进而推动京津冀乃至环渤海地区与东北亚、中亚的区域合作。随着新型城镇化进程的推进，锡盟南部将是内蒙古参与区域竞争和区域协调发展的门户，锡盟南部的草原城镇应构筑城乡发展新格局，主动融入京津冀和环渤海地区的发展。

---

① 内蒙古自治区人民政府.《内蒙古城镇体系规划（2014—2030）》.2014.

② 十八大报告原文："坚持走中国特色新型工业化、信息化、城镇化、农业现代化道路。" 2012年中央经济工作会议首次正式提出："把生态文明理念和原则全面融入城镇化过程，走集约、智能、绿色、低碳的新型城镇化道路。"

③ 笔者通过知网搜索有关"新型城镇化"的研究文献，1985~2014年文献共10583篇，其中2013年4007篇，2014年5140篇，占总数的86.4%。

我国版图上由东北至西南有一条人口地理分界线，称"胡焕庸线"①，某种意义上讲这条线也是我国城镇化水平的分割线②。新型城镇化战略背景下，新一轮转型发展与产业结构调整后，迫于高昂的土地成本、劳动力价格差距以及空间条件等制约，大量劳动密集型、资源加工型企业由东部发达地区向中西部地区转移。内蒙古锡盟南部地区地处"胡焕庸线"分割带上，属于人口密集区向稀少区的过渡地带，有条件承接人口密集区的人口转移和外出务工的半城镇化人口回流，具有实施新型城镇化战略的优势条件和典型性。

2000年起，内蒙古城镇化率年均增长1.3个百分点，略高于全国同期平均水平的1.08个百分点。内蒙古因地处边疆地区，人口迁移成本高，人口增长方式以区内增长为主，从"五普"至"六普"期间全国各省省际净迁移人口来看，内蒙古和西北地区（青海、宁夏、甘肃和陕西等）人口省际流动趋势相对稳定，人口迁出迁入数量相对较少。依据内蒙古城镇体系规划相关研究，2013~2030年，将有750万以上农牧业人口转移进城，其中200万左右新增城镇人口向附近小城镇流动，实现就近城镇化。内蒙古提出点轴集聚、因地制宜，构筑城乡协调发展新格局的城镇化方针，以农业转移人口为重点，兼顾区域转移人口，引导人口和产业向发展条件好的重点地区和发展轴带集聚。新型城镇化背景下，典型草原城镇将构筑城乡发展新格局。

内蒙古大多数草原城镇属于欠发达地区，城镇规模小，布局松散，经济落后，引导省域塌陷区城镇化健康发展，对省域经济可持续发展具有重要作用。锡林郭勒盟南部，以全盟14.3%的国土面积承载48.8%的总人口，28.34%的非农人口，实现26.6%的GDP贡献值。滞后的城镇化率，明显的异地城镇化现象，失衡的经济发展与产业格局，这一切要求锡盟南部实施新型城镇化战略，构筑新型城乡关系，强化产业对转移进城人口的支撑作用，因地制宜选择产业类型，切实解决以农牧民为主要群体的城镇化问题。

1.2 研究问题的提出

1.2.1 国家宏观战略层面

内蒙古地处我国北部边疆，受国际政治形势和国内开放环境的影响，长期以来承担边防前线的重任，对外经济门户的作用并不突出。"扩大内陆沿边开放"和"桥头堡"战略背景下，内蒙古因借地域特征和区位优势，在国家全方位开放格局中备受关注，促进了内蒙古人口、资源、信息等生产要素的自由流动。2011年，《国务院关于进一步促进内蒙古

---

① "胡焕庸线"由中国地理学家胡焕庸于1935年提出，是由黑龙江黑河至云南腾冲的一条中国人口密度对比线。这条线既是人口地理分界线，同时还负载、分割着许多神奇的自然与社会元素，也是我国城镇化水平的分割线。
② 20世纪30年代，这条线的东南以36%的国土聚集96%的人口，而西北以64%的国土承载4%的人口。在历经80年的城镇化和各种人口迁移之后，这条斜线的人口分布含义仍然未变。中国科学院的地理学家根据2000年第五次人口普查的数据进行测算，发现这条线东南部人口仍占全国总人口的94.1%，西北部占5.9%。

经济社会又好又快发展的若干意见》〔国发（2011）21号〕中，明确了内蒙古作为"我国北方重要生态安全屏障、国家重要能源基地、国家向北开放重要桥头堡和团结繁荣文明稳定民族自治区"的发展定位，内蒙古在我国沿边开放格局中占有重要地位。

从国家对外开放战略来看，锡盟南部地区是构建京津冀和东部沿海地区与蒙古国及欧洲之间国际通道的重要门户区域（图1-5）。以锡盟南部为支点，打通通疆达海国际性通道，不仅缩短了京津冀地区至口岸的车行距离，同时也避开交通流较大的交通主干线（G6高速），减轻东西向交通动脉的交通压力。这条通道可以和二连浩特、珠恩嘎达布其两个对蒙开放口岸便捷联系，选择性更强，更利于内蒙古发挥"向北开放桥头堡"的作用。因此，需要以锡盟南部为支点，打通通疆达海国际性通道，实施"扩大内陆沿边开放"和"向北开放桥头堡"战略。

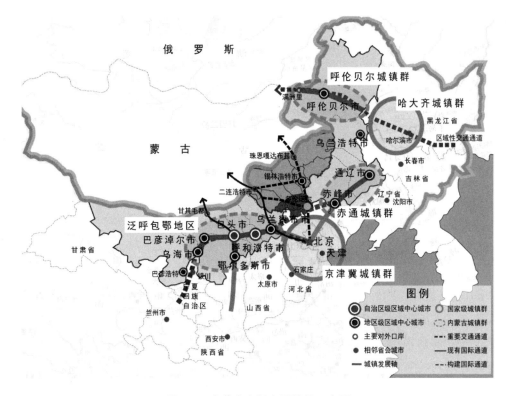

图1-5 内蒙古空间布局结构示意图

1.2.2 内蒙古区域空间布局

从内蒙古周边省区的城镇体系和空间布局来看，中心集聚、开放带动、整体推进，是其重要的空间发展战略。内蒙古地域狭长，空间分异大，一体化网络较难形成，均衡发展投入大见效慢，单一增长极难以带动全域发展，适合选择具有一定优势的区域，空间上培育战略节点和区域联动轴线，以跨区域视角，构建外向型空间格局，融入周边省份和区域发展网络，借势发展。

内蒙古城市空间布局，中部形成"T"字形发展主轴，东部和东北部形成2个"一"字形发展次轴，12个区域中心城市主要沿黄河及区域发展轴线分布。沿"T"字形发展主轴分布着呼和浩特、包头、鄂尔多斯、乌海、巴彦淖尔、乌兰察布等区域中心城市，以"呼包鄂"为核心辐射带动内蒙古中西部地区发展。东部"一"字形发展次轴以赤峰和通辽为两极，东北部"一"字形发展次轴以呼伦贝尔为核心，沿线分布着满洲里、牙克石等城市，分别辐射带动赤通和呼伦贝尔、兴安盟等东部地区。中西部地区的"T"字形发展主轴与东部、东北部两个"一"字形发展次轴之间缺乏联系（图1-5），区内东西向主要联系通道（G5511省际大通道）选址偏北，没有连通主要区域中心城市，内蒙古境内东西向交通存在瓶颈。

针对内蒙古地域狭长、东西跨度大的现实条件，《内蒙古城镇体系规划（2014—2030）》提出"一核多中心，一带多轴线"①的点轴集聚空间布局。就内蒙古空间发展现状来看，以"呼包鄂"为核心的"一核"已经较为成熟；由区域中心城市体系形成的"多中心"在锡盟南部存在盲区；依托省际大通道和国主干线形成贯通东西的"一带"在乌兰察布和通辽之间存在断层；依托区域中心城市和口岸形成多条城镇发展轴线和区域通道的"多轴"战略构想，在锡盟南部与京津冀之间存在瓶颈。因此，锡盟南部地区是内蒙古构筑外向型空间格局的战略节点和对接京津冀的门户。

锡盟南部地处京津冀、呼包鄂、赤通三大城镇密集区之间，如果以此为节点培育新的区域中心城市，笔者认为既可以打通京津冀及东部沿海地区向北的国际性通道，也可以加强内蒙古"T"字形发展轴和东部"一"字形发展轴之间的联系通道，有助于优化内蒙古区域中心城市空间布局，完善城镇规模等级结构，构筑外向型空间格局。

1.2.3 锡盟自身发展诉求

锡盟位于北京正北方，资源富集、地域辽阔（面积20.3万km²，人口104.06万人），在内蒙古经济发展中处于中下游水平，富集的资源和优越的地理区位在经济发展中均没有得到充分利用。盟域中心城市锡林浩特市人口规模仅20万左右，距离周边地级以上城市间的空间距离均在400~500km以上，城市中心性不强，辐射带动能力有限，与周边区域联系不便，京津冀、东三省等周边地区对其影响也因空间距离的增加而削弱。锡盟在我国构建向北开放桥头堡，打造充满活力沿边经济带，构筑北方生态安全屏障，建设国家能源基地等战略举措中均处重要地位。

锡盟南部地区因地处省际边界，距离内蒙古发展相对较好的呼包鄂、赤通等城镇群距离较远，相对锡盟的东部和西部地区而言，南部地区地少人多，经济社会发展水平滞后，

---

① 一核多中心，一带多轴线："一核"指呼包鄂城镇群核心区，"多中心"指区域中心城市和地区中心城市，"一带"指贯穿内蒙古东西沿省际大通道和国主干线的城镇发展带，"多轴线"是指依托口岸和中心城市，对接东北经济区、京津冀城市群、晋陕甘宁地区，形成多条城镇发展轴线和区域通道。

城镇化水平低，再加上盟域中心城市锡林浩特市规模小，辐射能力有限，锡盟南部属于省域"边缘区"①。锡盟南部地区与北京的空间直线距离仅 180km，是内蒙古承接京津冀地区产业和人口转移的优势区域，同时也是我国构建通疆达海国际通道的门户节点，内蒙古实施"向北开放桥头堡"和建设"沿边经济带"的战略要地。

如果在锡盟南部培育区域中心城市，并以此为节点打通国际性通道和区域联系走廊，可以通过区域中心城市的辐射带动作用和发展轴线的扩散效应，增强其区域协作能力，进而融入周边地区网络化发展，将锡盟的资源优势变为经济优势。因此，培育锡盟南部区域中心城市是锡盟实现区域联动发展的有效途径。

综上所述，从国家宏观发展战略、内蒙古区域空间布局、锡盟自身发展诉求等角度来看，在锡盟南部培育区域中心城市，对于内蒙古落实国家空间开放战略，构建外向型空间格局，锡盟实现洼地崛起均具有战略意义。基于以上分析，本研究提出"培育内蒙古锡盟南部区域中心城市"这一论题。

1.3 题目及相关概念释义

1.3.1 锡盟南部地区

锡林郭勒盟位于阴山北麓的锡林郭勒大草原上，是内蒙古自治区保留"盟旗制度"②比较完善的草原地区，盟府驻地锡林浩特市。锡盟共辖 13 个旗县市（区），全盟土地面积为 20.3 万 km^2，2013 年全盟总人口 104.06 万人，地区生产总值 820.2 亿元，GDP 总量在内蒙古 12 个盟市中排名第七，三次产业结构为 10 ：67 ：23。在国家赋予内蒙古自治区"五个基地，两个屏障，一个桥头堡和沿边经济带"③的战略定位中，均可以在锡盟找到对应。锡盟矿产资源丰富，尤其是煤炭资源储量丰富，风电、光电等清洁能源开发前景广阔，草场资源和民族风情独具特色，浑善达克沙地的治理直接关系京津的生态安全，锡盟周边与赤峰市、兴安盟、通辽市、乌兰察布市、张家口市、承德市相邻，北与蒙古国接壤，是东北、华北、西北交会地带，拥有二连浩特（蒙古扎门乌德口岸）、朱恩嘎达布其（蒙古毕其格图口岸）两个常年开放重要口岸，是我国对蒙古开放的门户与窗口，具有对外贯通欧亚，对内连接三北，北开南联的重要地位。

---

① 省域边缘区是指：省域经济发展中在要素禀赋和区位交通条件等方面均具有良好优势，但由于长期处于区域中心城市辐射盲区，该区域的经济引力强度较低，由于长期被忽视而沦为贫困落后的地区。

② "盟旗制度"是清朝统治蒙古地区的一种行政制度，将若干有近亲关系的家族集团组成一个"旗"，再由若干旗组成一个"盟"，是一种军事和行政相结合的制度。盟是自治区政府的派出机关，目前内蒙古仅存锡林郭勒、阿拉善和兴安盟三个"盟"，其余均改为城市建制。

③ 五基地是指清洁能源输出基地，现代煤化工生产示范基地，有色金属加工和现代装备制造等新型产业基地，绿色农畜产品加工输出基地，体现草原文化、独具北疆特色的旅游观光、休闲度假基地。两个屏是指北方重要的生态安全屏障和祖国北疆安全稳定屏障。一个桥头堡和沿边经济带指我国向北开放的重要桥头堡和沿边开发开放经济带。

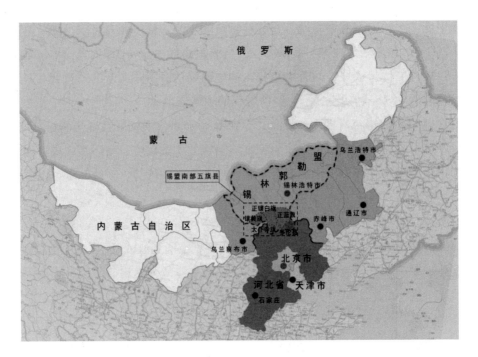

图1-6 锡盟南部地区地理位置示意图

锡盟地域辽阔，整个盟域范围可分为南部、东部、西部3个部分。锡盟南部地区从地理区位上的界定是指内蒙古自治区锡盟南部的太仆寺旗、正蓝旗、正镶白旗、镶黄旗和多伦县等5个旗县所在的行政界域范围（图1-6）。5个旗县国土面积28987km²，占全盟土地总面积的14.3%，2013年总人口50.82万人，占全盟总人口的48.8%，城镇化率42.27%，远低于东部地区的82.05%和西部地区的68.51%。GDP总量218.4亿元，略高于锡盟西部地区197.7亿元，但远低于锡盟东部地区的421.4亿元。城镇密度4.5个/万km²，远高于锡盟1.8个/万km²的城镇密度。

1.3.2 区域中心城市

城市是一定地域范围内经济、政治和文化生活的中心，区域中心城市是经济社会发展到一定阶段的产物，是区域空间系统中的一个极核点，具有较强的吸引能力、辐射能力和综合服务能力，是区域中经济发达、功能完善、能够渗透和带动周边发展的行政、社会组织和经济组织的统一体。在区域经济发展中区域中心城市处于承上启下的关键地位，发挥着举足轻重的作用，具有聚集、扩散功能和促进区域经济协调发展的效应，是一定区域的增长中心、控制中心和辐射中心。区域中心城市通过其规模效应、集聚效应、外部效应等作用对周边区域的发展产生积极的带动作用[10]。

借鉴其他学者有关中心城市的分类方法，根据城市综合规模大小将内蒙古的中心城市分为3个级别：第一层级为自治区级中心城市（包括呼和浩特市、包头市），第二层级为地区级中心城市包括鄂尔多斯市（东—阿组团）、赤峰市、通辽市（科尔沁区）、呼伦贝尔市（海拉尔区）、巴彦淖尔市（临河区）、乌海市、乌兰察布市（集宁区）、乌兰浩特市、锡林浩特市、巴彦浩特镇，第三层级为旗县域中心城市（旗、县政府所在地）。将第一、第二层级中心城市归结为区域中心城市，这些区域中心城市的分布基本以各盟市行政界域为界限，全区共12个盟市，每个盟市均有一个区域中心城市。

区域中心城市的存在和发展是动态而有梯次的，不仅存在从低等级向高等级的发育过程，也会有新的区域中心城市产生。本研究以跨区域视角，对内蒙古"已有的"区域中心城市作框架性研究，对"将有的"区域中心城市从必要性、适宜性选址、实现的途径和策略等角度作深入研究。

1.3.3 城市空间发展

城市空间是城市活动发生的载体，同时又是城市活动的结果，城市空间一方面会因城市功能而改变，另一方面新的城市空间又会诱发功能需求。有关城市空间发展的研究，包括城市空间发展战略、城市空间发展模式、空间发展机制、城市空间演变等方面，针对城市特定空间，如产业空间、交通空间、居住空间、开敞空间的研究也比较多。

本研究以国家和内蒙古区域空间发展为背景，在梳理内蒙古区域中心城市发展条件和空间布局特征的基础上，总结中心城市体系不足，针对区域发展中的"塌陷区"，提出培育区域中心城市，期望以这个新的区域中心城市为引领，融入周边地区协调发展，实现"洼地崛起"。本研究关于内蒙古锡盟南部区域中心城市空间发展研究，属于城市空间发展战略层面的研究，本研究将从培育锡盟南部区域中心城市的必要性、适宜性选址、空间发展的途径与策略三个层面进行探讨和研究。

1.4 研究内容

1.4.1 必要性和重要性

本研究基于国家宏观战略、内蒙古空间布局和锡盟自身发展诉求等角度，提出"培育锡盟南部区域中心城市"这一论题。论题提出后首先要回答"为什么培育锡盟南部区域中心城市"这一问题，即论证培育锡盟南部区域中心城市的必要性和重要性。

"促进沿边内陆开放"、"向北开放桥头堡"战略的实施，要求内蒙古构筑外向型空间格局。区域协调发展要求内蒙古以更加开放的省域空间结构，推动跨省区合作。对于空间广阔、地域狭长、城镇规模小、人口密度低的内蒙古来讲，全方位均衡发展和单一增长极为引领的发展方式均不适合内蒙古区情。笔者认为内蒙古比较适合构筑以区域中心城市为引领，区际联动轴线为带动的"多极引领，轴向带动"的空间结构，通过区域中心城市的辐射带动作用和区际联动轴线的扩散效应，融入周边省份和地区的发展网络。

因此，内蒙古应立足自身发展现实和未来前景，从分析内蒙古区域发展条件和"已有的"区域中心城市生长环境、空间布局入手，总结内蒙古地域特征、城镇空间布局特点、区域中心城市空间发展不足，以跨区域视角，空间上培育战略门户节点，打通内陆与口岸之间的国际性联系通道，疏通自治区本身以及与相邻省份的联系瓶颈，形成以区域中心城市为核心，发展轴带为联系的外向型空间格局。

"京津冀"是我国区域经济发展"第三极"，也是与内蒙古相邻省份中发展最好的地区，"京津冀"一体化发展已经列入国家发展战略重点。锡林郭勒盟资源富集，锡盟南部与河北省接壤，具有参与"京津冀"一体化发展的区位优势。立足内蒙古区域空间发展条件和未来前景，梳理区域中心城市发展现状，论证锡盟南部是否需要培育区域中心城市，进而回答"为什么"的问题。

1.4.2 适宜性选址

在论证了培育锡盟南部区域中心城市的必要性和重要性之后，进一步论证"在哪里培育这个区域中心城市更合适"，即区域中心城市的适宜性选址。这个"将有的"区域中心城市既不可能一蹴而就，也不适合脱离现有城镇另辟新址建设，最好的办法是依托现有城镇由小到大有机生长，针对内蒙古独特的地域特征，借鉴国内外经典理论和实践，提出符合内蒙古区情的区域中心城市构建条件，并以此作为这个"将有的"区域中心城市适宜性选址和构建条件。

为使研究更具科学性，将采取定性研究与定量研究相结合的研究方法。区域中心城市的产生和发展与所在区域的区位、交通、经济、人口、资源、生态等因素密切相关，在综合分析锡盟南部空间发展现状和未来前景的基础上，初判适宜性选址可能，进而选取适宜性评价因子，采取主成分分析方法，综合评定这个"将有的"区域中心城市选址适宜性指数，以定量研究校核最佳选址可能，进而回答"在哪里"的问题。

1.4.3 途径与策略

在论证了必要性和适宜性选址之后，需要进一步研究这个"将有的"区域中心城市，如何由典型草原城镇成长为区域中心城市，在区域发展中发挥辐射带动作用的问题。

就锡盟南部目前的发展状态来讲，无论依托哪个旗县培育区域中心城市，所选择的依托城镇都是一个规模不大的传统草原城镇，受城镇规模、区域交通、产业结构、城市空间等条件限制，还不具备引领区域发展的能力。因此，笔者认为这个"将有的"区域中心城市，应该有一个由小及大的生长过程，城市的人口规模、产业布局、区域交通、城市空间均处于"动态"生长状态，这个生长既包括由小及大的空间拓展，也包括有机体自我完善的内部更新。培育区域中心城市的过程就是其动态"生长"的过程，为达到某一理想目标，城市各要素之间应相互协调，良性生长。借鉴"生长型"规划理念和方法，本研究拟从产业发展、人口与城镇化、区域交通、空间布局等角度，探讨这个"将有的"区域中心城市，由典型草原城镇"生长"为区域中心城市的途径和策略，回答"如何做"的问题。

1.5 研究目的、意义及方法

1.5.1 研究目的

其一：以跨区域视角，优化内蒙古中心城市体系，构筑外向型空间格局。

区域中心城市作为区域发展中最具活力和潜力的核心地区，在区域发展中起着战略支点、增长极的作用，发挥着区域各种生产要素的汇聚和扩散功能，主宰着区域经济发展的命脉[11]。内蒙古在国家开放格局中备受关注，区域空间发展需要内蒙古构筑以区域中心城市为核心，发展轴带为引领的外向型空间格局。内蒙古为实现国家赋予的区域发展重任，亟须优化和完善区域中心城市体系，打通区域性和国际性联系通道，构筑外向型空间格局。

内蒙古的区域中心城市数量少，规模小，距离大，相互之间联系受限，区域发展中存在辐射盲区和对外联系的瓶颈，致使城镇体系空间布局较为封闭，难以担当国家赋予内蒙古的区域发展重任，同时也阻碍了内蒙古融入周边省份乃至全国发展网络。对于地域狭长、空间广阔的内蒙古，采取全方位均衡发展方式投入大见效慢，单一增长极难以带动全自治区发展，比较适合选择一些具有优势条件的重点地区作为"政策隆起地段"优先发展，空间上培育战略门户节点和区域联动轴线，通过区域中心城市的辐射带动作用和发展轴线的扩散效应，融入周边省份和地区发展。

本研究希望从城乡规划学科领域，以跨区域的研究视角，分析内蒙古区域中心城市发展现状，梳理区域中心城市空间布局特征和区域发展中的不足，论证锡盟南部为什么要培育新的"增长极"，探讨如何以这个"将有的"区域中心城市为节点，打通区域性和国际性联系通道，构筑外向型空间格局，主动融入周边地区发展网络，实现区域联动发展。

其二：探讨草原城镇"跨越式"发展的途径和策略，为相似地区的城镇发展提供可借鉴经验。

内蒙古地处我国北部边疆，生态环境相对脆弱，受地域条件和生态环境制约，不太容易形成人口密集的城镇群组，草原城镇规模小、密度低、布局松散，离散型特征显著。内蒙古草原城镇的形成和发展多处于"自组织"状态，外生发展动力不足，发展进程相对缓慢，受空间距离、行政界域和地方本位主义思想等因素的影响，相互之间联系并不很密切。目前"已有的"区域中心城市与其他省市的区域中心城市相比较而言，依然存在规模小、密度低、空间距离大等问题，需要打破行政壁垒，优化中心城市体系，主动融入周边省区的发展网络。

在锡盟南部依托现有草原城镇培育区域中心城市，这个"将有的"区域中心城市会有一个由小及大的生长过程，要想让这个区域中心城市尽快发挥作用，势必要突破典型草原城镇"自组织型"发展轨迹，在保障良好生态环境的前提下，短时间内聚集一定规模的城市人口，积聚一定数量的产业和社会财富，解决好区域交通和城市内部交通，拓展城市空间以满足功能需求。为实现这一目标，必须将行政、经济、社会、技术等各方面的力量聚集于此，这个"将有的"区域中心城市将会在内生发展动力和外生发展动力双重作用下实现"跨越式"发展。本研究希望从产业发展、人口和城镇化、区域交通、空间布局等角度，总结出这个典型草原城镇快速成长为区域中心城市的途径和策略，为内蒙古和其他具有相似生长环境地区的城镇发展提供可借鉴经验，拓展城市空间发展研究的层次性和地域性。

1.5.2　研究意义

关于区域中心城市的研究涉及经济学、人文地理学、城乡规划学、社会学、政治学等学科领域，以促进区域经济发展为主要目标的经济学领域研究为主流，涉及区域中心城市的形成原理、作用过程和构建路径等研究分支，并基本形成相对成熟的构架体系，包括经济指标体系、生产性服务体系、区域中心构建等。城市是区域经济发展的空间载体，经济发展不可能脱离城市而存在，城市规划既是探讨城市科学发展方向的理论，又是实现城市发展战略目标的重要手段，同时也是政府宏观调控各类资源有效配置的"有形之手"，区域中心城市的形成与发展涉及学科范围广泛，影响因素众多，研究和探讨区域中心城市空间发展是城乡规划学科理论研究的重要内容和应尽之责。

城市空间发展战略研究以"促进城市发展，提高城市竞争力"为出发点，以问题为导向，提出战略构想，具有"快速、创新、实效"的特征[12]。以 2000 年《广州城市发展战略规划》为起点，受到专家和学者的广泛关注，并在国内掀起了城市空间发展战略研究热潮，但这些相关研究主要集中在东、中部发达地区，并以大城市、超大城市或城镇群为主要研究对象，对西部欠发达地区尤其是城镇密度较低的边疆少数民族地区的研究相对较少。

内蒙古是地处边疆的少数民族地区，历史上曾以"逐水而居、逐草而牧"的游牧式生产生活方式为主，进入 21 世纪以来，内蒙古凭借区位和资源优势，在国家区域发展版图中备受瞩目。内蒙古地域广袤，东西跨度大，城镇规模小，人口密度低，不太容易形成一体化空间发展网络，单极核中心难以带动全域发展，笔者认为"多极引领、轴向带动"的发展策略对于地域狭长、空间广阔的内蒙古更为适合。为承担区域发展重任，内蒙古必须重新审视区域发展条件，优化区域中心城市体系，打通国际性通道和区域联系走廊，构筑外向型空间格局，以跨区域发展思路，融入周边省区的空间发展网络，借势发展。

内蒙古因地处边疆、地域狭长、生态环境较为脆弱，具有空间广阔、人口密度低、城镇规模小、空间差异大的地域特征。以跨区域视角，探讨像内蒙古这样地处边疆，地域特征显著的少数民族地区，在非重点发展区域，如何以国内外经典理论和实践案例为指导，发挥跨区域优势，空间上以培育区域中心城市为战略节点，打通国际性和区域性联系通道，实现区域联动发展。本研究以"生长型"规划理念和方法为指导，选择典型区域以培育中心城市为契机，探讨传统草原城镇"生长"为区域中心城市的途径和策略，拓展区域中心城市和城市空间发展研究的层次性和地域性，丰富内蒙古地区关于区域中心城市以及城市空间发展的理论研究，为传统草原城镇快速发展提供了方法借鉴。本研究对内蒙古优化区域中心城市体系，完善城镇规模等级结构，构筑外向型空间格局，实施国家区域发展战略具有现实意义。

1.5.3　研究方法

1. 理论与实证研究相结合

收集、整理了国内外有关区域中心城市和城市空间发展的相关研究文献、数据资料，进行分析、演绎、归纳，总结并借鉴前人的研究经验和研究方法。本研究中将用到区域中心城市生成理论（中心地理论、增长极理论）、区域空间结构理论（点—轴系统理论、核心—边缘理论、城镇体系理论）、区域协调发展理论（可持续发展理论、区域一体化理论）、城市空间布局方法（"生长型"规划布局方法、"生态导向"空间布局方法）等相关理论和规划方法。

实证研究不仅是对理论研究的佐证，也是对理论研究的应用和深化。笔者近年来主持完成了多项草原城镇总体规划，多伦诺尔以培育锡盟南部区域中心城市为目标，具有代表性意义。本研究在总结、借鉴前人理论研究和实践经验的基础上，对内蒙古锡盟南部区域中心城市的必要性、适宜性选址、途径和策略展开研究，也是对多伦诺尔构建锡盟南部区域中心城市的实证研究。

2. 实地调研与社会访谈相结合

为使研究更加翔实、可靠，笔者多次到锡盟南部的多伦诺尔、正蓝旗等5个旗县和内蒙古"已有的"区域中心城市实地调研，深入城市生活，多层次、多角度了解内蒙古区域中心城市和典型草原城镇发展现状与未来发展可能。在完成草原城镇规划实践和科学研究中，笔者多次带领团队深入草原内部，进行实地踏勘和社会访谈，深入多伦诺尔实地调研，掌握了较为翔实的第一手资料，使实践项目能够顺利推进，同时也为本研究奠定了较为坚实的基础。

3. 定性与定量研究相结合

为提高分析的准确性和说服力，强调定性与定量研究相结合的研究方法。本研究在论证培育锡盟南部区域中心城市的必要性和适宜性选址的相关研究中，采取定性研究与定量研究相结合的研究方法。必要性研究中定性分析内蒙古"已有的"区域中心城市生长环境和发展现状，初判在锡盟南部培育新增长极的必要性。通过对内蒙古"已有的"区域中心城市的城市中心性和城镇综合规模计算，量化评判区域中心城市辐射带动能力、城镇体系规模等级和城镇发展格局的合理性，作出是否需要培育锡盟南部区域中心城市的必要性选择。区域中心城市适宜性选址的研究中，计划先选择适宜性评价因子，初判选址的合宜性，再量化研究校核适宜性选址。

4. 系统分析与多学科综合

城市是复杂的巨系统，影响城市持续、健康、永续发展的因素众多，涉及政治、经济、社会、空间、生态等多方面，各影响因素之间存在错综复杂的相互联系，对区域中心城市的研究必然涉及到城乡规划学、经济学、地理学、政治学、社会学、生态学等学科领域的相关知识，本研究采取了系统分析和多学科综合的研究方法。

1.6 研究框架

本书研究框架如图 1-7 所示。

图1-7 研究框架

第2章 相关理论基础与研究综述

2.1 相关理论基础

任何理论研究均有一定的延续性，国内外学者有关区域中心城市的理论研究已经非常丰富，科学合理地对既有研究理论进行梳理和借鉴，是进行相关研究的前提和基础。本研究主要借鉴的理论与方法包括：区域中心城市生成理论（中心地理论、增长极理论）、区域空间结构理论（点—轴系统理论、区域—边缘理论、城镇体系理论）、区域协调发展理论（区域一体化理论、可持续发展理论）及城市空间布局方法（"生长型"空间布局方法、"生态导向"空间布局方法）。

在论证锡盟南部区域中心城市必要性的相关研究中，以中心城市生成理论、区域空间结构理论、区域协调发展理论为主要理论支撑；锡盟南部区域中心城市选址的相关研究中，以区域中心城市生成理论、区域协调发展理论为主要理论借鉴；在后续的培育锡盟南部区域中心城市的途径和策略研究中，区域空间结构理论、城市空间布局方法提供理论与方法借鉴。当然在本研究过程中，也很难说仅仅是某一理论起了指导作用，往往是在综合借鉴多个理论研究的基础上作出的判断。

2.1.1 区域中心城市生成理论

1. 中心地理论

1933 年，德国城市地理学家瓦尔特·克里斯塔勒（Walter Christaller），在其经典论著《德国南部的中心地区》一书中，论述了一定范围内城镇空间结构的规律性和城镇规模、等级、职能之间的关系。阐释了区域发展的中心地等级规模、职能类型关系，构建了中心地空间系统模型，并用六边形图式对城镇等级与规模关系加以概括[13]。中心地理论的核心内容是城市及其职能、规模和空间结构，该理论在城市规划领域对于构建区域中心城市的相关研究具借鉴价值。

按照克里斯勒的理论，区域发展存在着不同等级的中心，中心地的形成源于同类事物的集聚效益、交通区位、商品服务辐射效应等因素相互作用的结果[14]。中心地的实质是依托其提供的中心商品而形成的商品服务基地，区域集聚的结果形成区域结节中心，即区域中心地。通过中心地为其周边地区提供的货物种类和数量、服务半径大小可以判断中心地的等级。

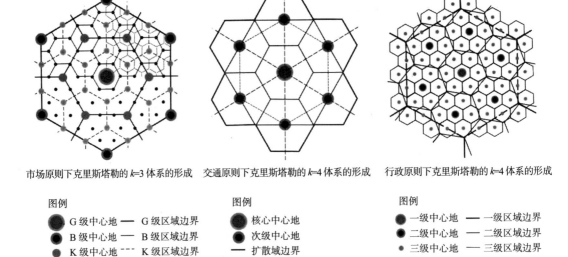

市场原则下克里斯塔勒的k=3体系的形成　交通原则下克里斯塔勒的k=4体系的形成　行政原则下克里斯塔勒的k=4体系的形成

图例
- ⬤ G级中心地 —— G级区域边界
- ⬤ B级中心地 —— B级区域边界
- ⬤ K级中心地 --- K级区域边界
- ● A级中心地 —— A级区域边界
- · M级中心地 —— M级区域边界

图例
- ⬤ 核心中心地
- ⬤ 次级中心地
- —— 扩散域边界
- --- 主要交通线
- ⋯⋯ 次级交通线

图例
- ⬤ 一级中心地 —— 一级区域边界
- ● 二级中心地 —— 二级区域边界
- · 三级中心地 —— 三级区域边界

图2-1　克里斯塔勒中心地理论示意图

　　一定地域范围内的中心地，一般呈现出不同的等级结构，由此产生中心地组织问题。克里斯塔勒的理论中，阐述了按市场原则、交通原则、行政原则建立起来的中心地模型。在市场原则支配下，低一级的中心地位于3个高一级中心地所形成的等边三角形中央，以利于各中心地之间的相互竞争，由此形成$K=3$的系统，即低一级的市场区数量总是高一级的市场区数量的3倍，则中心地的等级序列为：1、2、6、18、54⋯⋯[15]。在交通原则支配下，低一级中心地位于联系2个高一级中心地的道路上，同时也是高一级市场区边界的中点，其市场区被分属于2个较高一级中心地的市场区内，由此形成$K=4$的系统，即低一级的市场区数量总是高一级的市场区数量的4倍，则中心地的等级序列为：1、3、12、48、144⋯⋯。在行政原则支配下，6个次一级中心地完全处于高一级中心地的管辖之内，从而保证中心地行政从属关系和供应关系的界限相吻合[15]，由此形成$K=7$的系统，中心地的等级序列为：1、6、42、294、2058⋯⋯。在三原则中，市场原则是基础，交通原则和行政原则是在市场原则基础上对中心地系统的修正[16]。行政原则下的中心地体系中，每位顾客要购买中心性商品或享受服务平均所需交通里程最长，因而其交通效率最差。市场原则下的中心地体系中，联系两个高等级中心地的交通线路不通过次级中心地，因此交通系统效率不高。交通原则下的中心地体系拥有效率最高的交通网，则被认为最有可能在现实生活中实现。

　　克里斯塔勒进一步分析了三原则的适用范围，市场原则适用于由市场和市场区域构成的中心地，交通原则适合新开发区、交通过境地带、聚落呈线状分布区域，行政原则适用于具有强大统治机构的时代和客观上与外界隔绝，相对封闭的偏远山区。另外，高级中心地对远距离交通要求大，因此，高级中心地宜以交通原则布局，中级中心地则受行政原则的作用较大，低级中心地的布局用市场原则解释比较合理[17]。以上三个原则综合作用下，形成了现实社会中的城市等级体系（Urban Hierachy）。按照克里斯塔勒的中心地理论，在三个原则共同作用下，一个地区或国家的城市等级体系呈现的理想模型：一级城市 1 个，二级城市 2 个，三级城市 6 至 12 个，四级城市 42~54 个，五级城市 118 个。

2. 增长极理论

增长极理论是经济学范畴的经典理论之一，以非均衡发展理论为基础，最早由法国经济学家弗朗索瓦·佩鲁（Francois` Perroux）提出。佩鲁认为："增长并不是在所有地方，它以不同的强度首先出现在一些增长点或增长极上，然后通过不同渠道扩散，并对整个经济产生不同的最终影响。"[18] 后来布德维尔（J. B. Boudeville）、弗里什曼（John. Frishman）、默达尔（Gunnar Myrdal）、赫希曼（A.O. Hischman）等学者不同程度上对该理论进行了丰富。增长极理论的基本点可以概括为：①地理空间表现为一定规模的城市；②存在推进性主导工业部门和不断扩大的工业综合体；③具有扩散和回流效应[19]。该理论常被用于区域规划、城市空间布局等研究领域，解释和预测区域城市空间结构和布局。区域发展是一个由点到面、由局部到整体的递进过程，区域空间结构一般会经历均衡封闭式、单核极化型、多核扩散型、均衡网络化等发展演进阶段。依据该理论，区域实现均衡发展只是一种理想状态，经济增长首先集中在某些具有创新能力的行业和主导产业部门。因此，区域经济发展主要依靠条件较好的少数地区和少数产业带动，应把少数区位条件好的地区和少数条件好的产业培育成经济增长极[20]。一定区域内的增长极，是由推进型产业及其相关产业的空间集聚而形成的经济中心，它具有较强的创新和增长能力，并能通过扩散效应以自身的发展带动其他产业和周围腹地的发展[21]。增长极通过与周围地区的空间关系而成为区域发展的组织核心，在物质形态上，增长极就是区域的中心城市。改革开放以来，我国先后推动发展深圳特区为核心的珠三角地区、浦东新区为核心的长三角地区、滨海新区为核心的环渤海地区作为三个增长极[22]。

从广泛意义讲，凡是能促进经济增长的积极因素和生长点都可认为是经济增长极，而在城市发展研究中，具有区位优势的规模城市、特色主导产业、极化和扩散效应，是确定增长极所依托的城市或城市群的三要素。作为区域中心城市必须具有创新能力的企业群体和企业家群体，具有规模经济效应和适宜经济与人才创新发展的外部环境。增长极理论的实用性和可操作性较强，将该理论用于城市空间发展战略研究，在产业布局和基础设施投入方面扶持增长极核的形成与发展，有助于启动落后地区的经济发展，为确定区域经济中心和构建区域中心城市奠定了坚实的理论基础。在资源有限的条件下，集中优势资源投入到具有发展前景的"增长极"，无疑是区域经济快速发展，实现"洼地崛起"的有效途径，让这个城市快速发展起来，再通过扩散和辐射效应，带动周边地区整体发展。

小结：借鉴中心地理论综合判断内蒙古中心城市的综合规模，评价内蒙古自治区及各盟市的城镇体系规模等级是否合理，并有助于作出是否有必要培育一定级别区域中心城市的合理决策。增长极理论在锡盟南部区域中心城市选址研究，多伦诺尔构建锡盟南部区域中心城市的路径和策略研究中均具有指导作用。

2.1.2 区域空间结构理论

1. 点—轴系统理论

点—轴系统理论是由我国经济地理学家陆大道于 1984 年最早提出，中心地理论和增长极理论是该理论的基础。该理论认为不同等级的中心城市是点—轴开发模式中的"点"，是区域的聚集点；"轴"是在一定的方向上，连接这些中心城市而形成的社会经济密集带[23]，"点"与"轴"互动，最终"点"、"轴"贯通，形成点—轴系统。轴线上集中的中心城市通过货物、技术、信息、资金等媒介，对周边地区产生扩散作用。点—轴系统理论的核心是关于区域的"最佳结构与最佳发展"的理论模式概括[24]。点轴开发模式的实质是以中心城市为核心，形成沿轴线扩散，最终形成发展片。通过重点轴线的开发和渐进扩散形式，更好地协调城市与区域及区域间的发展[23]。

点—轴系统理论在国土开发和区域空间布局等应用研究领域得到了广泛的运用，该理论的核心内容：在一定区域范围内，依据交通、资源、产业等条件，选择和培育发展轴重点发展；依托发展轴确定重点发展的中心城市，规定不同等级中心城市的发展方向和辐射区域；确定中心城市发展轴的等级体系，形成不同等级的点—轴系统；随着区域经济实力的增强，开发重点逐渐转移到较低级别的发展轴和中心城市上，带动整个区域协同发展[25]。

2. 核心—边缘理论

1966 年，美国地理学家弗里德曼（J. R. Friedmann）提出有关空间发展规划的"核心—边缘理论"，该理论深刻揭示了经济增长和空间结构演变的辩证关系。该理论所指的核心区域一般是指城市或者城镇群，核心区人口集中、经济发达、科技先进。边缘区域一般指一定区域内经济较为落后的区域，可以分为过渡区（上过渡区域和下过渡区域）和资源前沿区域。任何国家和区域均由若干核心区和边缘区构成，核心区是具有较高创新变革能力的地域[19]，空间形态上表现为中心城市或城镇群，边缘区的界限由核心与外围的关系来确定，核心区和边缘区共同组成完整的空间系统，核心区在空间系统中处于支配地位[26]，经济发展和创新由核心区域向边缘区域扩散，通过边界的变化和空间关系的调整，最终达到区域空间一体化。核心区集聚效应显著，主导着边缘区的发展，边缘区支撑核心区的发展，两者相互依存。

"核心—边缘"理论认为区域发展的同时，必然伴随区域空间结构的改变，解释了经济空间结构的演变模式，认为区域空间结构的演化经历自下而上的四个阶段：前工业化阶——经济结构以农业为主，工业产值比重小于 10%，城镇发展速度慢，城镇等级系统不完整，城镇空间呈现离散型结构[27]。工业化初期阶段——城市开始形成，工业产值在经济中的比重在 10%~25% 之间，核心区域与边缘区域经济增长速度差异扩大，使核心区域与边缘区域发展不平衡，属于极核发展阶段。工业化成熟阶段——快速工业化进程中，工业产值在经济中比重在 25%~50%。核心区发展很快，核心区的资源要素开始回流到边缘区，边缘区工业产业群开始集聚，属于扩散发展阶段。后工业化阶段——资金、技术、信息等从核心区域向边缘区域流动加强，整个区域成为一个功能上相互联系的城镇体系，形成大规模城市化区域，处于高水平均衡阶段[28]。

"核心—边缘"理论解释了一个区域如何由互不联系，发展到彼此相依、均衡发展[28]，并带动整个区域平衡发展的过程，对于经济发展与空间结构研究具有较高的理论价值。该理论也常被用于城乡关系、发达区域与落后区域之间的关系等方面的研究。

3. 城镇体系理论

1950 年，邓肯（O. Duncan）在《大都市与区域》一书中首次引入"城市体系"概念，也称"城镇体系"或"城市系统"，是指在一个相对完整的区域内，由不同职能分工、不同等级规模，密切联系，相互依存的城镇的有机集合[29]。城镇体系是区域的骨架，它以一定区域内的城镇群体为研究对象，重点研究城镇之间规模、等级和职能之间的关系。

20 世纪 70 年代，有关城镇体系的研究达到了高潮阶段，80 年代后期有所衰落，更多的是在应用层面探索。传统城镇体系规划的重点是制定城镇发展战略，确定城镇地域空间结构、职能组织结构和规模等级结构。通过合理组织区域内各城镇之间、城镇与外部环境之间的相互联系，强化系统与外界进行能量和物质变换，引导城镇的发展方向，确定城镇的职能分工、规模等级、架构城镇的空间布局，促使体系走向有序化，实现区域可持续发展目标。

不同空间尺度上的城镇体系呈现出不同的核心结构特征，近域相对封闭的空间尺度上，以等级体系结构为主，远域相对开放的空间尺度上，强调网络体系结构，区域尺度上的城市体系的结构特征是网络而非等级[30]。

小结：点—轴系统理论、核心—边缘理论、城镇体系理论均是有关区域空间结构的理论，对于研究内蒙古区域中心城市空间布局现状，选择适宜的城镇空间布局方式具有理论借鉴意义。

2.1.3 区域协调发展理论

1. 区域一体化理论

区域经济一体化是指两个或两个以上的国家或地区，通过相互协商制定经济贸易政策和措施，并缔结经济条约或协定，在经济上结合起来形成一个区域性经济贸易联合体的过程[31]。相关理论主要有综合发展战略理论、大市场理论、关税同盟理论和协议性国际分工原理。不同区域经济主体之间为了生产、消费、贸易等利益的获取，形成市场一体化的过程，包括从产品市场、生产要素（劳动力、资本、技术、信息等）市场、服务市场到经济政策及管理的统一逐步演化[32]。

区域协调发展要求消除经济活动中的行政壁垒，促进生产要素趋于自由流动，空间过程的基本特征是各种生产要素的空间流动，显现的空间状态是生产要素流动所形成的经济集聚核心和经济扩散点。区域经济一体化过程建立在统一的商品市场、要素市场和服务市场基础之上，是产业区域分工的必然结果[32]。一定区域内的中心城市，应该引领区域发展，实现区域有效、适宜的分工体系，形成区域内统一的商品市场、要素市场和服务体系，辐射带动区域协调发展。区域经济一体化是资源合理配置的必然结果，也是区域内各城镇利益不断增进的结果（安筱鹏，2003），国外规划届倡导"真正的城市规划必须是区域规划"。

2. 可持续发展理论

20 世纪五六十年代，人们面对环境压力，对"增长＝发展"的发展模式产生质疑，从蕾切尔·卡逊（Rachel Carson）的《寂静的春天》到芭芭拉·沃德（Barbara Ward）和勒内·迪博（Rene Dubos）的《只有一个地球》，罗马俱乐部的研究报告《增长的极限》问世，人类不断反思发展观，把人类对生存环境的认识推向可持续发展阶段。1987 年，联合国世界与环境发展委员会发表了一份报告《我们共同的未来》，正式提出可持续发展概念。可持续发展是既满足当代人的需求，又不对后代人满足其需求的能力构成危害的发展[33]。可持续发展理论建立在资源永续利用理论、财富代际公平分配理论、外部性理论等理论基础之上，坚持公平性、持续性、共同性原则，鼓励经济增长，谋求社会全面进步。可持续发展理论的核心思想包括三方面内容，首先可持续发展是以"人"为中心的发展，发挥人的潜能和实现人的价值是可持续发展的目标。其次，可持续发展坚持经济、环境、社会三者协调发展，实现互利共荣。第三，可持续发展重视代际公平，谋求代际之间、区际之间的公平发展。

该理论的形成从增长极限问题的讨论中获得启发，是人类发展史上的一次警醒，强调经济和社会发展的同时注重自然环境的保护。可持续发展的目标是资源的永续利用和良好的生态环境，"需要"和对需要的"限制"是可持续发展观念的两个要素，倡导共同发展、协调发展、公平发展、高效发展和多维发展，要求经济效益、生态效益和社会效益共赢，最终达到全面发展。

区域可持续发展能够促进不同尺度的区域在较长发展时间内，经济、社会、资源、环境之间保持和谐、高效、优化有序的发展，在保障经济社会稳定增长的同时，人口增长应得到有效控制，自然资源得到合理开发利用，生态环境保持良好循环[34]。区域可持续发展的核心是发展，关键是协调，标志是可持续，为实现区域可持续发展，城镇体系空间布局必须建立在区域空间发展战略研究基础上，展望区域远景发展能达到的规模和布局形态，形成空间发展中体系框架，合理安排城镇发展时序，明确城镇规模和空间结构。

小结：内蒙古是我国北方生态安全屏障的重要组成部分，生态环境关系到我国生态安全大局，国家将内蒙古整体列为国家资源型地区可持续发展试点，实现经济社会持续健康发展。因此培育锡盟南部区域中心城市必须坚持区域一体化发展和可持续发展的观念，协调好经济、社会发展和环境保护之间的关系。

2.1.4 城市空间布局方法

1. "生长型"规划布局方法

城市规划工作的重要内容之一是以城市规划的理念和技术手段，对城市物质空间环境发展进行预测，并对城市空间生长进行合理化引导，揭示城市未来发展和生长的可能过程，为城市未来发展提供尽可能多的可能性，让城市在各个时期均保持较为合理的布局结构关系[35]。学者黄明华教授总结多年实践和研究经验，以西北地区东部中小城市的空间布局为研究对象，提出具有动态特征的适应西北地区中小城市发展的总体布局方法——"生长型规划布局"（Urban Growth Planning Layout）方法。他认为：城市的"生长型总体布局"最终体现在形态上，这个形态不但充分反映了布局结构，而且体现出结构及其形态自身由小到大的发展变化过程。而无论是结构、形态、还是他们发展变化的过程，都应该体现出生态对他们的作用，即生态贯穿到城市发展的整个过程。"生长型规划布局"方法具有结构规划和动态规划特征，在把握原则性的同时，强调给城市未来的发展留有充足的余地，淡化时间、强调过程、注重空间，具有跨越时空、区域的整体意识[35]。

"生长型规划布局"方法摒弃"终极蓝图"式规划方式和人为的将城市的发展过程分为近期、中期、远期的僵化做法，强调规划布局的动态性和生态特征，在规划中引入时间要素，注重城市的生长过程，既有时间论，又不唯时间论。将城市的生长过程分为若干动态而又连续的发展阶段，各发展阶段不受时间限制，但各发展阶段的城市空间布局具有相对独立性和合理性，并具有良好的衔接关系，城市远景发展设定的时间只在城市规模计算中作为参考，不作为城市发展的终极时间，城市发展速度以城市经济、社会状况为依据，不以预先设定好的时间为发展依据。

"生长型规划布局"方法将城市视为一个生命体，城市的空间布局与城市这个生命体的内外部生态环境密切相关，城市的生态状况直接影响其布局形态和生长过程，并一定程度上决定了城市未来健康、可持续发展前景。"生长型规划布局"方法强调：第一，城市空间布局中，充分考虑城市周边的自然本底条件，将城市周边生态基质向城市内部空间的渗透，充分利用城市周边自然条件，通过人工设计的廊道将城市各组成部分与城市周边自然要素联系起来；第二，最大限度地保留、利用城市内部原有的自然地形、林地、水塘，将城市内部的自然因素与城市原有特征相结合，使之成为城市总体布局中的"亮点"，进而形成独具特色的城市布局形态；第三，城市内外形成完整的绿化系统，构建生态安全性高并独具特色的景观格局。

2. "生态导向"下的空间布局方法

城市的生态安全格局越来越受到重视，构建以生态为导向的城乡空间结构是近年来城乡规划领域的重点研究课题之一。"生态导向"（Ecological orientation）这一概念最早由美国学者霍纳舍夫斯基（Honachefsky）于1999年提出，针对美国城市无序蔓延和对生态破坏等问题，强调应将区域生态价值和服务功能与土地开发利用政策相结合，提出"生态优化"思想[36]。这一概念以"生态优化"思想为基础，但与"生态优化"思想仅注重对生态环境的保护不同，"生态导向"在注重生态环境保护的同时强调生态与开发之间的互利，"生态导向"下的城市空间布局方法，倡导设计结合自然，强调人类对自然的信任，同时选择自然和城市，城市空间布局和城市形态选择，充分尊重城市自然山水要素，城市空间与山水空间同构，融山、水、城为一体，重点既不是城市也不是自然，而是强调二者的结合。

生态导向下的城市空间布局与城市生态规划有着较大区别，城市生态规划以生态学为理论基础，以实现城市生态系统的健康、协调、可持续发展为目标，协调人—自然—城市之间的关系，涉及到城市生态系统的各方面。而生态导向是以城市生态学、可持续发展理论为基础，以生态因素为引导下的城市空间布局途径和策略，将生态因素在城市总体布局中作为规划的一个导向，对城市空间布局产生影响，生态导向的内涵以自然—人—社会综合体为中心，并非真正意义上的生态规划。

生态导向的城市空间布局方法，是一种理念引导和城市规划方法层面的探讨，强调自然生态对城市发展规模的约束。在城市总体布局中引入崇尚自然、适应自然的态度，树立生态价值观，将自然要素引入城市空间布局，将自然生态系统作为城市系统的组成部分。以生态为导向的城市空间布局，将城市的形态、结构、功能有机结合，视城市为不断生长的有机体，以自然生长过程引入城市土地开发以及城市空间布局，把城市规划视为多目标、动态性决策过程，城市空间发展与自然演进过程相契合。

小结：城市是一个不断生长的有机体，空间布局会随着时间的推移而不断"生长"。城市空间布局中引入"生长型"和"生态导向"理念，尊重城市所在区域的生态环境和自然本底，将自然山水及城市内部的人工景观引入到城市空间布局中，利于形成独具特色的城市形态。锡盟南部这个"将有的"区域中心城市，有一个由小及大生长过程，中心城市培育中，借鉴"生长型"规划理念和"生态导向"空间布局方法，选择城市用地发展方向，构建生态型城市空间结构和城市形态，并使其整个生长过程的各阶段均有一个合理的规模和布局形态，让城市的人口规模、产业布局、区域交通和城市空间均处于健康"生长"状态。

2.2 既有相关研究综述

2.2.1 关于区域中心城市研究综述

1. 对区域中心城市的基本认识

城市是一定地域范围内经济、政治和文化生活的中心，对于中心城市的认识经历了一个动态的过程。德国城市地理学家瓦尔特·克里斯塔勒认为，中心城市是一定区域内城镇体系中等级最高的城市，处在市场和交通网络中心位置，它的影响范围达到整个区域，甚至向区外扩散，为整个区域提供货物和最好的服务[37]。城市经济学家韦默·赫希（Wemer Z. Hirsch）认为中心城市是被郊区地带环绕，往往还有一些较小城市分布在周围的那个主要城市[38]。美国人口普查局规定（2000年），每一个大都市统计区（MSA）和联合大都市区（CMSA）内，最大的城市即为中心城市，若符合官方标准，还有一个或更多的城市可称为中心城市[39]。国外关于中心城市的界定，强调中心城市是所在区域规模最大的城市，区位处于城镇体系的市场和交通网络中心，辐射和带动功能能够覆盖整个区域。

1981年，五届人大四次会议提出以大中城市为依托，形成各类经济中心，组织合理的经济网络，国内关于中心城市的讨论逐渐开展[40]。2001年，《中华人民共和国国民经济和社会发展第十个五年计划纲要》提出："重点发展小城镇，积极发展中小城市，完善区域中心城市功能，发挥大城市的辐射带动作用，引导城镇密集区有序发展。"加速了国内对区域中心城市的研究进程。国内有关中心城市的界定主要从中心城市的功能和作用角度考虑，各学者有关区域中心城市的界定也不尽相同。

汪前元认为，区域中心城市是自然经济区域中经济发达、功能完善、能够渗透和带动周边区域经济发展的行政社会组织和经济组织的统一体[41]。冯德显认为，区域性中心城市是一定区域范围内人口相对集中，综合实力相对强大，其影响力可以覆盖区域内其他城市的中心城市[42]。何建文认为，中心城市是指具有综合功能，在一个国家或地区经济社会活动中起着枢纽作用的城市。认为作为中心城市应具备：生产力高度集中、综合功能、优越的自然条件。强调中心城市的综合性和枢纽地位[43]。苗建军认为区域性中心城市是指在一定区域的城市带中具有相当经济实力，能在经济、科技、文化各方面对周围区域产生相当辐射作用的中心城市[40]。

从学者们对中心城市的描述中可以总结出，区域中心城市是所在区域发展的引领者，具有以下特征：首先，应具有一定的规模，适宜的人口规模是区域中心城市保障其中心性和各类功能的基础。其次，应具有较强的经济实力和适宜的产业结构，经济总量占所在区域份额比较大，居民消费能力大。第三，具有较强的辐射带动能力，区域中心城市对周边地区的经济社会发展具有一定的辐射带动能力，在辐射带动区域发展的同时进一步促进自身城市功能的进一步完善。第四，具有较为完善的基础设施和公共设施，一方面保障自身的良性运转，另一方面为周边广域居民提供便捷的服务。第五，具有较强的科技实力和综合功能，科学技术是第一生产力，先进的科学技术和雄厚的科技实力是区域中心城市经济社会发展的重要保障。

近年来，全方位开放格局和区域协调发展背景下，省际边界区域中心城市的发展和相关研究逐渐受到国内学者关注。内蒙古自治区地处我国的北部边陲，素有"祖国北大门"之称，地域广阔，城镇密度较低，集聚效益和规模效益差，区域作用度低。边疆地区的区域中心城市具有较为特殊的自然地理和人文环境，发展具有边缘性、滞后性、开放性、不均衡性等特征。内蒙古周边与黑龙江、吉林、辽宁、河北、陕西、甘肃、宁夏、山西等8

个省份相毗邻，省域边界线绵长。省际边界区域在自然、经济、区位、文化、习俗等方面具有同质性[44]，省际边界中心城市是地处省际边界地区的一类特殊的区域性中心城市，它既要满足区域性中心城市的基本要求，又因地处省际边界地区，远离省内中心城市，还要对边界周边一定区域构成较强的辐散和吸引力[45]。省际边界城市因位于省域边缘而具有"边缘性"，因位于省际交界处而具有"边界性"，在促进城市发展过程中，行政当局往往愿意把有限的资源和要素投入省域内部中心城市，省际边界区域和城市被"边缘化"现象比较严重，使省际边界区域发展滞后，成为区域发展中的"塌陷区"，关于省际边界区域中心城市的构建和研究，对于构筑外向型空间格局和促进区域协调发展具有重要意义。

2. 关于区域中心城市空间布局的研究

中心城市空间布局方面，我国学者从城市空间发展方向、发展策略及增长模式等方面进行研究。朱鹏宇、胡海波以南京市为例，运用综合型分析方法建立综合评价指标体系，以确定城市空间扩展方向[46]。修春亮、祝翔凌以葫芦岛市为例，从多方面对城市空间扩张动力进行剖析[47]。王晓琦针对东北四大中心城市的发展现状，探讨调整和优化四城市空间发展的战略目标和思路，并提出相应的调整途径和优化措施[48]。陈睿、吕斌将城市空间发展模型总结为四种类型：基于因果关系的城市空间增长影响因素静态模型；基于空间发展理论和GIS空间分析的准动态城市空间增长模型；基于系统动力学微分方程（组）的城市空间增长动态模型；基于微观主体作用演变机制的城市空间增长模拟模型等[49]。徐超平分析了一些区域中心城市将空间发展重点从外围新城转移到中心城区的动因，提出新时期区域中心城市应采取内外兼顾、互有重点的空间发展策略[50]。车春鹏、高汝熹通过对东京、纽约、巴黎三大都市圈中心城市的产业布局进行实证分析，得出三点有关空间发展战略的启示[51]。祝昊冉、冯健以四川省南充市为例，探讨了西部经济欠发达地区中心城市的空间拓展规律[52]。吕斌，孙婷从低碳城市的视角探讨城市空间形态特征，提出了城市内部功能空间形态紧凑度的量化指标的[53]。

3. 关于区域中心城市产业结构的研究

产业结构方面，我国学者主要从产业结构转型、产业发展策略、产业定位等方面进行研究。陈丽红分析了1920~1970年美国大都市区中心城市产业结构转型的总体趋势及原因，指出了中心城市产业结构转型的后果[54]。潘伟志以技术进步为主线，以产业演化为研究内容，以中心城市为着力点，研究了技术进步对中心城市产业演化的影响作用[55]。赵弘认为中心城市可以通过"总部——制造基地"功能链条将知识要素辐射到生产制造基地，带动其所在区域发展[56]。陈竹叶以我国35个直辖市、省会和副省级城市为例，对我国各区域中心城市的产业结构转换进行相关计算和分析研究[57]。欧江波以广州市为例，提出了中心城市产业空间结构调整与优化的基本思路[58]。鄂冰，袁丽静解释了中心城市产业结构优化与升级的内涵，并对中心城市产业结构转型的规律进行分析[59]。

此外，我国学者对于生产性服务业、信息产业、旅游业、现代服务业、休闲业和物流业等多方面产业功能进行研究。闫小培、钟韵[60]及李妍嫣[61]从中心城市生产性服务业发展的角度，分别以广州及北京、上海为例，分析广州生产性服务的外向功能特征及我国区域中心城市生产性服务业选择发展的影响因素，并针对不同类型中心城市的生产服务业发展提出建议。杨怀宇对生产性服务业的发展如何提升中心城市的经济功能进行详细研究。戴雯则研究了信息产业建设与中心城市发展建设的关系。袁宇杰分析了发展区域中心城市旅游的一般途径，并以青岛市为例，提出其旅游业发展中存在的问题及解决对策[62]。刘杰[63]、陈淑祥[64]及曾安、杨英[65]分别针对区域中心城市现代服务业发展特色、发展路径及发展模式进行研究。苗建军探讨了休闲产业在中心城市发展中的地位和加速发展的必要性[40]。

小结：总结国内外学者对区域中心城市的基本认识，区域中心城市空间布局和产业结构的研究，为后续研究提供理论与方法的借鉴。区域中心城市的形成和发展过程中，产业与空间一直都是城市社会经济发展的主角，锡盟南部区域中心城市由典型草原城镇成长为中心城市的过程中，产业带动和空间拓展是其实现"跨越式"发展的必然途径和有效策略。

2.2.2 关于城市空间发展研究综述

城市空间发展研究的领域十分广泛，涉及城市空间结构与城市空间形态、城市群体空间与城镇体系、城市空间发展战略、城市生态环境建设等多个领域，并且其中许多研究互有交叉和借鉴。本研究以"内蒙古锡盟南部区域中心城市空间发展"为课题，研究内容始终围绕"为什么"、"在哪里"、"如何做"三个问题展开，属于这个"将有的"区域中心城市空间发展战略层面的研究。

1. 对城市空间的基本认识

哲学意义上的空间，作为客观存在，是指物质存在的一种基本形式，表述的是物质存在的广延性。地理意义上的"空间"概念，是指容纳物质及其变化的场所，是物质、空间、时间三位一体的存在[66]。马克思曾精辟地指出，"空间"是一切生产和人类活动所需要的要素[67]。城市空间作为城市居民活动的载体，表现为城市地域范围内，一切城市要素的分布及其相互作用，并随时间动态发展的系统集合[68]。城市空间概念的内涵最早源自地理学家的空间观，之后，综合了地理学空间元素与心理学中知觉等概念，从而衍生出"场所"的概念，城市的基本形态可称之为"我们的场所"。

西方学者对城市空间概念的框架进行了深入研究。福利（L. D. Foley）和韦伯（M. M. Webber）是最早试图建构城市空间概念框架的学者之一，福利提出了四维的城市空间结构的概念框架，认为城市空间具有3个结构层面，分别是物质环境、功能活动和文化价值，此外，对于城市空间的演变和发展，他认为要从历史、动态的角度去看待和研究，从而引入了第四个层面——时间层面；他认为对城市空间应从"形式"和"过程"两个方面去理解，形式即空间分布模式与格局，过程即空间的作用模式形式与过程体现了空间与行为的相互依存性。基于福利的研究，韦伯对城市结构的空间属性进行研究，提出城市空间包括3个要素，即物质要素、活动要素以及互动要素[69]。随后，波纳（L. S. Bourne）则提出了跨学科的城市空间结构的概念框架，运用系统理论，描述了城市系统的 3 个核心概念，即城市形态、城市要素的相互作用以及城市空间结构。哈维在波纳的研究基础上作了进一步拓展，提出传统的城市研究受到社会学科方法和地理学科方法的局限，可以在社会学科方法和地理学科方法之间建立"交互界面"，以此为突破口来研究城市空间。

我国学者黄亚平分析了西方典型的有关城市空间概念的内涵，在此基础上建构了城市空间概念的框架[68]，认为："从城市规划与设计角度，完整的城市空间概念框架应包括城市空间、城市空间结构、城市空间形态[70]。"因此，对于城市空间的研究离不开城市空间结构与城市空间形态。

国外对于城市空间结构的研究往往与全球经济社会的发展和变化紧密相连。依据全球经济社会的转型时期，可以将国外对于城市空间结构的研究大体分为 4 个阶段：工业革命以前、工业革命至第二次世界大战前、第二次世界大战之后至 20 世纪 90 年代、20 世纪 90 年代信息革命[69]。国内对城市空间结构研究开展的较晚，20 世纪 80 年代之前还主要是引进西方的研究理论，在 20 世纪 90 年代之后我国才有了自己的研究成果，2000 年之后开始进入城市空间结构研究的热潮，主要集中在城市空间结构演化、城市空间结构的影响因素等方面。

国外城市空间形态研究开始的时间较早，在 19 世纪初到 20 世纪 50 年代以前，西方学者就从社会改良的角度提出了许多理想的城市空间模式，如欧文的"新协和村"、霍华德（E. Howard）的田园城市、索里亚·伊·马塔的带形城市等。凯文·林奇（Lynch，1960）提出城市意象五要素；博伊丝（Boyce etal.，1964）从地理学角度提出了城市空间形态的概念；贝里（J. L. Berry，1971）和西蒙斯（J. W. Simmons，1971）归纳出城市土地利用的空间扩展可能呈轴向增长、同心圆式增长、扇形扩展及多核增长等多种形态；韦伯把城市形态的发展过程与社会体制紧密结合在一起，探求城市结构形成过程本身的固有规律，企图建立一种普通的城市形态模式；马修（C. Matthew，2003）等讨论了西方城市形态从产业时期的单中心城市，到后工业——信息时代的多中心城市和连绵城市区的演变过程[71]。

国内对城市空间形态的研究成果众多，大多集中在城市空间形态的要素、特征、城市形态的演变等方面。武进提出城市形态构成的物质要素包括道路网、街区、节点、城市用地和城市发展轴[72]；段进提出城市物质空间的构成要素由用地、道路网、界面、节结地组成，而空间组织关系是产生不同空间形态的重要因素之一[73]。关于城市空间形态的特征，国内学者朱锡金针对中国城市，总结出 5 大类城市空间模式[74]。顾朝林等认为从城市空间结构演化的角度来看，城市形态扩展的过程遵循"地域分异规律"、"空间渐进推移规律"、"空间充填规律"以及"城市——区域空间演化规律"，并将我国城市空间形态特征总结为圈层式、飞地式、轴向充填式、带形扩展式等几种类型[75]。关于城市空间形态的演变，国内学者主要从城市形态的演变历程、演变模式以及演变机制等方面进行研究。按照研究对象的不同可以分为两类，一类是以国内所有城市或城市群作为研究对象，进行规律性的总结，研究的时空尺度都比较大，如武进的《中国城市形态：结构、特征及其演变》（1990）和胡俊的《中国城市：模式与演进》（1994）两本著作，分别从纵横两个角度，较为系统地研究了我国城市空间结构从形态、特征到演化机制问题。第二类是对单一城市进行的实证研究，从不同角度对城市空间演变的过程、模式和动力机制等方面进行分析。实证研究涉及到的城市主要分布在我国经济发达的长江三角洲、珠江三角洲、京津唐地区的重要城市以及内地的省会城市，近年来一些地级市的研究成果也逐渐增多起来[71]。

2. 对城市空间发展战略的基本认识

"战略"一词源于军事学，韦伯斯特大词典（Webster，1970：867）将战略定义为"strategia"，指运用一个或多个国家政治、经济、心理和军事的力量来尽可能实现战争或和平的政策目的[76]，是指对战争全局的计划和策略，就其本质来讲是竞争、对抗的产物，古汉语中指"战争的方略"或者"用兵的谋略"。《辞海》中对"战略"的解释为：重大的、带有全局性的或决定全局的谋划。波特（Porter，1996）认为"战略"是对预想达成的目标设定限制。1961年，耶鲁大学赫希曼教授在其著作《经济发展战略》中，首次提出"发展战略"概念，此后企业战略、国家战略等概念相继提出。经济全球化和区域一体化环境条件下，城市和区域发展由封闭、单一走向开放、多元，资金、信息、人才、资源等要素流可以跨越区域界线甚至国界自由流动，各城市和地区为争取更大的发展机遇，判识城市在区域内分工与合作、城市定位、空间发展方向等影响城市发展的重大问题，"城市空间发展战略"研究也应运而生。

英国学者帕奇·希利（Patsy Healey）认为"空间战略规划"指的是通过自觉的共同努力，对一个城市、城市区域或更为广大的地域进行重新思考和构想，并将结论转化为对地区开发、保护、战略性基础设施投资以及土地利用管理原则等方面的优先行动计划的考量[77]。从希利对空间战略的理解中不难看出，空间战略首要功能是引导国家投资或政策上的支持，政府机构能够通过有效的战略规划，从想象不到的方向引导某些行为并控制其执行。

城市空间发展战略规划在国内也被称为"城市发展概念规划"、"城市战略规划"、"城市发展战略规划"。城市空间是城市经济、城市社会、城市生态、城市历史文化的载体，我们处理城市问题的抓手依然是城市空间，脱离城市空间讨论城市战略是不现实的，因此有学者认为准确的称呼应该是城市空间发展战略研究。城市空间发展战略研究的内容一般都涉及产业发展战略、空间发展与结构布局、生态与环境保护、基础设施支撑体系、城市文化与社会发展、实施策略与机制等[78]。在这几方面的内容中，产业与空间发展战略一直是战略研究的重点和归宿点。随着战略研究的不断发展，对于生态社会、文化以及实施策略的关注也在不断加强，这样使得对产业发展与空间布局的考虑也更趋理性[79]。城市空间发展战略研究是为了使城市的各项建设行动具有一个统率全局的可行纲领；允分的研究可以使这个纲领具有更大的说服力与号召力，对城市远景的认同能调动各方面的积极性；可以使城市空间甚至整个城市经济社会有一个大的发展方向，并且能具有切实可行的实施策略[80]。

我国学者罗利克认为城市空间发展战略是城市空间发展的较长时期内综合部署，是城市规划重要组成部分[81]。饶会林（1999 年）认为城市发展战略是城市经济、社会、建设三位一体的统一发展战略。李晓江认为城市空间战略研究的直接作用是一种城市与区域宏观战略性核心问题的研究，从更高层面和更综合的角度审视城市发展问题，较短的工作周期和富有针对性的研究，可以一定程度上弥补总体规划编制时间长和刚性有余而弹性不足的缺点[82]。

还有其他学者对城市空间发展战略研究（概念规划）提出自己的理解：张兵（2001 年）认为是表达城市或区域在一个长久阶段内发展的整体方向和指导当前行动的整体框架；王蒙徽（2001 年）认为是城市总体层面侧重于城市发展方向和各学科的综合平衡，是城市未来长期发展的战略性纲领和原则性指导；赵燕菁理解为社会经济发展的潜在可能和需要解释为空间的语言；吴未等（2001 年）认为是以城镇体系、城市性质、发展方向、基本职能为主要内容的原则性指导。

从以上国内外学者关于城市空间发展战略的描述可以看出：城市空间发展战略与其所在区域休戚相关，某种程度上便是该区域的空间发展战略，是关于机遇和前景的规划而具有宏观性；城市空间发展战略研究涉及到城市的经济、社会、文化、环境、资源等多方面而具有较强的综合性；城市空间发展战略研究是开放性研究，深入研究城市未来发展的可能前景、影响因素及发展趋势变化，把握城市发展中的机遇与挑战；城市空间战略研究具有一定政治色彩，是城市政府获取资源，建立发展联盟，谋求发展的有效手段和途径。

3. 国外关于城市空间发展战略研究综述

国外关于城市空间发展战略的研究起源于早期工业化时代（1900 年前后），这一时期的空间发展战略规划较为注重物质形态层面的研究，被建筑学科所主导，如流行于欧洲和美洲的公共卫生运动和城市美化运动等。1898 年，霍华德提出"田园城市"理念，强调城与乡的有机结合。在西北欧，战略规划的应用可以追溯到 20 世纪 20~30 年代，空间战略规划与现代民族国家的概念紧密相连，战略规划被应用于指导不同权力机构、不同部门和私人参与者的行为。20 世纪 60~70 年代，真正区域意义上的城市空间战略研究得以广泛开展，英国的结构规划（Structure Planning）、美国的综合规划（Comprehensive Planning）、日本的地域规划（Area Division）、新加坡的概念规划（Concept Planning）、法国的城市规划和开发指导方案、波兰的城市与区域规划、荷兰的广义结构规划、加拿大开展的都市战略规划、香港的发展战略规划等均对城市空间发展战略有相关研究，提出区域发展目标、政策、纲要，体现国家和区域发展政策。20 世纪 70 年代后，有关空间发展战略的研究和探讨更加关注规划程序和规划方法，试图从不同层面探讨空间发展战略规划如何满足确定性和理性的传统需要，使城市空间发展战略规划理论研究进一步趋于成熟。西方的战略规划 20 世纪 80 年代后由于新保守主义对规划的轻视和后现代主义者的怀疑态度而出现衰退现象，90 年代末期，有关区域、次区域和城市的空间战略规划再次兴起。21 世纪初，随着经济全球化和区域一体化发展进程加快，世界和区域竞争越来越激烈，为应对严峻的资源和环境压力，发达国家纷纷开展国家和地区中长期空间发展战略研究，希望在国际竞争中把握好发展方向。

英国是世界上最早开展城市空间战略规划研究和实践的国家，英国的战略规划包括结构规划（Structure Plan）、战略规划引导（Strategic Planning Guidance）两个类型。1968年英国《城乡规划法》中最早提出结构规划，结构规划在英国也称为战略规划，是为一个城市和地区的社会、经济、环境发展制定的城市规划方面的政策性文件，结构规划摒弃了传统土地利用规划的终极规划模式，突出对城市发展方向、整体空间框架的战略布署和过程控制。内容涉及人口、土地、经济、社会等领域，主要任务是制定指导原则、政策框架和发展战略等宏观层面的内容，体现了国家对区域发展的政策指导[83]。2000年7月大伦敦政府历时44个月组织编制了大伦敦空间发展战略——《伦敦规划》，包括经济发展战略、空间战略、交通战略、文化战略、城市噪声等，关注伦敦空间发展最为重要的事务，旨在促进伦敦地区经济社会发展和环境改善。

还有一些国家进行了不同类型战略规划编制和空间发展战略研究，包括欧洲空间发展视角（ESDP）、东京都市区战略规划、弗兰德斯空间结构规划（FSSP）、北爱尔兰区域发展战略（NIRDS）、米兰城市规划政策框架文件等，均具有城市空间战略规划和研究的特征。

进入21世纪，面对更加严峻的资源、环境、发展等全球问题，发达国家开展了长期发展战略研究，例如，美国2050（America 2050）、德国2030（Stadt 2030）、城市世纪研究（Urban Age）等有关国家中长期发展战略研究，着力解决国家长期发展问题，以国家战略或者城市发展的全方位问题为目标，推动政府制定国家层面的战略，增强国家竞争力，旨在应对资源、环境等方面的严峻挑战，促进可持续发展。这些发展战略研究以方向性和发展模式探索为主，一方面强调大城市地区的发展，通过大城市地区的快速发展增强国家的全球竞争力；另一方面，注重城市以人为本、可持续发展和区域发展策略的协调，旨在探索区域协调、可持续的发展模式。

纵观西方发达国家城市空间发展战略规划的发展历程，城市战略规划是政府对城市进行宏观调控的手段，形成了从空间优化为目标的技术理性到以社会和政治为目标的价值理性的演进历程。美国一些州和大都市区以减少城市蔓延为着眼点来进行新发展地区的选址，都市边缘区政策从分散发展转变为密集化发展[84]。因此西方的战略规划理论研究更多的是在规划实施的制度层面的，探讨不同政治制度下城市战略规划的有效性。这些宏观层面的战略性规划或研究都属于决策性研究范畴，由于国家体制和产生的社会背景的不同而不具有切实的可比性，在价值理性的导向下，不同政治文化背景下，形成各不相同角色及其利益集团，因此我们在探讨国外发达国家城市空间发展战略规划的经验时，不能进行简单套用，而是应当在一定行政管理和文化背景下，深入探讨其在城市发展中的内涵、地位和作用[85]。

4. 国内关于城市空间发展战略研究综述

国内关于城市空间发展战略研究的认识，是随着实践活动的递进而逐渐建立起来的，20世纪90年代以前，主要是借鉴国外的基本理论，对城市内部空间结构、区域城镇体系进行实证分析，研究基本处于探索阶段。进入20世纪90年代后，随着城市经济的快速发展和城镇化进程的加快，各地对城市空间发展的研究显得迫在眉睫，空间发展战略成为地方政府应对区域竞争的有效手段。20 世纪 90 年代初《迈向 21 世纪的上海》、《哈尔滨市松北新区发展规划》可以算作国内城市空间发展的早期实践性探索。2000 年，广州城市发展概念规划之后，国内掀起了城市空间发展战略研究热潮，目前国内关于城市空间发展战略的研究主要集中在规划的内涵、技术方法探索和实践案例研究等方面。

我国东南沿海地区在国家"率先发展"宏观政策支持下，因借区位、资金、人才等优势积蓄了深厚的经济基础，为适应快速多变的环境要求，促使一批城市重新谋划更广域的城市发展空间。20 世纪 80 年代的深圳、20 世纪 90 年代的上海、21 世纪初的天津，在城市内外部发展条件发生重大变革的机遇下，实现城市跨越式发展。深圳只用了 30 年时间，从南海边陲的一个小渔村，建成当今世界瞩目的现代化国际大都市。1990 年，国务院宣布开发开放浦东新区，浦东确定了"多轴多核"、"多心开敞"的空间布局结构。2008 年，"天津市空间发展战略研究"重新思考了新形势下天津的空间结构，提出了"双城、双港"的核心战略。这些战略性研究及空间发展策略，极大地促进了区域空间优化，经济快速发展。

关于城市空间发展战略规划的内涵，国内学者提出了不同的看法，李晓江（2003）提出"空间发展战略规划是总体规划编制过程中的前期研究或者是政府组织的宏观战略性研究"；吴志强等（2003）认为"将城市作为一个整体空间的战略性规划，反映的是城市政府在行政过程中，在城市土地方面的执政纲领和政治意志"；张京祥等（2004）认为"城市空间发展战略不是法定规划，而是地方政府管治手段"；黄明华等认为"对战略规划探讨的重点并非以现有'战略规划研究'所能起到的作用出发去'构想'其与总体规划的关系，而在于总体规划如何以战略规划为导向进行变革"[86]；王东等（2010）全面分析了城市发展在全球化背景和科学发展要求下面临的机遇与挑战，确立了战略规划引领城市发展模式转型的核心任务，以战略规划引领城市发展模式转型。

国内城市空间发展战略规划实践源于 2000 年《广州市总体发展概念规划》，之后许多城市陆续开展城市空间发展战略规划或研究，如南京、苏州、杭州、深圳、合肥、哈尔滨、沈阳、济南、西安、成都、北京、天津、石家庄、呼和浩特等大城市，江阴、莆田、佛山、章丘、唐海等中小城市也纷纷编制了城市空间发展战略规划，国内掀起了战略规划编制热潮。各城市编制发展战略的目的和侧重点不尽相同，南京总体发展战略规划着重对产业和空间发展进行了分析，提出产业、空间发展对策和未来城市空间发展模式；杭州总体发展战略规划侧重点在于确立城市空间结构；广州和济南的战略规划重视塑造城市的品质和形象；深圳和厦门关注因制度环境变迁带来的新的竞争趋势；哈尔滨、呼和浩特、合肥对提高城市竞争力、吸引投资有迫切愿望。随着海峡西岸经济区战略的提升，莆田确定向海边发展、建设海滨新城，主动吸纳福厦泉、长三角地区、珠三角地区的辐射，融入各层面区域经济技术分工协作，承接来自国际和台湾的产业转移，使其成为海峡西岸建设的战略要地。

战略规划总体而言是基于城市发展迫切需求，经济高增速和快速城镇化背景下，城市往往呈现出"跨越式"发展态势，需要对城市功能定位、城市空间结构和拓展方向等重大问题加以研究、论证和确定。战略规划以其"快速、实效、创新、灵活"的特点，能够敏锐捕捉城市发展环境的变迁，快速而具有针对性地为城市发展提供应对策略，解决新空间格局下产生的城市新问题。空间发展战略提出城市在区域中的发展定位和城市功能空间发展的方向与目标，实现城市经济、社会、文化目标的策略措施；论证城市空间拓展、更新、改造的时序安排，同时对影响城市空间发展的重要公共设施及基础设施的建设选址、建设时机提出建议，为城市政府决策提供思路，也为总体规划编制提供依据。

2010年前后，国家经济发展由快速增长期进入转型发展期，城市面临市场环境、国家宏观调控政策、城镇化策略等内外部发展环境的变化。针对转型期城市内外部环境变化和自身发展中面临的新问题，国内很多城市开始了第二轮城市空间发展战略研究，如深圳2040城市发展策略、宁波2030城市发展战略研究、上海空间发展战略、广州城市总体发展战略规划等，各城市积极构建新的竞争优势。如果说第一轮战略规划以城市空间"量"的拓展为重点，第二轮战略规划则以城市空间"质"的提高为核心，未来城市竞争的着力点由如何吸引"资本"向如何留住"人才"转变，构建以"人才"吸引为核心，以鼓励"创新"为重点的城市环境是第二轮城市空间战略的关键，城市空间战略更加强调"品质提升"。

近年来，对西部地区城市空间发展战略研究和实践也逐渐多起来：朱志萍对西部地区中心城市的发展方向进行研究，进一步提出发展策略[87]；袁寒、张志斌以西宁为例，分析西北地区中心城市在快速发展过程中，城市空间发展所面临的问题，提出城市内部、都市圈、区域三个层面的空间发展战略[88]；还有王晓燕（2005）对银川市城市空间发展战略，李春华（2006）对新疆绿洲城镇空间结构的系统研究等。针对内蒙古的城市空间发展战略相对较少，仅有呼包鄂城镇群和乌海等城市空间发展战略的相关研究。

小结：哲学意义上的空间是物质存在的一种形式，地理意义上的空间是容纳物质的"场所"，城市空间是各类活动的物质载体，脱离开空间谈城市发展是不现实的，培育锡盟南部区域中心城市也不例外。"战略"一词虽源于军事，但近年来常被用于城市规划领域，为城市和区域的发展出谋划策。城市形态和城市结构是城市空间布局的重要组成部分，两者相互依存，犹如动物的骨骼和血肉，结构构筑城市框架，形态是结构的外在表现，吸收、消化和应用国内外学者有关城市空间发展的理论研究成果和实践探索经验，为本研究拓展了研究视野，并提供理论与方法借鉴，有助于推进民族地区区域中心城市空间发展研究。

2.2.3 关于城市中心性研究综述

城市中心性（Centrality）由德国经济地理学家克里斯塔勒首先提出，中心性是城市的第一特征，是指一个城市为它以外地方服务的相对重要性，用以衡量城市中心地位高低的重要指标[89]。国内外研究者一般以中心性指数（Centrality index）衡量城市中心性大小，选择一个或多个反映中心性的数据经过运算得到中心性指数[90]。划定城市辐射范围[62]描述城镇体系各城市间空间相互作用网络结构[91]。城市中心性这一概念对于研究城镇体系具有重要的指导意义，经常被用于评价某城市在城镇体系中的地位，划分城镇体系层次。在实践中，城市中心性多用来衡量城市在区域和城镇体系中的地位及作用，国外常根据城市中心性大小划分城市腹地、确定城市在城镇体系中的等级层次[30]。

城市中心性与城市绝对重要性概念不同，城市因向本地居民提供商品和服务而具有绝对重要性，向城市以外区域提供商品和服务而具有中心性，使得中心地与补充区达到平衡。研究城市中心性是确定区域中心城市的重要方法，反映了城市职能的对外服务能力，是衡量城市中心地位的重要依据[92]。

对于城市中心性的测度方法国内外学者进行了多种探索，中心地理论的创立者克里斯塔勒以电话指数作为测度中心性的指标，运用区位熵的办法从中心地的电话总数中减去由于中心地消费所产生的重要性[93]。普莱斯顿、马歇尔分别以零售业和服务业销售总额指标、中心职能数和职能单元数的指标来衡量城市的中心性。博纳奇克（Phillip Bonacich）和欧文（Michael D. Irwin）通过测量城市个体间交互作用的量和方向，将中心性量化为实际操作模型[94, 95]。数量地理学家布莱恩·贝里用数理统计方法对中心地学说进行了许多实证性研究，从动态角度分析中心地规模扩大对中心职能布局的影响[91]。美国社会学家欧文认为中心性是反映城市在空间交互作用网络中地位的概念，以有向图论（Directed Graphs）总结出四点中心性概念，并应用于城市体系研究[96]。

由于国情和城市发展历史阶段的不同，国外学者的研究模型和方法对于国内城市的中心性研究具有不适应性，电话流等城市空间相互作用资料不易得，随着时代的发展，决定城市中心性大小的产业门类也在不断变化，由早期的零售业、批发业等转变为现代金融、信息、咨询和先进制造业。针对我国国情国内学者在城市中心性研究中作了有意义的探索。陈田选取城市非农业人口、工业固定资产净值、劳动生产率等15个经济变量对全国232个城市作主因子分析，将全国城市经济活动影响能力分为5级中心，七大经济影响片区，开启了国内学者对城市中心性的研究[97]。宁越敏等采用市区非农业人口、市区邮电业务总量、全市工业总产值3个经济指标，对全国35个城市进行了中心性指数计算及排序，指出中心城市的发展具有空间不平衡的特点[98]。1998年，张敏引入城市中心性指数和地区发展状况指数，分析江苏省各中心城市发展差异情况，提出南、北、中各中心城市及区域发展思路[99]。周一星等以统计资料为基础，选取商业、交通运输及信息业、服务业和制造业相关指标，构筑了两个层次9项指标的城市中心性指标体系，利用最小需要量和主成分分析法，对全国223个地级以上城市的中心性进行计算，作为城市等级划分的依据[89]。李妮莉采用人口密度、第三产业比重、辐射性行业从业人员比重和立地系数等量化指标，对武汉市城市中心性和行业结构优劣进行研究[100]。王茂军、张学霞、齐元静分析了山东省50余中心城市的分布，勾勒出1955~2000年山东城市体系的动态演化过程[101]。此外，余勇军（2005）对省会城市中心性，孙斌栋（2008）对辽宁省城市中心性、刘耀斌（2009）对江西省城市中心性进行研究。学者们根据研究目标的不同选择不同的中心度指标体系和测度模型，常用的模型有区位熵测度模型、最小需求量测度模型、非基本部门测度模型、潜能模型和中间机会模型等。

在全球化和网络化时代背景下，城市的腹地概念逐渐被弱化，城市空间的影响范围和尺度有时不受地理空间的制约，城镇体系呈现网络化结构，"城市中心性"的概念在理论和实践中遭到质疑，甚至有学者认为，城市网络结构中没有中心性，只有节点性（Nodality）[102] 有学者认为克里斯塔勒的"城市中心性"适合评价封闭体系内中小城市为中心的城乡体系，以及上下位城市之间的等级连接关系，对于开放的城镇体系以及大城市之间的关系解释则不适用[101]。顾朝林、庞海峰运用重力模型方法，对国内城市间的空间联系强度进行定量计算，研究城市体系的空间联系状态和结节区结构[103]。不管怎样，许多学者仍然采用城市中心性来衡量城市的控制力和影响力，只是对城市中心性的测度标准和方法有所不同。

小结：城市中心性常用于划分城镇体系层次和评价一个城市在城镇体系中的地位，尽管国内外学者对城市中心性的测度标准和方法不尽相同，但城市中心性依然是衡量城市控制力和影响力，划定辐射范围的有效依据。本研究借鉴城市中心性相关理论研究与实践探索，研究内蒙古中心城市在全国城市体系中的中心性指数和地位，研究内蒙古自治区城镇场强分布，据此评价内蒙古城镇体系，划分城镇体系等级层次，描述全区范围内各城镇空间交互作用的网络结构[96]，分析城市辐射范围，对各城市之间作横向和纵向比较，为论证内蒙古锡盟南部区域中心城市的必要性和重要性提供理论支撑。

2.3　典型案例分析

2.3.1　深圳市跨越式发展经验

深圳位于我国东南沿海，是香港与内地相联系的枢纽和桥梁，因借地近香港的区位优势，深圳得到快速发展，创造了人类城市发展史上的奇迹（图 2-2）。从 1980 年国家决定在深圳建设经济特区，至今的 30 几年时间，深圳从一个人口只有 2 万，GDP 不到 2 亿元的边陲小镇，发展为一个人口超过 1000 万，建成区面积 700 多平方公里、GDP 已达 14500亿元的现代化大都市，深圳市的发展走出了一条具有中国特色的"跨越式"发展道路，创造了世界城市化、工业化和现代化发展奇迹。深圳作为我国改革开放、经济发展和城市建设的"示范城市"，在社会经济发展、人居环境改善和政策体制创新等方面均走出了一条独具特色的城市发展之路。回顾深圳的发展历程，"深圳速度"、"深圳经验"、"深圳质量"为我国其他地区的城市建设和经济发展提供了理论和方法借鉴，深圳市成为"跨越式"发展的城市典范（表 2-1）。

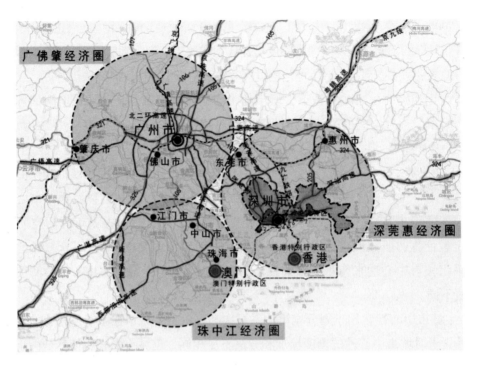

图2-2 深圳市区位示意图

深圳市历版城市总体规划概况 表 2-1

编制时间	规划名称	主要内容
1978	深圳市总体规划	2000 年时城市用地规模 10.6km², 人口 10 万人
1979	深圳市总体规划	2000 年时城市用地规模 30km², 人口 20~30 万人, 发展"三来一补"加工工业
1980	深圳市城市总体规划（1980—2000）	深圳市最早总规, 人口 60 万, 建设用地 60km², 建设以工业为主, 工农结合的边贸城市
1982	深圳经济特区社会经济发展大纲	"带状组团式"城市空间结构; "多点推动"发展策略; 人口 80 万, 用地 110km²; 工业为主, 兼营商业、农牧、住宅、旅游等多功能的综合性特区
1986	深圳市城市总体规划（1986—2000）	带状多中心组团式城市空间结构; 大胆预测深圳超常规发展为特大城市的可能性, 人口 110 万, 123km²; 发展外向型工业、工贸并举、兼营旅游、房地产等事业, 建设以工业为主的综合性经济特区; 福田作为行政、金融、会展、文化中心
1989	《深圳城市发展策略》	"全境开拓、梯度推进"的空间发展策略, 对区域发展提出完整构思和导向性安排
1996	深圳市城市总体规划（1996—2010）	"现代产业协调发展的综合性经济特区, 华南地区重要的经济中心城市"; 确定经济特区、交通枢纽、港口城市、区域中心城市、产业基地和历史文化名城六大职能; "市域一体"、"轴带结合"、"梯度推进"的组团式结构; 人口 430 万, 建设用地 480km²; 以特区为中心, 西、中、东三条放射发展轴为骨架全域发展
2001	深圳市城市总体规划检讨与对策（2001—2005）	对 1996 版总规进行局部调校, 明确开放时序, 落实规划监督
2003	深圳市近期建设规划（2003—2005）	落实"十五"重点项目和重点发展地区; 2005 年城市人口 560 万, 建设用地 570km²; 建设国际化城市和现代化中心城市
2005	《深圳市 2030 城市发展策略》	建设可持续发展的全球先锋城市; 国家级高新技术产业基地和自主创新的示范城市; 区域性物流中心城市, 与香港共同发展的国际都会; 为城市转型发展提供方向性引导

编制时间	规划名称	主要内容
2006	深圳市近期建设规划（2006—2010）	"十一五"期间城市发展建设空间的统筹协调；2010年人口950万，建设用地790km²；实施年度计划制度，强化城市空间统筹协调功能
2010	深圳市城市总体规划（2010—2020）	中心城区为核心，以西、中、东三条发展轴和南、北两条发展带为基本骨架，形成"三轴两带多中心"轴带组团结构；我国的经济特区，全国经济中心城市和国际化城市；2010年总人口1100万以内，建设用地890km²以内

资料来源：根据深圳各类规划资料整理。

深圳快速发展的进程中，城市规划发挥了非常重要的作用，从1986版总规的"带状组团"到1996版总规的"市域一体"，再到2010版总规的"转型发展"，不同历史阶段提出的城市发展战略，有效引导了深圳市的城市建设与经济发展。回顾深圳市发展历程，科学而适度超前的规划为深圳市持续而快速发展提供了依据和保障。作为一个没有任何基础的特区，深圳的启动动力几乎完全来自香港，因此深圳的建设从距离香港最近的罗湖和蛇口为起点，城市组团沿深南大道纵向展开。深圳的城市建设带有传奇色彩，城市结构几乎完全按照规划实现，可以说是中国城市规划实践上的一个奇迹[104]。

深圳是在经济基础和城市基础均比较差的原宝安县深圳镇的基础上建设起来的，以承接"三来一补"加工工业为主。《1980版总规》算是深圳真正意义上的一次城市总体规划，城市空间布局遵循深圳地形狭长的地域特征，采取"带状组团式"布局结构，确定了罗湖、沙头角、蛇口—南头三个功能各异的城市组团。深圳这种"带状+组团式"发展实际上是"据点"开放策略，三个"组团"均借助紧邻香港的地理优势，先行开发建设，并借助内部交通和对外交通形成"三点一线"的城市空间结构。这种连续快速、不连续跳跃式发展，塑造了特殊的城市结构和空间次序，为深圳市超常规发展提供了弹性空间。

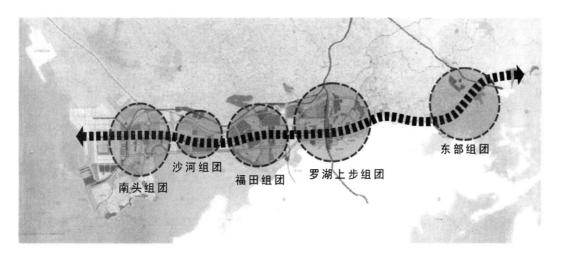

图2-3　深圳市1986版总规城市空间结构示意图

资料来源：根据深圳市总规资料改绘

《1986版总规》是深圳城市第二版总体规划，首次大胆预测深圳超常规发展可能性，按照特大城市规模进行规划，奠定了城市空间发展的基本框架。确立带状多中心组团式布局结构，规划了东部、罗湖上步、福田、沙河、南头等五个组团，福田为城市综合中心，建构了较为完整的城市空间框架(图 2-3)。《1986 版总规》的规划重点限于经济特区范围内，对特区外围关注较少，客观上造成特区外围的建设缺乏有效控制和科学引导，处于遍地开花状态，致使特区内外二元化现象严重。

《1996版总规》吸取《1986 版总规》因没有将特区以外的范围纳入总规统筹考虑所带来的教训，将规划范围拓展到整个市域范围，以区域协调发展为指导思想，从全市角度对人口、用地、产业、交通和配套设施等统筹安排，注重总体规划的战略性研究，为深圳市区域一体化发展奠定了基础。在坚持"组团式"布局的前提下，打破 1986 版总规东西向带状组团式布局结构，向东、中、西三个方向适度发展，构建了深圳市以特区为核心向北、西北、东北辐射状的城市基本骨架，城市空间结构呈"W"状（图 2-4 ）。

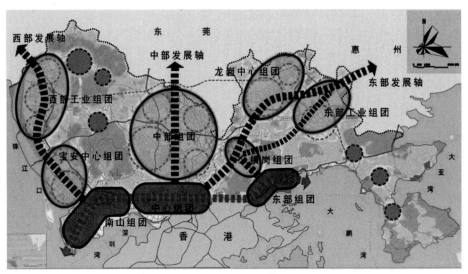

图2-4　深圳市1996版总规城市空间结构示意图

资料来源：根据深圳市总规资料改绘

经过30年的高速外延式发展，深圳面临人口、水资源、环境、土地等难以为继的困境，城市发展面临转型，在这样的时代背景下，《2010 版总规》将视野由市域拓展到区域层面。经济全球化、区域合作、内地与香港之间的联系更加密切，深圳本身的产业转型和区域可达性的提高，均对深圳市的城市空间提出新要求。城市功能的变化和产业结构调整，推动了城市空间结构的变化，网状组团式空间结构开始形成，呈现更加紧凑而开放的格局。在"南北贯通、西联东拓"的区域空间协调策略和"外协内连、预控重组、改点增心、加密提升"

的城市空间发展策略引导下，全市形成以中心城区为核心，以西、中、东三条发展轴和南、北两条发展带为基本骨架，形成"三轴两带多中心"轴带组团结构（图2-5）[105]。

图2-5　深圳市2010版总规城市空间结构示意图

资料来源：根据深圳市总规资料改绘

　　小结：深圳之所以能在短时间内快速崛起，首先得益于正确的战略决策和政策支持。深圳这种超常规的发展速度和城市发展中巨大的不确定性，行政决策的力量甚至比规划师的直觉更重要，选择在深圳建设经济特区的战略决策是深圳建设的前提条件。其次，极具前瞻性和高标准的城市规划引导，是深圳建设的重要保障。深圳城市建设史上编制过若干规划，最重要的是1986版、1996版和2010版总规，深圳建设之初没有任何城市发展经验可以借鉴，书本上学习的各类预测方法也较难适用，历版总规中确定的城市规模均很快被突破，但这并没有影响城市总体规划对深圳的正确引导和有效控制，奠定了城市布局基本构架，使深圳的城市建设和经济发展处于良性发展状态。第三，极具弹性的"带状＋组团式"空间布局，适应了深圳市高速发展的需要。超高速的经济发展和城市建设中诸多不确定因素，对深圳市的城市空间布局提出了较大要求，深圳的城市空间之所以能够适应高增速和不确定的发展现实，在于它一开始就选择了一个极具弹性的"带状＋组团式"空间布局结构[104]，这种空间布局结构为城市功能的分散提供了良好的基础，同时又为各组团空间的自组织过程提供条件[106]，对于快速增长的城市空间和功能具有良好的弹性和可操作性。

　　多伦诺尔培育锡盟南部区域中心城市，城市的经济和社会均会"跨越式"发展，城市功能也会有较大变化，城市空间结构和形态也会作出相应调整，城市功能对城市空间的影响已不是原先的一个"点",而是有着相当范围和不同层次的"面",城市出现区域化态势[106],根据城市空间发展的结构和功能相关原理,借鉴"深圳经验",构建一个组团式开敞布局框架,确保城市空间结构的弹性和可变性,避免城市无序蔓延无疑是最佳选择。

2.3.2 榆林构建省际边界区域中心城市

榆林市地处陕、甘、宁、内蒙古、晋五省区交界接壤地带,是五省交界处的地理中心(图2-6),属于省际边缘城市。榆林是历史上游牧文化与农耕文化交融的边塞城市,曾经是明朝时期的九边重镇之一,历史文物遗存丰富,是我国历史文化名城。榆林市因借丰富的矿产资源蜚声海内外,有"能源新都"和中国的"科威特"之称,榆林市的煤炭、石油、天然气、岩盐等能源矿产资源非常富集,平均每平方公里地下蕴藏着622万t煤炭、1.4万t石油、1亿m³天然气和1.4亿t岩盐,资源组合配置良好。全市有近54%的国土地下含煤炭,已探明储量1460亿t,约占全国煤炭储量的1/5左右,是我国优质环保动力煤和化工用煤供应基地。榆林市作为典型的成长期资源城市,在国家"三西两东"①能源基地建设和"西部大开发"战略中均占有重要地位,是国家重要的能源化工基地和陕西省除西安以外的第二增长极。

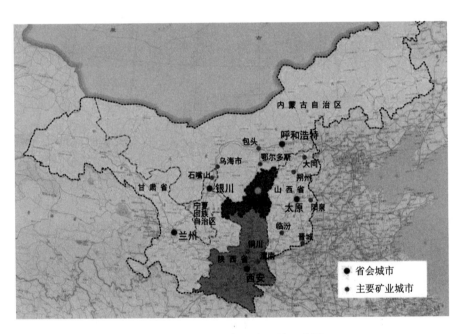

图2-6 榆林市毗邻五省区位示意图

2003年,国家正式批准陕北能源化工基地启动建设,以榆林市为核心的能源开发上升为省级发展战略,榆林将成为双核驱动的重要一核,助力西安,引领全省发展。2006年

---

① "三西两东"能源基地指山西、陕西、蒙西和宁东、陇东五个地区,该区域能源资源富集,已探明的煤炭资源占全国60%,还有数量可观的石油、天然气等资源,是我国重要的能源开发基地。

编制的《榆林城市总体规划（2006—2020）》中根据榆林市资源禀赋和所面临的发展机遇，提出将榆林市建设成为"陕甘宁蒙晋接壤区的中心城市"。2009年7月，榆林市对"构建陕甘宁蒙晋区域中心城市"进行专题研究，并作为榆林市"十二五"规划前期研究的重大课题之一。2013年6月出台的《关于进一步支持榆林持续发展的意见》进一步强调"将榆林建成陕甘宁蒙晋接壤区'四化同步'[①]的区域中心城市"。构建陕甘宁蒙晋接壤区的区域性中心城市是榆林市发挥资源优势和发展潜力，实现率先崛起，带动陕北跨越发展，促进中西部发展的重大战略抉择。

榆林市在国家区域发展中的地位　　　　　　　表2-2

战略地位	陕甘宁革命老区振兴规划	呼包银榆经济区发展规划	"三西两东"区域能源开发利用总体规划	榆林市城市总体规划（2006—2020）
	国家战略	国家战略	国家战略	总体规划
发展定位	黄土高原生态文明示范区，国家重要能源化工基地，国家重点红色旅游区、现代旱作农业示范区、基本公共服务均等化试点区	国家综合能源基地，全国节水型社会建设示范区，国家重要的生态安全屏障、国家向北向西开放的重要战略高地	国家重要的能源开发基地	能源新都、国家名都、大漠绿都、宜居城市
主导产业	能源化工、加工制造、商贸物流、旅游、文化产业	发展特色农业、新材料、冶金、装备制造、现代服务等特色优势产业	煤炭、石油、天然气等资源类开发	煤炭、化工、电力等能源产业
榆林定位	能源化工基地、区域性中心城市、历史文化名城和宜居生态示范城市，主要发展能源、化工、建材、特色农产品加工、旅游等产业	国家历史文化名城，国家重要能源、煤化工基地，国家循环经济试点城市，商贸物流中心，现代特色农业基地	—	陕北国家能源化工基地的管理服务中心、陕甘宁蒙晋接壤区的中心城市、国家历史文化名城、沙漠绿洲宜居城市

资料来源：根据相关规划资料整理。

　　榆林市位于"陕甘宁"、"呼包银榆"、"三西两东"三大国家区域战略交会地，随着多项国家层面区域发展规划的实施和陕甘宁蒙晋省际边界区域中心城市的定位，将榆林市的发展推向更高的起点，未来将面临更为广阔的发展空间（图2-7）。榆林市要参与区域竞争，实现跨越式发展，要求榆林市必须依托资源优势，推进产业升级，增强辐射带动作用，加快省际边界区域性中心城市的建设，以便取得先机，获得先发优势，辐射带动区域协调发展。

　　从区位发展条件来看，榆林市地处包茂、青银两条国家重要联系大通道的交会点，是国家"两横三纵"城镇群和青银联系大通道上的重要节点城市，同时也是关中—天水经济区的主要辐射区和环渤海经济圈的重要能源供给基地[107]，榆林市具有构建陕甘宁蒙晋省际边界区域中心城市的区位优势。

---

① "四化同步"指农业现代化、新型工业化、新型城镇化和信息化同步发展。

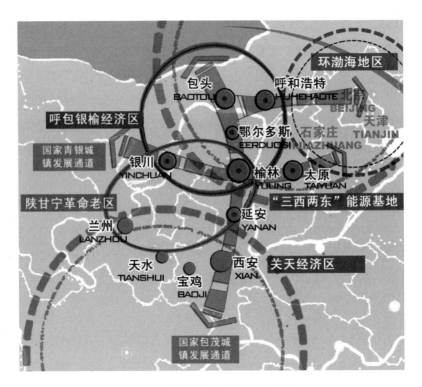

图2-7 榆林市区位关系示意图

资料来源：根据榆林市总规资料改绘

从经济发展条件来看，榆林市近十年来GDP增速保持了10%以上的高速增长，2012年GDP总量2769.2亿元位居陕西省第二位，人均GDP 82549元，位居陕西省第一，是全省平均水平的2.1倍，神木和府谷县位居全国百强县的第26和67位（图2-8）。雄厚的经济基础，富集的矿产资源，多样而独特的地域文化，为榆林市构建区域中心城市奠定了良好的基础。

在榆林构建区域中心城市的发展过程中也存在许多方面的制约因素：①"能源独大"产业升级转型压力大，2012年，榆林市三产结构为5:73:22，二产比重高达73%，且在工业产值中，能源产业比重高达90%；②"小马拉大车"现象严重，中心城市辐射带动力不强，县城和小城镇发展不足，难以辐射带动广大腹地整体发展，2012年，榆林市城镇化率为50.36%，虽已步入快速城镇化发展阶段，但低于全国平均水平52.6%；③水资源匮乏，且分布不均。榆林属于干旱、半干旱大陆性季风气候区，降水少、蒸发量大，是我国重度缺水地区，随着煤化工、煤电等主导产业的发展，水资源需求压力将不断加大；④榆林市属于自然生态脆弱区，生态承载能力较低，对能源化工类产业的支撑能力有限，一定程度制约产业发展。因此，榆林要构建区域中心城市，必须从生态环境保护、城乡空间布局、产业发展、区域交通等角度提出相应策略。

生态环境保护：榆林市地处毛乌素沙漠南缘，黄土高原北端，水土流失、草场退化、土地荒漠化和盐渍化等生态问题严重，生态环境极其脆弱，一旦破坏较难恢复，能源矿产资源开发中的生态矛盾突出。区域中心城市构建中榆林市坚持"以水定位、以水定人口、以水定发展规模"的原则，适度控制人口规模，合理配置城镇布局。未来能源开发和经济建设，要根据水资源的环境容量和自净能力来确定工业的合理布局和发展规模。

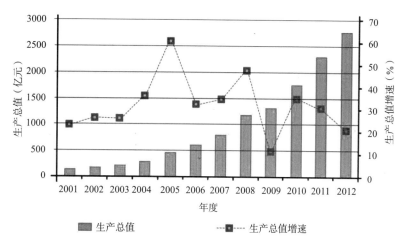

图2-8 2001~2012年榆林市经济发展情况

资料来源：根据统计年鉴资料整理

城乡空间布局：空间发展战略确定为"中心引领、三区协同、南聚北优、双人联动"（图2-9）。根据区位和资源优势构建一市四区的大榆林中心城市为区域核心增长极，整合神府、靖定和南部三个经济区，根据各经济区的资源禀赋制定差异化发展策略，以三个副中心城市（神木、靖边、绥德）为核心[108]，有效带动市域经济实现跨越式发展。城镇空间布局强化正、倒双"人"字形，将正"人"字形发展轴打造成市域城镇和产业发展的主要集聚带，并融入区域发展，将其正"人"字形发展轴向外延伸至山西、内蒙古、宁夏和大关中地区，实现区域联动发展和对接。倒"人"字形发展轴沿线布局特色农业、旅游开发和生态建设，成为带动市域均衡发展的补充。榆林市域形成一主、三区、三副、四轴的城乡空间格局。

产业发展策略：榆林具有庞大的资源储量，发挥榆林的优势，产业发展仍然是围绕资源和能源展开。将产业组团布置在中心城区外围，引导中心城区职能外迁，各产业园区寻找差异化方向，围绕中心城区统筹布局。中心城区尽量吸引战略性新兴产业、节能环保产业、新型能源产业、物流服务等产业，推进产业转型升级，构建产城一体发展格局。神府经济区煤炭资源丰富，该经济区发展煤化工、煤电、先进装备制造等产业，是构建区域中心城市的重要能源产业板块。靖定经济区的石油、天然气、太阳能、风力资源富集，产业发展以油气化工、新能源、现代农业、商贸物流等产业为主，是构建区域中心城市的产业板块。南部经济区将农业、工业、物流等产业园区沿纵向发展轴带状布局，成为榆林市综合型一体化发展区域，沿黄河生态文化旅游，以清涧为核心发展红色旅游和农副产品深加工，绥德为核心发展三产服务产业。

区域交通策略：优化交通格局，强化城区路网建设，加强门户枢纽建设，加快交通体系建设。面向东部沿海地区，建构以铁路为主、公路为辅的煤炭运输通道。加强区域联系，保证了与蒙西、山西及宁东地区国家级运煤通道和高速公路的便捷联系。优化市域公路网，建设运煤公路走廊，建设绥德为区域交通枢纽和物流中心。

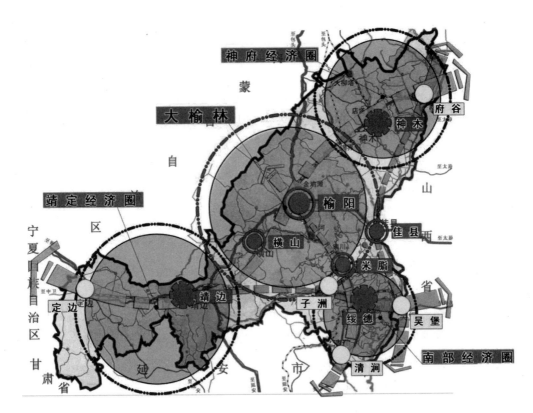

图2-9　榆林市空间布局结构

整理来源：根据榆林市总规资料改绘

小结：榆林的区位条件、资源禀赋和生态环境与锡盟南部有很多相似之处，榆林构建陕、甘、宁、内蒙古、晋省际边界区域中心城市的建设经验，尤其生态环境保护、城乡空间布局、产业发展和区域交通等策略，能够为锡盟南部区域中心城市的建设提供一定方法借鉴。

2.4　本章小结

本章属于基础性理论与实践案例研究篇章，包括理论基础、既有研究综述和经典案例三部分。

通过总结分析前人有关区域中心城市生成、区域空间结构、区域协调发展和城市空间布局等相关研究，搭建理论平台。在有关内蒙古锡盟南部区域中心城市的重要性和必要性、区域中心城市选址、区域中心城市培育途径的研究中以这些相关理论为理论支撑。

通过对国内外有关区域中心城市、城市空间发展、城市中心性等相关文献的梳理和分析，尽量准确地把握当前国内外研究前沿，奠定理论基础。以区域中心城市生成理论、区域空间结构理论和区域协调发展理论为指导，综合分析评价内蒙古"已有的"区域中心城市发展现状和存在不足，论证在锡盟南部培育区域中心城市的必要性和重要性。以区域空间结构理论和区域协调发展理论、深圳和榆林典型案例为借鉴,研究锡盟南部这个"将有的"区域中心城市的适宜性选址。以区域协调发展理论,"生长型"规划布局方法、"生态导向"规划布局方法、深圳市和榆林实践经验,为锡盟南部区域中心城市空间布局提供理论指导和实践方法借鉴。

第3章 内蒙古区域中心城市发展

3.1 内蒙古区域中心城市形成与空间布局

3.1.1 区域中心城市的形成与演进

内蒙古城市发展历史悠久，额尔古纳河畔是蒙古民族的历史摇篮，公元 7 世纪蒙古部开始从额尔古纳河流域向西部蒙古草原迁徙。元代以前内蒙古修建的城镇，多以政治和军事职能为主，如呼和浩特市托克托县的云中郡（历史上的边防重镇）、赤峰市巴林左旗的辽上京故城（契丹人建立的辽王朝首都）、呼和浩特的辽丰州故城、正蓝旗的元上都故城（元代都城）等。清统一中国后，为了加强对蒙古族的统治，参照满族的八旗制度，在蒙古族地区建立了"盟旗制度"，一直延续至今。

归化城（呼和浩特旧城）是内蒙古如今保留下来最早的城市，距今有 400 余年历史。因固边兴邦，赤峰、海拉尔、满洲里等城市建于清代乾隆、雍正年间。阿拉善的巴彦浩特镇是清代雍正皇帝为"保障朔方、宁谧边疆"而建，不仅是贺兰山西北的军事重镇，也是该地区的经济中心。随着生产力的发展和社会的进步，近代影响城市发展的因素除了政治、军事之外，同时还有商业、宗教、交通等因素，牙克石、海拉尔、满洲里、集宁、包头等城市，因交通运输业的发展而兴起，东清铁路（滨洲线）、京绥（京包线）铁路的修建和通车对这些城市的形成和发展起到较大作用。由于藏传佛教和商业贸易的影响，锡林浩特、多伦诺尔等草原城市因庙而建、因商而兴。

内蒙古遗留下近现代草原城镇规模小、数量少，分布不均衡，当时的呼和浩特市人口仅有十余万人，滨洲铁路线上的林区重镇牙克石市人口仅 5000 人左右，鄂尔多斯高原上的行政机关驻地东胜，新中国成立初常住人口不足 400 人。民国时期的内蒙古草原城镇主要分布在铁路沿线，而北部、西部广大牧区连小城镇也极罕见，到 1949 年新中国成立，广阔的内蒙古大地上（内蒙古和绥远省）仅有归绥（呼和浩特市）、包头、乌兰浩特、海拉尔、满洲里等 5 座城市。内蒙古自治区的城市发展大体经历了以下几个阶段（图 3-1）：

1. 自治区成立之初的沿袭时期（1947~1953 年）

内蒙古自治区成立于 1947 年 5 月 1 日，是我国第一个实现民族区域自治的地区，政府设在王爷府（今乌兰浩特市），实行盟旗制度，全区有呼伦贝尔盟、纳文慕仁盟、兴安盟、

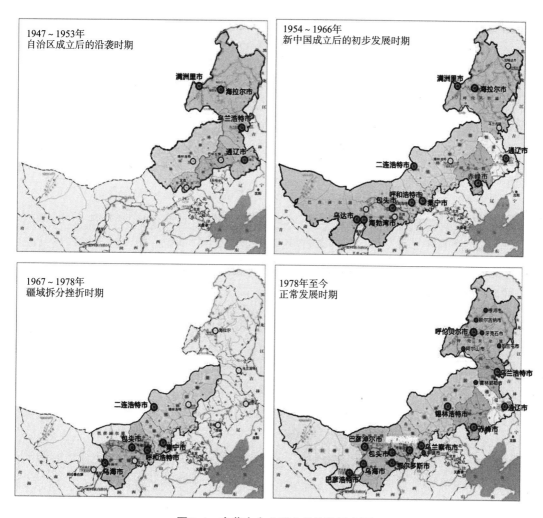

图3-1　内蒙古中心城市的演进示意图

资料来源：根据《内蒙古自治区地图集》改绘

察哈尔盟和锡林郭勒盟 5 个盟，辖区面积 54 万 km²。有海拉尔、满洲里和乌兰浩特 3 个县级市，其中海拉尔市和满洲里市是旧中国遗留下来的城市。1951 年又设立了通辽市，内蒙古的城市增长为 4 个。

2. 新中国成立后的初步发展时期（1954~1966 年）

1954 年，经国务院批准，撤销绥远省建制，将绥远省所辖呼和浩特市、包头市、平地泉行政区、河套行政区、乌兰察布盟、伊克昭盟划归内蒙古自治区管辖。至此，全区有呼和浩特、包头、海拉尔、满洲里、乌兰浩特、通辽等 6 座城市。1956~1966 年的十年间又设立了集宁市、赤峰市、海勃湾市、乌达市、二连浩特市等几座城市，1964 年撤销了乌兰浩特市设兴安盟。

到 1966 年底，内蒙古共有呼和浩特、包头、海拉尔、满洲里、通辽、赤峰、二连浩特、集宁、海勃湾、乌达等 10 座城市。

3. 疆域拆分挫折时期（1967~1978 年）

1969 年 7 月，受历史因素的影响，中央决定将呼伦贝尔盟划归黑龙江省，哲里木盟划归吉林省，昭乌达盟划归辽宁省管辖，将巴彦淖尔盟和阿拉善盟广域的草原分别划分给宁夏回族自治区和甘肃省管辖，行政区划变更使内蒙古自治区地域范围缩小，城市发展一度受到挫折。1975 年 8 月，经国务院批准，将乌达、海勃湾合并为乌海市。至此，内蒙古仅剩呼和浩特、包头、乌海、集宁和二连浩特 5 座城市。

4. 改革开放后正常发展时期（1979 年后）

十一届三中全会后，国家的工作重点转为加快经济建设，城市发展开始步入正轨，呼伦贝尔盟、哲里木盟、昭乌达盟及阿拉善地区重新划回内蒙古自治区，行政区域范围的扩大，改革开放后经济的恢复和发展，使内蒙古城市化的步伐得以加快，城市的发展和建设也步入正常的发展阶段，至 20 世纪末，恢复乌兰浩特市（1980 年），撤销昭乌达盟设立赤峰市（1983 年），先后设立牙克石市、扎兰屯市、锡林浩特市、东胜市、临河市、霍林郭勒市、丰镇市、根河市、额尔古纳市、阿尔山市等城市。2000 年以后呼伦贝尔盟、伊克昭盟、乌兰察布盟、巴彦淖尔盟等地区先后撤盟设市。

目前内蒙古自治区有呼和浩特、包头为自治区级区域中心城市，乌海、鄂尔多斯、通辽、赤峰、呼伦贝尔、乌兰察布、巴彦淖尔为地区级区域中心城市，锡林浩特市、乌兰浩特市均为盟公署所在地，在本研究中将其视为盟域范围内的区域中心城市，属于地区级区域中心城市，至此内蒙古共有 12 个区域中心城市。

小结：内蒙古自古以来属游牧民族聚居地，逐水草而居的生产生活方式使得遗留下来的城市历史并不久远，城市数量少、规模小、布局松散，自治区成立后疆域几经分合，随着社会经济的发展，城市数量和规模都有了较大发展，目前共有 12 座区域中心城市。

3.1.2 区域中心城市的生长环境

1. 区位与交通

内蒙古地处我国北部边疆，地域广阔，国土由东北向西南延伸，呈弧形弯曲的带状，东西跨度达 2500 多公里，平均海拔约 1000m，总面积约 118.3 万 km²，占我国领土总面积的 1/8 左右。内蒙古地近京津，毗邻八省，北与俄罗斯及蒙古接壤，国境线长达 4240km，向北开放的口岸多达 19 个（已开放 17 个），素有"祖国北大门"之称，是我国内地通往俄罗斯、蒙古和欧洲各国的重要通道。内蒙古周边与黑、吉、辽、冀、晋、陕、甘、宁等 8 个省份相邻，与京津冀城镇群、哈大齐城镇群、辽中南城镇群、太原城镇群、关中城镇群、宁夏沿黄城镇群、西兰城镇群联系较为便捷，具有良好的区际优势和连通 2 条亚欧大陆桥的区位优势（图 3-2）。随着西部大开发、经济全球化进程的推进，内蒙古与各大经济区之间的联系日渐增多，资源转化、能源输出、特色产业及绿色产业的战略地位和地缘条件将越来越得到重视。

图3-2　内蒙古区位关系示意图

内蒙古边境线绵长，适合发展边境贸易，随着区域合作和国际合作的推动，对外开放战略的深入实施，与俄罗斯、蒙古及中东、欧洲国家之间的双边贸易不断增加，民间往来日益频繁。二连浩特、满洲里、珠恩嘎达布其、甘其毛都、策克等口岸是连接中国与俄罗斯、蒙古、欧盟各国大陆桥的重要节点，内蒙古有条件因借区位优势，建立与俄罗斯、蒙古以及相毗邻省份的交往与合作，积极参与东北亚、中亚等国际合作。目前，海参崴—绥芬河—满洲里—赤塔和天津港—北京—二连浩特—乌兰巴托—乌兰乌德的两条经由内蒙古的国际通道已经打通，将我国东部沿海地区与亚欧大陆桥直接连接起来，内蒙古沿边对外开放的作用和地位得到了极大提升。

内蒙古依托区域交通干线与华北、东北、西北、华中、华东等地区及蒙古、俄罗斯等国相通，已经形成"一横三纵"对外综合联系主通道（图3-3）。中西部形成横向交通廊道（东起天津港，经由北京—大同—呼和浩特—包头—巴彦淖尔—哈密，向西直通新疆吐尔尕特口岸的通疆达海交通通道）；三条纵向走廊，包括东部形成满洲里至港澳台交通走廊（北起满洲里，经呼伦贝尔、齐齐哈尔、白城、通辽、北京至香港（澳门））、包头至广州交通走廊（北起包头，经鄂尔多斯、西安、重庆、贵阳至柳州，从柳州分支，一支直达广州，另一支到湛江）、巴彦淖尔至防城港交通走廊（北起巴彦淖尔，经乌海、银川等，南至防城港），

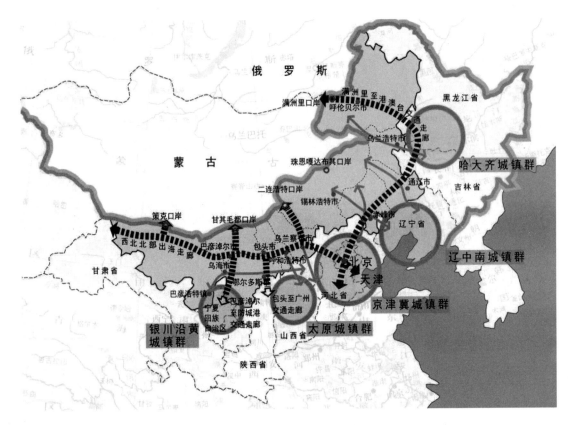

图3-3 内蒙古对内对外主要通道示意图

形成西部内陆第二条南北综合运输走廊。依托区域交通走廊促进城市群之间的联系，与周边相邻省市形成多条联系通道，构筑整体对接自治区周边城市群、口岸设施的外向型空间格局。

2. 自然与生态

内蒙古是我国北方重要的生态防线，生态环境建设状况直接关系"三北"乃至全国生态安全大局，意义和责任十分重大。自然生态环境因区域跨度大，地域分异显著，具有多变性、不稳定性、生态系统自我调节能力差、生态环境脆弱等特点。东北部巍峨的兴安岭，中部延绵的阴山，西部雄浑的贺兰山，呈弧带状构成了内蒙古的外缘山地，山地的北侧为古老而广阔的内蒙古高原，山地以南主要为丘陵、台地和平原区，河套平原隔黄河与鄂尔多斯高原、黄土高原相连接，山地的东部是松辽平原的一部分。气候因区域跨度大差异性显著，从东到西跨越了温带湿润区、半湿润区、半干旱区、干旱区和极端干旱区等5个气候区，从而形成了多样的地理环境和丰富的自然资源。

生态本底是一个地区的自然生态、景观生态和人文环境，植被覆盖率是生态本底是否健康的重要标示指标，良好的植被覆盖，是保障区域生态安全的基础条件。内蒙古自治区地处内陆，地形高亢平坦，平均海拔在1000~1500m，气候属于干旱半干旱季风气候带，受蒙古高压影响，多风少雨，气候干燥，生态本底较差。内蒙古的植被带从东北到西南，依次为山地针叶林和阔叶林带、森林草原带、典型草原带、荒漠草原带和荒漠带。植被覆盖以草原为主。覆盖程度低，受气候变化和人类活动的影响明显。全区森林总面积 2366.4 万 hm^2，森林覆盖率达 20%，低于全国平均水平，主要分布在东北大兴安岭原始森林区和大兴安岭南部山地次生林区，森林资源分布不均、总量不足、质量和功能有待提高。

内蒙古境内分布着巴丹吉林、科尔沁、库不齐、毛乌素、浑善达克等五大沙漠，沙漠化、潜在沙漠化和戈壁总面积 61.9 万 km^2，占全区总面积的 52.3%，草场退化面积达 20 万 km^2，主要分布在阴山北麓、锡盟南部、阿拉善、科尔沁地区。草场退化的程度西部比东部严重，南部比北部严重，沿河流两岸、交通沿线草场退化严重。由于干旱少雨、气候干燥，蒸发量大，浅层地下水以垂直排泄为主，盐随水来，水去盐留，农业生产技术水平低，重灌轻排，大水漫灌，出现次生盐碱化。目前全区盐渍化耕地已达 66 万 hm^2，广布于海拉尔河及西辽河流域、鄂尔多斯高原、河套土默特平原、阿拉善的丘间洼地和内陆盆地等地区。

内蒙古水资源匮乏，且时空分布不均，呈东部多、西部少的分布特征。多年平均水资源总量为 509.22 亿 m^3，人均水资源量 2281m^3，为全国平均值的 85%，每公顷耕地平均占有水资源量仅有 1 万 m^3，为全国平均值的 39%。

内蒙古地处内陆，大陆性气候明显，年降水量为 50~450mm，东部呼伦贝尔年降水量 450~480mm 左右，而西部的阿拉善地区年降水量仅有 40~100mm，由东北到西南降水量呈下降趋势。受区域自然条件制约，水资源呈现出整体缺乏、分布不均的态势，加之水资源的不合理利用，资源性缺水、工程性缺水和发展性缺水并存。由于降水量地区性分布不均衡，地下水和地表水的补给情况不同，致使地表水和地下水分布也呈现东多西少的地域性差异。松花江流域的额尔古纳河流域水资源较为丰富，而辽河、黄河、滦河、内陆河流域水资源相对较为匮乏。

3. 资源与能源

内蒙古主要资源概况　　　　　　　　　　　　　　　　　　表 3-1

资源名称	资源概况
土地资源	土地总面积 118.3 万 km^2
水资源	509.22 亿 m^3（其中地表水 371.27 亿 m^3，地下水 137.95 亿 m^3）
矿产资源	煤保有储量 3815.63 亿 t，铁矿石保有储量 41.87 亿 t，磷矿石保有储量 2.70 亿 t，铜保有储量 654.04 万 t，铅保有储量 1171.94 万 t，锌保有储量 2340.94 万 t，盐保有储量 15657.42 万 t
森林资源	森林面积 2366.4 万 hm^2，森林覆盖率 20.0%，活立木蓄积量 13.61 亿 m^3
农牧业资源	农作物总播种面积 715.36 万 hm^2，草场面积 8800.00 万 hm^2，牲畜总头数 5983.21 万头只，粮食总产量 2528.50 万 t，肉类总产量 245.83 万 t，蔬菜总产量 1476.29 万 t
野生动物资源	种子植物和蕨类植物 2351 种，被列为第一批国家保护的珍稀野生植物有 24 种；内蒙古共有兽类 24 科 114 种，占全国兽类 450 种的 25.3%；兽类中有产业狩猎价值的 50 余种，珍贵稀有动物 10 余种；被列入国家一、二、三类保护的兽类和鸟类共 49 种

资料来源：根据《内蒙古统计年鉴2013》整理。

　　内蒙古疆域辽阔，土地类型多样，天然草场资源丰厚，居全国第二位，由东到西分布着呼伦贝尔、锡林郭勒、科尔沁、乌兰察布、鄂尔多斯五大草原[109]，草地面积8800万hm²，占全区国土面积的73.3%。典型草原是内蒙古草原的主体，广泛分布于呼伦贝尔高平原中西部、鄂尔多斯高平原东部、锡林郭勒高平原大部、西辽河平原东南部和阴山北麓丘陵一线。内蒙古具有得天独厚的发展绿色农畜产品资源优势，锡林郭勒、呼伦贝尔等草原地区已形成了草原畜牧业基地。以草原风光、民族风情为代表的旅游资源十分丰富，为发展草原生态旅游奠定了基础。河套平原、西辽河平原、嫩江右岸平原等具有灌溉条件的平原地区，发展农业潜力大，具有建设农业生产基地的基础（表3-1）。

　　内蒙古是我国重要的能源基地，煤炭、石油、天然气等储量较大（表3-2），位居全国前列，主要分布在鄂尔多斯、锡林郭勒和呼伦贝尔等地区；太阳能和风能等可再生能源储量也非常可观，风能资源总储量为13.8亿kW，技术可开发量3.8亿kW，居全国之首。太阳能年总辐射量为4800~6400MJ/m²，居全国第2位，年日照时数为2600~3400h，是全国高值地区之一。富集的资源是内蒙古经济发展的基石，内蒙古我国重要的能源输出基地。

内蒙古主要矿产资源概况 表3-2

矿产资源	储量	主产区
煤炭	全区煤炭累计勘查估算资源总量8089.19亿t，其中查明的资源储量为3815.63亿t，预测的资源量为4273.56亿t，居全国第1位	主要分布于鄂尔多斯市、锡林郭勒市、呼伦贝尔盟和赤峰市
稀土	稀土总储量REO为3500万t，约占世界储量的38%	包头市矿产资源蕴藏量丰富，享有"富饶的宝山"美誉的白云鄂博大型铁矿是世界罕见的以铁、稀土、铌为主的多金属共生矿，其稀土储量居世界首位，铌储量居全国首位，世界第二位
石油	探明地质储量为62056.65万t	松辽盆地、鄂尔多斯盆地、二连盆地和海拉尔盆地等
天然气	天然气总储量约3.6万亿m³，查明地质储量为17543.05亿m³	内蒙古鄂尔多斯市乌审旗拥有丰富的天然气资源，是全国天然气资源的富集区
有色金属	全区金矿保有资源储量Au479.72t，Ag3.48万t；铜、铅、锌3种有色金属保有资源储量4166.92万t	全区各盟市均有相应矿产储量
非金属	除了以上矿产资源，内蒙古自治区也拥有丰富的非金属矿产资源，主要包括各类石材、土类、硝碱类矿产资源等	全区各盟市均有相应矿产储量

　　资料来源：根据《内蒙古统计年鉴2013》整理。

4. 经济与产业

内蒙古经济概况（1980~2012 年）　　　　　　　　　表 3-3

年份	GDP 总量 （亿元）	GDP 排名 国内/西部	GDP 增速（%） 全国/内蒙古	GDP 增速 国内排名	人均 GDP（元） 全国/内蒙古	人均 GDP 排名
1980	68.40	24/4	7.8/1.7	—	463/361	20
1990	319.31	22/5	3.8/7.5	—	1644/1478	17
1995	857.06	23/5	10.9/10.1	—	5046/3772	15
2000	1539.12	24/5	8.4/10.8	—	7858/6502	15
2005	3905.03	19/3	11.3/23.8	1	14185/16285	10
2006	4944.25	16/2	12.7/19.1	1	16500/20523	10
2007	6423.18	16/2	14.2/19.2	1	20169/26521	10
2008	8496.20	15/2	9.6/17.8	1	23708/34869	7
2009	9740.25	15/2	9.1/16.9	1	25575/39735	6
2010	11672.00	15/2	10.4/15	6	30015/47347	6
2011	14359.88	17/2	9.3/14.3	5	35198/57974	6
2012	15880.58	15/2	7.7/11.5	13	38420/63886	5

资料来源：根据《内蒙古统计年鉴2013》和各盟市统计公报整理。

　　根据表3-3统计数据可知，2000年实施西部大开发以来，内蒙古的GDP总量、GDP增速、人均GDP均有较大发展。内蒙古经济总量增加较快，目前居于全国中游水平，GDP增速屡居全国第一（2002~2009连续8年增幅全国第一，个别旗县GDP增速达40%以上），GDP增速2000后超过全国平均水平，2005年起人均GDP超过全国平均水平，目前在全国排名第5位，西部省份第1位，近14年来经济发展保持了高速增长态势，经济发展步入快车道。

　　内蒙古自治区"十二五"规划提出了"五个基地"、"两个屏障"、"一个桥头堡和沿边经济带"①的战略构想，其中五个基地的产业空间布局与内蒙古各盟市的资源分布紧密联系，内蒙古的支柱产业包括清洁能源产业、现代煤化工产业、有色金属加工业、现代装备制造业、

---

① "五个基地"是指将内蒙古建成为我国的清洁能源输出基地、现代煤化工生产示范基地、有色金属生产加工和现代装备制造业基地、绿色农畜产品生产加工输出基地、草原文化旅游休闲度假基地，"两个屏障"是指生态安全屏障和安全稳定屏障。

绿色农畜产品加工业、草原文化旅游业、现代物流业等七大支柱产业（表3-4）。推动城市工业集群化发展，坚持项目集中布局、产业集群发展、资源集约利用，构建呼包鄂、小三角、巴彦淖尔、乌兰察布、锡林郭勒、赤峰、通辽、兴安盟、呼伦贝尔等产业集聚区，实现区域产业整合。

内蒙古主导产业空间布局引导　　　　　　　　　　　表3-4

主导产业	空间布局引导
清洁能源产业	阴山北麓的巴彦淖尔市乌拉特中旗、锡林郭勒盟的辉腾锡勒、乌兰察布市等地区是内蒙古重要的清洁能源基地
现代煤化工业	呼和浩特市的托克托县、清水河县，鄂尔多斯市的大路、独贵塔拉、上海庙、乌审旗、达拉特旗，乌海市及周边地区，巴彦淖尔市的乌拉特前旗、乌拉特后旗、杭锦后旗等，呼伦贝尔市中心城区、陈巴尔虎旗、鄂托克旗，兴安盟的乌兰浩特市、科右中旗，锡林郭勒盟的多伦，通辽市的霍林郭勒市、扎鲁特旗，赤峰市的巴林右旗、克什克腾旗
有色金属生产加工业	呼和浩特市的托克托县、清水河县，鄂尔多斯市的准格尔旗，包头市中心城区和固阳县、石拐，巴彦淖尔市中心城区和乌拉特前旗、乌拉特后旗，阿拉善盟阿拉善左旗，通辽市的霍林郭勒市，赤峰市中心城区，锡林郭勒盟的西乌珠穆沁旗，兴安盟的科右中旗，呼伦贝尔市中心城区
现代装备制造业	呼和浩特市、包头市、鄂尔多斯市、乌海市和乌兰察布市的中心城区周边，赤峰市的宁城县，通辽市的霍林郭勒市，阿拉善盟的巴彦浩特
绿色农畜产品加工业	呼和浩特、鄂尔多斯、巴彦淖尔、乌兰察布、呼伦贝尔、锡林郭勒、兴安盟
文化旅游产业	呼和浩特市、呼伦贝尔市、乌海市、赤峰市、锡林郭勒盟
现代物流业	以呼和浩特市、包头市、鄂尔多斯市为物流核心枢纽城市，重点发展乌兰察布市、巴彦淖尔市、乌海市等地区物流枢纽，发展二连浩特、策克、甘其毛都、满都拉等口岸物流枢纽

资料来源：根据《内蒙古城镇体系规划2014—2030》和"十二五"规划整理。

小结：从内蒙古的区位、交通、自然、生态、资源、经济、产业等概况，可以得出以下结论：内蒙古地域广阔，区位条件较好，交通便捷，资源富集（以矿产资源为优），经济发展进入高速增长期。生态环境较为脆弱，水资源短缺，土地沙漠化、盐碱化较严重。主导产业以能源、矿产资源类为主，特色产业是绿色农畜产品加工业和草原生态旅游业为主。全区大部分地区能够通过"一横三纵"交通主通道与区外便捷联系，锡盟南部与京津冀空间距离较近，盟域矿产资源富集，但目前对外联系不便（锡盟地区不在内蒙古出区主通道上），需要打通对外联系通道，融入周边区域发展。

3.1.3　区域中心城市空间布局

内蒙古区域中心城市空间布局如图3-4所示。

图3-4　内蒙古区域中心城市空间布局结构示意图

1. 中西部"T"字形空间发展主轴

"T"字形空间发展主轴以呼包鄂城镇群为核心，依托京包、包兰、包神等铁路干线和 G6（京藏）、G7（京新）、G65（包茂）、G110（国道）干线形成区域联系通道，构成内蒙古的城镇空间发展主轴。"T"字形发展轴串接了以"呼包鄂"为核心的中部城镇组群、乌兰察布城镇组群、河套城镇组群及周边城镇，是内蒙古城镇、人口和产业最为密集的地区。包含自治区经济总量排名前三位的呼和浩特、包头和鄂尔多斯 3 座城市和呼和浩特经济技术开发、呼和浩特出口加工区、包头稀土高新技术产业开发区和巴彦淖尔经济开发区等 4 个国家级开发区，29 个自治区级开发区。产业涉及到能源、装备制造、有色金属、绿色农畜产品等多个门类，是内蒙古经济发展的核心区域。从整体发展特征和阶段来看，该轴线上人口和产业正在呈现不断集聚的发展态势，进一步强化"T"字形轴线的集聚功能，城市间的联系和经济合作也会不断加强，可以带动整个区域协调发展，呈现出一体化发展的趋势。

2. 赤通"一"字形空间发展次轴

赤通"一"字形空间发展次轴位于内蒙古东部，以赤峰、通辽为中心城市，以赤通高速、集通铁路和京通铁路为主要交通干线，该区域具有临近京津冀和辽中南的地缘优势，通辽和赤峰为人口规模超过50万人的中等城市，具有一定的集聚和带动能力，其他多数城镇人口规模基本在5~10万之间，辐射带动能力有限。该轴线上集聚着10个自治区级开发区，以农畜产品加工、金属和非金属材料加工、制药、化工、新材料等产业为主。通辽、赤峰和东北三省的经济联系远远强于相互之间的联系，呈现出明显的外向型发展态势。从整体发展特征和阶段来看，虽然该轴线城镇和产业发展集聚程度不断提升，但资源和区位的优势尚未得到充分发挥，城镇空间的发展还远未成熟，对周边城镇发展的带动作用还有待进一步强化。

3. 呼伦贝尔"一"字形空间发展次轴

呼伦贝尔"一"字形空间发展次轴位于内蒙古东北部，以海拉尔、满洲里、牙克石、扎兰屯等为中心城市，沿着滨洲铁路和绥满高速布局。目前该轴线周边地区的人口和产业呈现出明显的向交通干线集聚的趋势，但城镇人口规模普遍偏小，没有超过50万人口的城市。该区域近邻俄蒙，具有向北开放的地缘优势，轴线上有呼伦贝尔经济技术开发区，以边境贸易合作为主的满洲里中俄互市贸易区，满洲里边境经济合作区等3个国家级开发区。从整体发展特征和阶段来看，海拉尔、满洲里、扎兰屯等城市的人口规模和经济总量较小，集聚效应尚待提升，发展轴对周边地区的扩散效应不足，口岸发展的带动能力也亟待强化。

4. 内蒙古城镇空间布局

内蒙古提出"一核多中心，一带多轴线"的点轴集聚城镇空间发展构想。其中，"一核"指"呼包鄂"城镇群核心区，目前发展已较为成熟；"多中心"指区域中心城市，通过区域中心城市与周边地区的紧密联系，带动各盟市发展。就目前区域中心城市体系现状来看，锡盟南部属于盲区，缺少区域中心城市辐射带动；"一带"是指依托省际大通道和主要国省干线，贯穿内蒙古东西12个盟市的城镇发展带。这条城镇发展带在乌兰察布和赤峰之间存在断层，北部的省际大通道和集通铁路选址于草原深处，没有将山前主要区域中心城市便捷相连。为实现内蒙古城镇发展带，需要进一步疏通东西向联系通道，提高主要区域中心城市之间的通达性；"多轴线"是指依托口岸和中心城市，对接东北经济区、京津冀城镇群、晋陕甘宁地区，形成多条城镇发展轴线和发展通道，目前京津冀至蒙古的国际通道存在瓶颈。

因此，从优化内蒙古区域中心城市体系角度，需要在锡盟南部培育区域中心城市。从疏通内蒙古东西向城镇发展带，打通京津冀至蒙古的国际通道角度，应以锡盟南部区域中心城市为门户节点，构建通疆达海国际性通道和区域性联系走廊。

小结：内蒙古目前共有 12 座区域中心城市，这 12 座区域中心城市主要沿黄河和交通干道分布，在中西部形成"T"字形发展主轴，东部和东北部形成两个"一"字形发展次轴，3 条发展轴线将呼和浩特、包头、鄂尔多斯、乌海、巴彦淖尔、乌兰察布、赤峰、通辽、呼伦贝尔等 9 个地级市与区外便捷联系，而锡林郭勒盟盟府锡林浩特市（县级市）、阿拉善盟盟府巴彦浩特镇和兴安盟盟府乌兰浩特市（县级市）均不在自治区的主次发展轴上（区域主通道），与周边中心城市联系受限。

内蒙古提出"一核多中心，一带多轴线"的点轴集聚城镇空间发展构想，为实现这一城镇空间布局安排，需要在锡盟南部培育新的增长极，并以此为节点，打通京津冀至蒙古的国际性通道，疏通内蒙古东西向交通联系走廊。

3.1.4 城镇空间布局特征

1. 区域空间差异大，城镇布局松散

内蒙古地域狭长、区域空间差异大，表现在地理环境、城镇空间布局、人口分布等方面。因东西跨度大，地理环境与自然条件复杂多样，斜贯区内的大兴安岭、纬向分布的阴山山脉和经向分布的贺兰山山地，构成了内蒙古地貌的脊梁和自然地域差异的界线，把全区截然分成北部的蒙古高原、西南部的鄂尔多斯高原、中间山地及嫩江右岸平原、西辽河平原和河套平原。多样的地理环境使得内蒙古地区形成了一系列不同的自然地带和独特的生态系统。

内蒙古的各盟市之间空间联系松散，未形成完整的空间网络系统。主要原因是因为内蒙古幅员辽阔、东西跨度大、高原山地面积广、行政区划在历史上几次变更等因素的影响，内蒙古的东、中、西部城镇之间在地理空间上联系不便，影响了区际城镇空间体系结构的形成与发展。内蒙古总面积 118.3 万 km²，辖 101 个旗县（市、区），总人口 2490 万人，城市和建制镇总数 497 个，城镇密度 4.2 个 / 万 km²，人口密度 21 人 /km²，城镇密度和人口密度均较低，城镇密度不足"长三角"和"珠三角"地区的 1/20。城镇之间空间距离大，地级以上城市之间平均距离为 200~250km，小城镇之间平均距离为 70~100km，远远超过"珠三角"地区城镇间 10km 的平均距离，城市空间分布呈"离散型"特征。

贺兰山西坡、阴山以北、大兴安岭以西主要以草原地带为主，尤其是阿拉善和锡林郭勒、呼伦贝尔等盟市，城镇人口规模小，城镇密度低，布局松散的特征尤为突出。锡盟城镇密度 1.8/ 万 km²，人口密度 5 人 /km²，盟域中心城市锡林浩特市人口规模为 20 万人，其他旗域中心城市人口规模基本在 3~5 万人左右。阿拉善盟国土面积 27.2 万 km²，分布着阿拉善左旗、阿拉善右旗和额济纳旗等 3 个旗县，总人口 23.88 万人。呼伦贝尔是我国国土面积最大的地级市，总面积 25.3 万 km²，辖 13 个旗市区，城镇密度 2.88 个 / 万 km²，滨洲铁路沿线分布的满洲里市、海拉尔区、牙克石市、人口规模分别为 17.0 万人、27.6万人、35.4 万人，构成内蒙古东北部"一"字形发展次轴，是我国向东北亚地区开放的重要枢纽和国际大通道。

2. 城镇分布"南密北疏,中部聚集"

内蒙古城镇空间分布呈现出"南密北疏、中部聚集、向中心城市集聚"的特征。阴山山脉北侧为广袤的草原地带,以牧业旗县为主,城镇数量少、规模小,仅有锡林浩特市算得上是区域中心城市,其他均为规模在3~5万人的旗县域中心城市或人口规模仅有千人的苏木镇。山脉南缘地势相对平坦,城镇密度相对北侧密集,人口规模也较大。沿黄河和区域性交通走廊分布着乌海、巴彦淖尔、包头、呼和浩特、乌兰察布等区域中心城市,并集中在内蒙古中西部地区,形成以呼包鄂为核心,沿黄河、沿交通干线为轴,外围城镇集中在中心城市周边点状分布的空间格局。

由图3-4可以看出,乌海、巴彦淖尔、鄂尔多斯、包头、呼和浩特、乌兰察布、赤峰、通辽等中心城市周边城镇分布较为密集,呼伦贝尔、乌兰浩特等中心城市周边城市密度适中,而阿拉善左旗、锡林浩特周边的城镇密度明显偏低,镇分布呈现南密北疏的空间分布特征。

3. 城镇规模等级"两头大、中间小"

内蒙古城镇规模等级 表3-5

	城镇数量	城镇人口(万人)	占比(%)	备注
大城市	2	299.98	20.3	呼和浩特、包头
中等城市	4	323.22	21.9	赤峰、通辽市(科尔沁区)、乌海市、巴彦淖尔市(临河区)
20万~50万人口小城市	7	229.49	15.5	鄂尔多斯市(东胜区)、乌兰浩特市、乌兰察布市(集宁区)、呼伦贝尔(海拉尔区)、扎兰屯市、牙克石市、丰镇市
20万人口以下小城市和县城	78	413.03	27.9	满洲里、锡林浩特市、二连浩特、多伦诺尔等
其他镇	408	212.39	14.4	
合计	497	1478.11	100	

资料来源:根据《内蒙古统计年鉴2013》整理。

城镇规模等级可以评价一定区域的城镇体系是否合理,按照《国务院关于调整城市规模划分标准的通知》(国发〔2014〕51号),根据城区常住人口规模,将城市分为五类七档,划分为超特大城市(1000万人以上)、大城市(I型 >500万人,II型 100~300万人)、中等城市(50~100万人)和小城市(I型 20~50万人,II型 <20万人)五类。目前内蒙古有大城市2个(呼和浩特、包头),中等城市4个(赤峰、通辽市科尔沁区、巴彦淖尔临河区、乌海),I型小城市7个(鄂尔多斯市东胜区、乌兰浩特市、乌兰察布市集宁区、呼伦贝尔海拉尔区、扎兰屯市、牙克石市、丰镇市),II型小城市若干(表3-5),大城市和中等城市城镇人口合计为623.20万人,占城镇总人口的42.2%;I型小城市的城镇人口为229.49万人,仅占城镇总人口的15.5%;II型小城市和县城的城镇人口为625.42万人,占城镇总人口的27.9%,城镇规模等级呈"两头大、中间小"的特点,与成熟城镇体系的"金字塔形"

结构不同，城镇规模等级结构不合理，层次性较差，表现为Ⅰ型小城市缺乏。

内蒙古中心城市体系不合理，中等城市无论从数量还是规模均比较小，中心城市的辐射达不到全域覆盖的程度，锡盟南部城镇较密集的省域边缘区域处于辐射盲区。小城市数量虽然有78个，但大多数人口不足10万人，难以胜任区域辐射带动的职能。因此，培育和增加中等城市，或依托现有小城镇增大规模，由Ⅱ型小城市跨入Ⅰ型小城市行列，配备一定规模的基础设施和公共设施，肩负起区域中心城市的职能，是优化内蒙古城镇体系的有效途径。

4. 中心城市空间距离大，一体化网络较难形成

从空间尺度角度看，区域中心城市的适宜辐射半径以常规交通工具在一日内从容到达为标准，根据我国目前交通工具发展现状情况，有学者认为区域中心城市适宜的辐射半径应为50~120km[40]。如果中心城市与某一城镇或地区的地理距离超越了常规交通工具能够从容到达的程度，则中心城市对该城镇或地区的辐射带动能力则会受到影响，甚至起不到辐射带动作用。按照这一适宜辐射半径，要实现以区域中心城市为核心的区域协调发展，两个区域中心城市之间的距离应为200~250km为宜。将内蒙古11个盟市①的区域中心城市与周边相邻地级以上城市作空间距离分析，测度其与周边各地级以上城市之间的车行距离，以驾车出行里程作为空间距离参考值（表3-6），可以得出与周边城市之间联系的便捷程度。从数据统计可以看出，内蒙古区域中心城市之间，与周边省份地级以上城市之间空间距离较大，城镇布局呈"离散型"空间特征，一体化空间网络较难形成，个别盟市的中心城市与周边地级市之间的空间距离超过500km。

内蒙古区域中心城市与周边地级城市车行距离比较（km）　　表3-6

区域中心城市	周边地级以上城市							
呼和浩特市	大同市	朔州市	忻州市	包头市	北京	鄂尔多斯市	乌兰察布市	
	243.3	383.1	353.8	173.2	479.4	285.2	137.7	
包头市	榆林市	吕梁市	忻州市	巴彦淖尔市	鄂尔多斯市	呼和浩特市		
	286.4	448.9	462.4	236.4	136.5	186.3		
鄂尔多斯市	榆林市	吕梁市	忻州市	包头	巴彦淖尔市	呼和浩特市		
	159.1	325.2	375.4	136.5	346.2	285.2		
赤峰市	朝阳市	锦州市	承德市	阜新市	通辽市	锡林浩特市		
	164.7	250.6	197.1	291.3	345.0	363.9		
通辽市	阜新市	四平市	铁岭市	赤峰市	朝阳市	白城	长春市	沈阳市
	225.4	206.9	243.8	345.0	335.2	292.1	282.8	252.8

---

① 本研究没有包括阿拉善盟，因阿拉善盟域范围27.2万km²，总人口17.2万人，地广人稀多为荒漠和戈壁，盟府所在地阿拉善左旗距离银川105km，距离石嘴山市90km，距离乌海市158km，受这些城市的辐射带动明显。

续表

区域中心城市	周边地级以上城市							
乌海市	银川市	包头市	吴忠市	榆林市	石嘴山市	巴彦淖尔市	鄂尔多斯市	阿拉善左旗
	153.3	365.8	207.1	351.6	96.5	147.9	322.0	157.1
乌兰察布市	朔州市	大同市	北京市	张家口市	呼和浩特市			
	239	115.2	348.5	172.5	137.7			
呼伦贝尔市	黑河市	大庆市	白城市	齐齐哈尔市	乌兰浩特市	哈尔滨市		
	790.7	602.8	650.9	454.9	568.9	751.5		
巴彦淖尔市	银川市	白银市	吴忠市	金昌市	石嘴山市	阿拉善左旗	包头市	鄂尔多斯市
	298.3	650.3	352.1	691.0	241.5	302.1	236.3	346.7
锡林浩特市	承德市	朝阳市	赤峰市	通辽市	北京市	张家口市	呼和浩特市	
	506.9	524.7	363.9	605.5	558	412.0	612.5	
乌兰浩特市	白城市	松原市	通辽市	大庆市	长春市	齐齐哈尔市	哈尔滨市	
	82.9	276.1	325.5	321.1	430.6	239.1	462.8	

资料来源：根据百度地图整理。

根据表3-6的统计：呼包鄂三市之间空间距离在200km以内，利于形成一体化发展的城市群，以呼包鄂城市群为核心的内蒙古中部地区与山西省（大同市）、陕西省（榆林市）空间距离均在250km以内，相互联系便捷，具有互促共进的发展前景，呼包鄂城市群可辐射带动乌兰察布、巴彦淖尔等地区协调发展。通辽市、赤峰市、乌兰浩特市与省内其他区域中心城市之间的空间距离均较远，但通辽市与辽宁省（阜新、铁岭、沈阳）、吉林省（四平、长春）等地区可便捷联系；赤峰市与辽宁省（朝阳、锦州）、河北省（承德）等地区可便捷联系；乌兰浩特市与吉林省（白城、松原）、黑龙江（齐齐哈尔）等地区可便捷联系，因此赤峰、通辽、乌兰浩特等区域中心城市与东三省联系较为密切，表现出较强的外向型特征。乌海市与宁夏（银川、吴忠）、陕西省（石嘴山）、阿拉善左旗、巴彦淖尔等城市空间距离较近，以乌海为中心协同乌斯太镇、棋盘井镇形成的"小三角"地区，是内蒙古西部地区和呼包银经济带上的重要经济增长极。

针对内蒙古地域狭长、空间广阔，全方位均衡投入大、见效慢，单一增长极难以带动全域发展，一体化网络难形成的草原地区，笔者认为"多极引领、轴向带动"的空间发展战略比较适合内蒙古空间发展和地域特征。像锡林郭勒和呼伦贝尔这样位居草原深处，与周边地级以上城市空间距离较大，联系受限，在国家对外开放战略中地位凸显的地区，单中心难以带动全域发展，也较难形成城镇网络融入周边省区的发展，培育省际边界区域中心城市，实行"双核"或者"多核"驱动，无疑是改变"小马拉大车"局面的良策。

5. 城镇化不平衡，区域协调发展未形成

城镇化是社会文明的标志，在国家和地区发展中占有重要地位，城市是区域发展的中心，有较强的辐射和吸引作用，城镇化过程的本质是人口、生产、社会、经济要素在空间上集聚的过程，一个国家和地区的城镇化水平一定程度上能够反映经济社会的发展水平。2001~2011 年的 10 年间，内蒙古 GDP 年均增速为 24.87%，城镇化率平均每年提高 1.3 个百分点，均处于高速增长阶段。统计资料表明，2012 年内蒙古的城镇化率、GDP 总量、人均 GDP 在全国 27 个省、自治区（不包括直辖市、香港、澳门、台湾），分别位于第 6 位、第 13 位、第 2 位，不难看出，内蒙古的经济总量跨入全国省区排名中游行列，经济增长势头全国领先，说明内蒙古近年经济发展和城镇化发展均处于高增速阶段。分析内蒙古近 10 年城镇化发展进程，存在城镇化发展不平衡，城镇现代化质量相对较低，大城市聚集效应和吸纳人口能力不强，总体绩效不高等问题。

周一星、许学强等学者分别采用 137 个国家和 151 个国家的资料，研究人均国民生产总值和城镇化率之间是否存在关联性，研究结果表明城镇化水平随着人均国民生产总值的增长而提高，一个国家或地区的国民生产总值和城镇化之间存在对数关系：$y=40.55\lg x^3/74.96$，其中 x、y 分别为人均国民生产总值和城镇化率[40]。因此工业经济阶段的城镇化呈现出城镇化阶段性规律、大城市优先增长规律、城镇化和经济发展双向互处共进规律[110]。

内蒙古各盟市间城镇化发展差距较大，区域差异明显，发展相对较慢的盟市城镇化发展落后 10 年以上。2012 年，乌海市城镇化率为 94.5%、包头市、阿拉善盟和鄂尔多斯市的城镇化率已超过 70%，接近或超过杭州（74.3%）、长沙（69.4%）等中东部发达省份省会城市城镇化水平；而赤峰市、乌兰察布市、兴安盟、通辽市的城镇化率尚不足 45%，甚至还未达到包头和呼和浩特等城市 2000 年时的城镇化水平。经济增长和工业化是推动城镇化发展的核心力量，内蒙古全区处于工业化中期阶段，呼和浩特、包头、鄂尔多斯、乌海等中西部地区已进入工业化后期阶段，工业主导、资源型特征明显，经济发展较快，城镇化率相对较高，与东部盟市有着显著差别，区域协调发展的格局尚未形成。

内蒙古区域中心城市与周边地级市城镇化率比较 表 3-7

内蒙古中心城市	城镇化率（%）	GDP 总量（亿元）	周边地级市	城镇化率（%）	GDP 总量（亿元）
呼和浩特市	65.2	2458.74	大同市	54.9	931.30
			朔州市	46.3	1007.10
			忻州市	37.9	620.90
包头市	81.4	3209.14	榆林市	42.0	2707.00
			吕梁市	37.9	1230.40
			忻州市	37.9	620.90

续表

内蒙古中心城市	城镇化率（%）	GDP总量（亿元）	周边地级市	城镇化率（%）	GDP总量（亿元）
鄂尔多斯市	71.7	3656.80	榆林市	42.0	2707.00
			吕梁市	37.9	1230.40
			忻州市	37.9	620.90
赤峰市	43.8	1556.82	朝阳市	38.1	964.00
			锦州市	47.9	1270.00
			承德市	38.6	1180.90
通辽市	43.1	1693.19	阜新市	52.5	560.00
			四平市	34.2	1186.00
			铁岭市	42.2	1015.00
乌海市	94.5	531.91	银川市	60.2	1140.83
			石嘴山市	59.6	409.20
			吴忠市	44.0	312.05
乌兰察布市	43.6	778.71	张家口市	44.0	1233.70
			朔州市	46.3	1007.10
			大同市	54.9	931.30
呼伦贝尔市	69.0	1335.80	齐齐哈尔市	43.0	1153.80
			大庆市	50.0	4152.30
			白城市	37.6	650.00
巴彦淖尔市	50.2	783.34	银川市	60.2	1140.83
			石嘴山市	59.6	409.20
			吴忠市	44.0	312.05
锡林郭勒盟	61.9	820.2	张家口市	44.0	1233.70
			承德市	38.65	1180.90
			朝阳市	38.1	964.00
兴安盟	43.6	385.16	齐齐哈尔市	43.0	1153.80
			白城市	37.6	650.00
			松原市	40.0	1605.00

资料来源：根据《内蒙古统计年鉴2013》和《中国统计年鉴2013年》整理。

　　将内蒙古区域中心城市的城镇化率及地区生产总值与周边相邻省份的地级市作比较（表3-7），内蒙古各区域中心城市城镇化率明显高于周边省份，经济总量呼和浩特、包头、鄂尔多斯、赤峰、通辽等城市与周边地级市相比，明显高于周边其他省份地级市的GDP总量，呼伦贝尔、乌海、巴彦淖尔等城市与周边城市相比相差不大，锡林郭勒盟、兴安盟和乌兰察布等盟市与周边地级以上城市相比，GDP 总量明显落后，城市经济发展不足，需要主动融入和接受周边城市的辐射和带动。内蒙古的区域中心城市城镇化发展存在虚高现象，城镇化发展在经济能耗、单位建设用地的经济产出、承载能力等方面表现出城镇发展的低效问题。中小城镇公共服务配给水平低，基本公共服务设施不足。内蒙古人口密集地区包括沿黄沿线地区和赤峰、通辽、呼伦贝尔东部地区，而经济发展水平较高的地区主要在中西部沿黄沿线地区，产业化与城镇化不匹配，两化之间尚未形成互处共进的发展格局。

小结：内蒙古地域广阔，区域空间差异大，城镇规模小，布局松散，呈现"南密北疏、中部聚集，向中心城市集聚"的空间分布特征，区域中心城市之间空间距离大，城镇化发展不平衡，不利于形成一体化城市发展网络。城镇规模等级"两头大、中间小"，缺乏中等城市，锡盟南部存在辐射盲区，亟须培育区域中心城市，修正和优化内蒙古城镇体系空间布局和规模等级存在的缺陷。

3.2 内蒙古区域中心城市发展现状

3.2.1 区位与交通

内蒙古区域中心城市的区位关系 表 3-8

城市名称	区位关系
呼和浩特市	地处内蒙古自治区的中部，呼包鄂城镇群主要城市之一，东、北与乌兰察布市相连，西与包头市接壤，南与鄂尔多斯市和山西省相邻，是北京向西部地区辐射、转移推进过程中的第一个首府城市，肩负华北与西部联系承东启西桥头堡的区位作用
包头市	位于内蒙古自治区西部，呼包鄂城镇群主要城市之一，东与乌兰察布市、呼和浩特市交界，南隔黄河与鄂尔多斯市相望，西与巴彦淖尔市毗邻，北与蒙古国接壤，国境线 88.6km。连接华北、西北的重要枢纽城市，环渤海地区向西辐射、转移的重要节点城市
鄂尔多斯市	地处内蒙古西南部黄河中上游的鄂尔多斯高原，呼包鄂城镇群主要城市之一，西、北、东三面被黄河环绕，东接呼和浩特市及山西省，南与陕西省毗邻，西与宁夏、乌海、阿拉善相邻，北与巴彦淖尔、包头隔黄河相望。位于呼包—包兰—兰青经济带北段，我国西北地区和环渤海经济圈的衔接部，在国家西部大开发中具有承东启西的作用
巴彦淖尔市	位于内蒙古自治区西部，黄河几字湾顶端，北依阴山与蒙古国接壤，国境线长 368.89km，南临黄河与鄂尔多斯市隔黄河相望，东与包头西与阿拉善及乌海毗邻。是京藏、京新、临河至城防港等国家大通道的交会点，国家承东启西、南进北出的重要节点城市
乌海市	地处黄河上游，位于内蒙古自治区西南部，宁夏平原与河套平原之间，东邻鄂尔多斯，南连宁夏，西靠阿拉善，北接巴彦淖尔，是呼和浩特—包头—鄂尔多斯金三角经济区的延伸地带，"宁蒙陕"经济区的结合部和沿黄经济带的中心，位于华北和西地区交会处，是东北、华北通往西北的节点城市
阿拉善盟	位于内蒙古最西部，贺兰山东麓，巴丹吉林、腾格里、乌兰布和三大沙漠纵贯全境。东与巴彦淖尔、鄂尔多斯、乌海接壤，东南隔贺兰山与宁夏相望，西与甘肃相连，北与蒙古交界，国境线长 734km
乌兰察布市	位于内蒙古中部，地处晋陕蒙三省交界处，东与河北省交界，南与山西省相依，西与呼和浩特市、包头市毗邻，北与锡林郭勒盟相连，西北与蒙古国接壤，国境线长 104km

续表

城市名称	区位关系
锡林郭勒盟	位于内蒙古自治区中部偏北，首都北京正北方，东接兴安盟、通辽市和赤峰市，南邻河北省，西连乌兰察布市，北与蒙古国接壤，边境线长达 1098km，是东北、华北、西北交会地带，具有对外贯通欧亚，对内连接东西，北开南联的区位优势
赤峰市	位于内蒙古东部，东与通辽毗邻，南与辽宁省、河北省相连，西和北与锡林郭勒盟为界。居东北、华北两大经济区之间，距离北京、天津、沈阳等区域经济中心均在 500km 范围内，是京津冀与东北联系通道上的节点城市
通辽市	位于内蒙古东部，东临吉林省、南接辽宁省、西连赤峰市，北与兴安盟、锡林郭勒盟接壤，属于东北和华北交会地带。处于东北工业区、环渤海经济圈和我国西部地区的接合部，是沿海发达地区辐射内蒙古的重要转节点
兴安盟	位于内蒙古东北部，大兴安岭南麓，东邻黑龙江省、吉林省，南接通辽市，西与锡林郭勒盟相邻，北与呼伦贝尔市接壤，西北部与蒙古国毗邻，国境线长 126.08km
呼伦贝尔市	位于内蒙古自治区东北部，东临黑龙江省，南接兴安盟，西和西南与蒙古国毗邻，北和西北与俄罗斯相邻，国境线长 1723km，是连通亚欧大陆桥的重要节点

资料来源：根据各城市总体规划及统计资料整理。

内蒙古区域中心城市对外交通概况 表 3-9

城市名称	机场	铁路	高速	国道
呼和浩特市	白塔机场 4E 级	京包、集包 呼准、大准	京藏（G6）、京新（G7）、呼大、荣乌（G18）	G110（北京—银川） G209（呼和浩特—北海） G109（北京—西藏）
包头市	二里半机场 4D 级	京包、包兰 包西、包神 包白、包石	京藏、京新、荣乌 包茂（G65）	G110、G210（包头—南宁）
鄂尔多斯市	鄂尔多斯机场 4C 级	包兰、包西、大准、准东、呼准、东乌、包神	包茂、荣乌、呼大	G109、G210
巴彦淖尔市	天吉泰机场 4C 级	包兰、临策	京藏	G110
乌海市	乌海机场 3C 级	包兰	京藏（G6） 荣乌（G18）	G109、G110
阿拉善盟	阿拉善通勤机场 3C 级	临策、吉兰泰、干武、嘉策	巴银高速	无
乌兰察布市	无	京包、集二 集通、大准	京藏、京新、二广（G55）	G110（北京—拉萨） G208（二连—长治）
锡林郭勒盟	锡林浩特机场 4C 级	北京—乌兰巴托莫斯科 集二、桑锡 集通、桑蓝	二广高速（在建） 锡张高速（在建）	G207（锡林浩特—徐闻） G303（集安—锡林浩特）
赤峰市	玉龙机场 4C 级	京通、叶赤、集通	大广高速（G45） 丹锡高速（G16）	G111、G303、 G305（庄河—林西）、 G306（绥中—克什克腾旗）
通辽市	通辽机场 4C 级	京通、大郑 集通、通霍 通让、平齐	大广高速（G45） 新鲁高速（G2511）	G111、G303 G304（丹东—霍林郭勒） G203（明水—沈阳）
兴安盟	乌兰浩特机场 3C	通霍、白阿	珲乌高速（G12）	G111（北京—加格达奇）和 G111 复线
呼伦贝尔市	东山机场 4D 级	滨州牙林铁路 伊加铁路	绥满高速（G10）	G301（绥芬河—满洲里） G111（北京—加格达奇）

资料来源：根据各城市总体规划及统计资料整理。

从表3-8、图3-5所示内蒙古区域中心城市所在地理区位来看，呼和浩特、包头、鄂尔多斯（东胜区）、巴彦淖尔（临河区）、乌海、乌兰察布（集宁区）、赤峰、通辽（科尔沁区）、兴安盟（乌兰浩特市）等城市均在阴山、大兴安岭山前开阔地带，与周边省份联系较为便捷，阿拉善盟位于贺兰山西麓，锡盟位于阴山北麓，呼伦贝尔市位于大兴安岭西侧，受地形条件和空间距离等因素影响，与外界联系受限。

从表3-8、表3-9所列内蒙古区域中心城市所在区位和对外联系通道情况，"泛呼包鄂"地区①的中心城市区位优势明显对外联系便捷。依托高速、公路、铁路形成的综合交通干线构建的区域联系通道，可以和华北、西北、东北便捷联系，有效承接京津冀地区的辐射带动，便捷对接以兰西城镇群、宁夏城镇群、关中城镇群、太原城镇群为核心的广大地区。"泛呼包鄂"地区拥有6个机场，多个口岸，可以直接或中转与全国各地快速联系，是连接亚欧大陆桥和京津冀的重要节点和通道，该区域将成为我国联系蒙古国和中亚地区的必经之地和重要门户，是我国沿边经济带和向北开放桥头堡的重要组成部分。

由表3-8和表3-9统计情况可以看出，内蒙古东部的赤峰、通辽、呼伦贝尔、兴安盟等地区，可通过铁路干线、高速公路、国道等区域通道与东三省及京津地区便捷联系，通过航空手段直接或中转与国内更广域的空间取得联系。尤其呼伦贝尔是亚欧大陆桥的重要节点和我国通往俄罗斯、东欧等国的交通枢纽，随着中、俄、蒙国际合作趋势的不断加强，亚欧大陆桥交通走廊的打通使呼伦贝尔逐步从"边缘"转变为国家发展"前沿"。

锡盟位于东北、华北、西北交会地带，北与蒙古国接壤，边境线长1098km，通过二连浩特和珠恩嘎达布其两个口岸可以和蒙古国便捷联系，具有对外贯通欧亚，对内连接东西，北开南联的优势区位。锡盟虽然区位优势显著，但区域交通条件并不好，区域交通以公路为主，境内仅有二广高速和锡张高速两条快速通道，但目前还没有全线贯通，另外还有3条国道（G207、G208、G303）和9条省道，铁路线有集通线、集二线、锡多线等，区域交通网络不健全，公路网技术等级偏低，对外联系通道不够便捷。

内蒙古12个盟市的区域中心城市，从地理区位、区域交通和对外联系等方面进行分析，泛呼包鄂地区的区位优势显著，区域交通网络已经形成，与西北、华北地区均有较好联系。赤峰、通辽、呼伦贝尔和兴安盟等地区，与我国东三省联系密切，受沈阳、长春、哈尔滨等中心城市辐射带动明显。锡盟地近京津，与蒙古国接壤，区位优势明显，但受交通网络瓶颈限制，与周边地区联系不便，一定程度上阻碍经济社会发展。

---

① 2010年编制完成的《内蒙古自治区呼包鄂城市群规划（2010—2020）》，将呼和浩特市、包头市、鄂尔多斯市、乌兰察布市、巴彦淖尔市、乌海市和阿拉善盟7个盟市的48个旗县市区统筹考虑，国土面积52.3万km²，占自治区总面积的44.4%，称为"泛呼包鄂"地区。

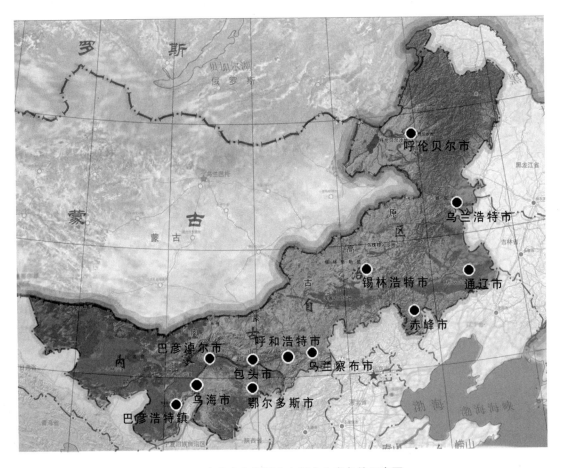

图3-5 内蒙古各区域中心城市生态条件示意图

3.2.2 自然与生态

内蒙古12个盟市的区域中心城市，所处地域的自然生态环境差异较大（图3-5），除了锡林浩特市、呼伦贝尔市（海拉尔区）、阿拉善左旗分别位于阴山以北，大兴安岭岭西，贺兰山西麓以外，其余的9个中心城市均在山前开阔地带，自然条件与生态环境相对较好。锡林浩特市位于阴山北麓广阔的锡林郭勒草原腹地，是内蒙古典型的草原城市。土质比较贫瘠，植被以草地为主，是内蒙古草甸草原分布的典型区域。矿产资源富集，近年来的开采活动对草原生态破坏比较严重，致使草场沙化、退化速度较快，引起沙尘暴天气。锡林浩特市的自然灾害有旱灾、雪灾、干灾、风灾、洪灾，以及寒潮和冷雨，其中旱灾和雪灾直接影响到草地植被的生长状态，它使大面积的草场长势变衰，影响当地畜牧业生产。呼伦贝尔市海拉尔区位居大兴安岭西麓的呼伦贝尔草原腹地，自然环境分异明显，森林、沙地、湿地等景观类型丰富，是内蒙古重要的生态旅游中心城市；阿拉善左旗位于贺兰山西麓，属于荒漠类草原地带，生态条件相对较差（表3-10）。

内蒙古各区域中心城市自然生态环境概况 　　　表 3-10

城市名称	自然生态概况
呼和浩特市	北依大青山，属土默川平原地带，地形主要由山地、山前冲积扇、和平原构成。中温带半干旱大陆性季风气候，主要河流有大黑河、小黑河、扎达盖河、哈拉沁河
包头市	地处河套平原和土默川平原结合地带，市域由中部山地、北部草原和山南平原组成，中温带半干旱大陆性季风气候，黄河在市区南部流过，其他河流还有昆都仑河、开令河等
鄂尔多斯市	地处鄂尔多斯高原腹地，地貌类型多样，草原、高原、沙漠交错，毛乌素沙漠、库布齐沙漠占全市总面积48% 左右，生态环境严苛，生态系统极其脆弱，草场退化、湿地退化、土地盐渍化、水土流失、土地沙漠化等问题突出。中温带半干旱大陆性气候，平均气温 5.3~6.7℃，年降水 170~350mm，境内河流主要有黄河、乌兰木伦河、纳林川、无定河
巴彦淖尔市	巴彦淖尔市地处内蒙古西部，黄河中上游，由乌拉特高原、阴山山地和河套平原组成，土地肥沃、渠道纵横，素有"塞上江南"之称。属于我国西北地区荒漠半荒漠的前沿地带，生态本底条件既敏感又脆弱。温带大陆性气候，年平均气温 3.7~7.6℃，年日照时数 3100~3300h，是我国光能资源最丰富地区之一
乌海市	地处黄河上游，贺兰山北端，鄂尔多斯高原西侧，黄河由南至北纵穿市区，是乌海市的生态、生命廊道。乌海市被乌兰布和、库布其、毛乌素三大沙漠包围，深受沙漠之害，为极干旱荒漠区，属荒漠化草原、草原化荒漠过渡带，是沙化、荒漠化的重灾区。中温带大陆性季风气候，年均气温 9.3℃，年降水量 162mm，年蒸发量 3498mm
阿拉善盟	阿拉善高原群山环绕，地貌类型有沙漠、戈壁、山地、低山丘陵、湖盆、起伏滩地等，巴丹吉林沙漠、腾格里沙漠、乌兰布和沙漠分布境内。属典型大陆性气候，干旱少雨，风大沙多，年平均气温 6~8.5℃，年日照 2600~3500h，主要河流有黑河、额济纳河
乌兰察布市	地处阴山山脉中段，地形自北向南由蒙古高原、阴山山脉、乌兰察布丘陵、黄土丘陵四部分组成。中温带半干旱大陆性季风气候，山前温暖多雨，后山多风干旱。主要河流有大黑河、浑河、二道河、饮马河、塔布河、霸王河，主要湖泊有岱海、黄旗海、察汗淖
锡林郭勒盟	地处蒙古高原，是典型草原区域，西南部为浑善达克沙地，属中温带半干旱大陆性季风气候，年均气温 1~4℃，年降水 200~400mm，主要河流有高格斯台河、巴勒嘎尔河、锡林河、乌拉盖河。锡林郭勒草原处于森林向草原、典型草原向荒漠草原演变的过渡地带，是驰名中外的天然草牧场
赤峰市	大兴安岭和内蒙古高原、西辽河平原、燕山北麓山地交会地带，具有高原、山地、丘陵、平原等多种地形，中温带半干旱大陆性气候，河流主要有老哈河、西拉木伦河、乌力吉木伦河、教来河和贡格尔河五大水系。达里诺尔湖是我国第三大湖泊，克什克腾国家地质公园是我国地质类奇观
通辽市	地处松辽平原西端，中温带半湿润向半干旱的过渡地带，是科尔沁沙地的腹地，是一个纱沼坨甸、浅山丘陵纵横交错的地区，在 6 万 km² 的土地中，沙区山区约占 80%。北部属大兴安岭余脉，中部为冲积平原，南部和西部属于辽西山区边缘地带。主要河流有西辽河、新开河、西拉沐沦河、教来河、老哈河等
兴安盟	位于大兴安岭向嫩江平原过渡带，由西北向东南分为中山、低山、丘陵和平原四个地貌类型。中温带半干旱大陆性季风气候，主要河流有绰尔河、洮儿河、归流河等
呼伦贝尔市（海拉尔区）	海拉尔区地处大兴安岭西麓低山丘陵与呼伦贝尔平原交接地带。地貌类型分为低山丘陵、高平地、低平地和河滩地，属中温带半干旱大陆性季风气候。巍巍兴安岭、茫茫呼伦贝尔草原，林草资源较为丰富，素有牧草王国之称，主要河流有海拉尔、伊敏河，是内蒙古以水草丰美著称的区域

资料来源：根据调研资料整理。

小结：内蒙古目前的 12 座区域中心城市中有 9 座位于山前开阔地带，并且距离省际边界较近，与周边省份相邻城市联系比较便捷。只有锡林浩特市、呼伦贝尔、阿拉善左旗位于山后草原地带，3 座城市属于典型的草原城市。锡林浩特和阿拉善左旗所在区域，受传统生产生活方式及生态环境等因素的影响，生态本底较差，濒临沙漠边缘，地域广阔、人口密度低，不太容易形成规模较大的城市或城市群组。

3.2.3　经济与社会

衡量某一城市或地区的经济、社会发展水平的指标较多，也比较繁杂，本研究选取 GDP 总量、人均 GDP、GDP 增速、财政收入、固定资产投资总额、城镇人均可支配收入、恩格尔系数、城镇失业率、社会消费品总额、进出口贸易总额、规模以上企业、入境旅游、文教卫生科研机构及从业人员等指标，综合比较研究内蒙古 12 个盟市的社会经济发展现状（图 3-6，表 3-11～ 表 3-14）。

内蒙古各盟市社会经济概况（一）　　　　　　　表 3-11

城市名称	辖区面积（万 km²）	总人口(万人)	GDP 总值（万元）	排序	人均 GDP（元）	排序	GDP 增速（%）	排序
全国平均水平					38420		7.7	
自治区平均水平					63886		11.5	
呼和浩特市	1.72	294.88	2458.74	3	83906	5	10.9	10
包头市	2.77	273.16	3209.14	2	118320	3	12.5	9
呼伦贝尔市	25.3	253.47	1335.8	6	52649	8	13.5	3
兴安盟	5.98	160.73	385.16	12	23944	12	13.5	3
通辽市	5.95	313.25	1693.19	4	54019	7	13.2	7
赤峰市	9.00	431.3	1556.82	5	36070	11	13.5	3
锡林郭勒盟	20.26	104.06	820.2	7	79105	6	14.6	1
乌兰察布市	5.50	212.94	778.71	9	36525	10	10.0	12
鄂尔多斯市	8.68	200.42	3656.8	1	182680	1	13.0	8
巴彦淖尔市	6.44	166.92	783.34	8	47012	9	10.2	11
乌海市	0.17	54.84	531.91	10	97617	4	13.8	2
阿拉善盟	27.02	23.88	425.76	11	179608	2	13.4	6

资料来源：根据《内蒙古统计年鉴2013》和各盟市统计公报整理。

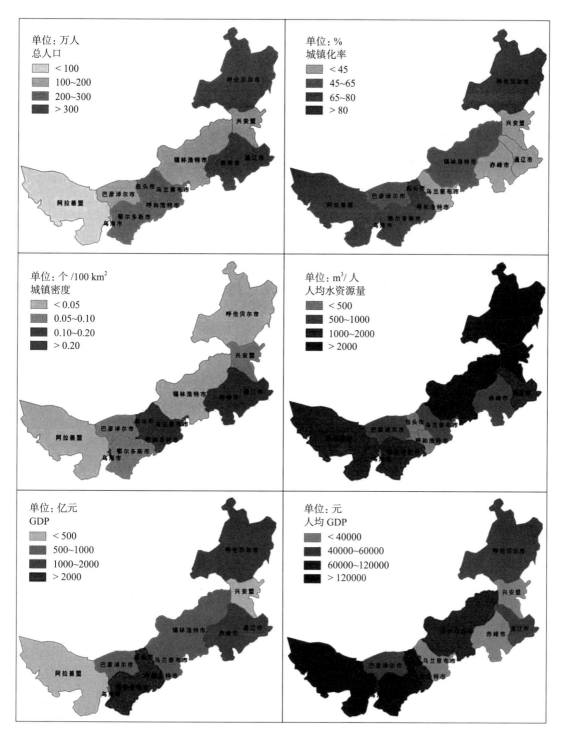

图3-6　内蒙古各盟市综合发展现状

资料来源：根据2013年统计资料绘制

内蒙古各盟市社会经济概况（二）　　　　表 3-12

城市名称	财政收入（亿元）	排序	固定资产投资（亿元）	排序	居民人均可支配收入（万元）	排序	恩格尔系数（%）	城镇失业率（%）
全国平均水平					2.46		36.2	4.10
自治区平均水平					2.32		30.8	3.73
呼和浩特市	178.65	3	1298.21	3	3.27	3	30.8	3.63
包头市	185.76	2	2522.98	2	3.35	1	30.8	3.87
呼伦贝尔市	79.36	5	878.72	6	1.95	7	31.9	3.86
兴安盟	17.60	12	446.57	10	1.56	12	30.7	4.10
通辽市	89.17	4	1221.27	5	1.88	8	30.4	3.80
赤峰市	74.56	6	1239.61	4	1.87	9	32.5	3.88
锡林郭勒盟	65.28	7	614.65	9	2.05	6	36.8	3.51
乌兰察布市	34.80	11	636.72	8	1.86	10	36.4	3.98
鄂尔多斯市	375.51	1	2553.05	1	3.31	2	26.4	2.55
巴彦淖尔市	49.61	9	662.78	7	1.85	11	30.1	3.77
乌海市	54.41	8	345.67	11	2.55	4	29.5	4.20
阿拉善盟	35.94	10	237.17	12	2.45	5	30.2	3.44

资料来源：根据《内蒙古统计年鉴2013》和各盟市统计公报整理。

内蒙古各盟市 2012 年社会经济概况（一）　　　　表 3-13

城市名称	社会消费品总额（亿元）	进出口贸易总额（亿美元）	规模以上企业		入境旅游	
			企业数（个）	产值（亿元）	人次	外汇收入（万美元）
呼和浩特市	884.90	17.01	273	1304.87	110082	9280
包头市	897.80	21.0	618	3235.99	26473	1475
呼伦贝尔市	215.20	21.91	394	1094.71	588361	35474
兴安盟	86.90	0.08	170	272.60	1107	61
通辽市	128.50	1.04	616	2560.51	22326	1244
赤峰市	224.10	14.14	532	1868.38	37841	2110
锡林郭勒盟	77.00	19.75	348	873.88	683264	20739
乌兰察布市	79.10	0.52	382	951.77	25600	1427
鄂尔多斯市	326.40	4.22	371	3983.66	34315	1912
巴彦淖尔市	76.00	12.7	275	799.55	56043	3124

续表

城市名称	社会消费品总额（亿元）	进出口贸易总额（亿美元）	规模以上企业		入境旅游	
			企业数（个）	产值（亿元）	人次	外汇收入（万美元）
乌海市	100.90	0.46	153	670.71	470	26
阿拉善盟	19.70	6.11	110	490.14	5800	324

资料来源：根据《内蒙古统计年鉴2013》和各盟市统计公报整理。

内蒙古各盟市 2012 年社会经济概况（二）　　　　表 3-14

城市名称	普通高等学校数（所）	文化艺术、文物事业单位数（个）	卫生机构		县级以上科研机构	
			机构数（个/万人）	床位（张/万人）	机构数（个）	科技人员（人）
呼和浩特市	23	29	6.21	44.85	37	2890
包头市	5	31	5.94	55.37	3	127
呼伦贝尔市	3	56	7.76	52.33	9	314
兴安盟	1	23	9.98	40.07	6	78
通辽市	3	31	14.37	35.03	7	396
赤峰市	4	46	10.25	48.19	2	297
锡林郭勒盟	1	48	11.95	31.70	2	164
乌兰察布市	3	46	9.84	29.42	6	247
鄂尔多斯市	1	33	7.55	41.15	7	296
巴彦淖尔市	2	27	9.54	50.95	6	377
乌海市	1	12	6.22	64.84	2	36
阿拉善盟	1	13	6.21	44.85	4	66

资料来源：根据《内蒙古统计年鉴2013》和各盟市统计公报整理。

依据以上统计数据可以看出各盟市的个体发展有较大差异，表现出区域不平衡。呼包鄂地区是内蒙古经济发展最好的区域，经济总量超过 2000 亿。三市所辖行政区域范围 13.17 万 km²，占自治区总面积的 11.13%，2012 年末常住人口 768.46 万人，占自治区总人口的 31%，城镇化率 72.6%，GDP 总量 9324.68 亿元，占自治区 GDP 总量的 60% 左右。人均 GDP 远远超过全国和自治区平均水平，鄂尔多斯的人均 GDP 甚至为自治区平均水平的 3 倍左右，财政收入、固定资产投资、人均可支配收入等指标也位列自治区前 2 位，经济增速虽然有所回落但依然保持了两位数的高增速，表现出较好的经济基础和发展前景。呼和浩特聚集了自治区 50% 左右的大学和科研机构，科技较为发达，表现出呼和浩特、包头具有较强的辐射力，社会发展水平较高。

内蒙古经济发展位列第二梯队的是通辽、赤峰和呼伦贝尔等地区，经济总量超过千亿元大关，分居自治区第4、5、6的位置；赤峰和通辽的医疗机构和床位数较高，卫生事业发展较好，财政收入、固定资产投资也处于4~6的位置；经济增速居于中等偏上，保持了持续的两位数高速增长；因人口总量较大，人均GDP和居民可支配人均收入排名并不靠前，属于内蒙古发展较好的区域。乌海市的经济总量虽然不足千亿，但乌海市是内蒙古12个盟市中辖区面积最小的城市（1754km²），远远小于其他盟市，从人均GDP、GDP增速、居民人均可支配收入、社会消费品总额等指标来看，乌海市的经济发展水平应属于自治区第二梯队。

巴彦淖尔市、锡林郭勒盟、乌兰察布市、阿拉善盟经济总量不足千亿元，属于自治区经济发展第三梯队。其中，阿拉善人口密度低，大面积国土处于戈壁和荒漠，人口主要集中在阿拉善左旗、右旗和额济纳旗旗政府所在地。阿拉善的经济总量、财政收入、固定资产投资、社会消费品总额、规模以上企业、科教文卫等方面几乎居于自治区末位，但人均GDP、GDP增速、人均可支配收入等分别居自治区第2、6、5位，表现出阿拉善经济基础薄弱，社会经济发展水平较低，经济发展需要接受周边地区的辐射和带动。阿拉善左旗距离宁夏的银川市仅120km，距离乌海市160km，均在这两座城市的辐射范围内，易于接受银川和乌海等城市的辐射和带动。乌兰察布距离呼和浩特130km，巴彦淖尔距离乌海和包头分别为150km和250km，这两座城市的大部分区域属于"泛呼包鄂"地区，随着呼包鄂"金三角"及以乌海为核心的"小三角"地区经济影响力的增强，乌兰察布和巴彦淖尔有与这两个地区形成一体化发展的前景和可能，成为内蒙古中西部地区"沿黄沿线经济带"的重要组成部分，融入区域协调发展具有较好的发展前景。

锡盟地处内蒙古中西部"泛呼包鄂"经济发展区和东部"赤通"经济区之间，2012年GDP总量、人均GDP、GDP增速、财政收入、固定资产投资、居民人均可支配收入等分别居于自治区12个盟市的第7、6、1、7、9、6位，文化、医疗事业居于中游，教育和科研力量居于自治区各盟市末尾。但进出口贸易总额、规模以上企业、入境旅游等方面的表现较为突出，经济发展表现出外向型特征。

小结：内蒙古中西部地区受"呼包鄂"辐射带动明显，呼包鄂、乌海、巴彦淖尔、乌兰察布等地区的经济与社会发展较好。东部的呼伦贝尔、赤峰、通辽等地区，经济社会发展虽不及"呼包鄂"，但也处于中上游水平。

锡盟地处东北、西北、华北交界地带，资源富集，具有发展外向型经济的前景。但目前资源优势和区位优势没有充分转化为经济优势，经济基础薄弱，属于内蒙古区域经济发展中的"塌陷区"。亟须培育新的经济增长极，打通国际和区际联系通道，因借区位、资源和口岸优势，构建外向型空间格局，融入周边区域协调发展。

3.2.4 资源与产业

现代经济产业发展与特定的地理区位、一定的自然条件、资源禀赋条件、社会经济条件等有着密切的关系，这些基础条件影响着现代经济产业的发展规模、速度及地域分布。一个城市或一定区域的产业布局与该区域的资源分布有非常紧密的联系。内蒙古的支柱产业包括清洁能源产业、现代煤化工产业、有色金属加工业、现代装备制造业、绿色农畜产品加工业、草原文化旅游业、现代物流业等七大支柱产业，构建呼包鄂、小三角、巴彦淖尔、乌兰察布、锡林郭勒、赤峰、通辽、兴安盟、呼伦贝尔等产业集聚区，实现区域产业整合。

内蒙古各盟市资源概况   表 3-15

城市名称	优势资源
呼和浩特市	人力资源：呼和浩特聚集的自治区 50% 的大学和科研机构，科技发达。 土地资源：行政区域土地面积 1.72 万 km²，城市面积 265.05km²，其中城市建成区面积 209.63km²，城市公园 25 个，建成区绿化覆盖率 36.1%。 水资源：年均降水量 410mm，水资源总量 13.78 亿 m³，地表水资源量 3.68 亿 m³，地下水资源量 12.60 亿 m³，地表水与地下水资源重复量 2.50 亿 m³。 矿产资源：主要有金、铜、铁、铅、大理石等。 可再生能源：年日照时数 2680~3440h，太阳能辐射量 5570 MJ/m² 左右。平均风速 4m/s，风能密度 145~200 W/m²。 旅游资源：大召、白塔、昭君博物院、五塔寺、盛乐百亭园、哈素海、乌素图国家森林公园、哈达门国家森林公园、大窑文化遗址
包头市	人力资源：大、中专学和科研机构拥有量仅次于呼和浩特，人力资源较为丰富。 土地资源：行政区域土地面积 2.77 万 km²，城市面积 885km²，其中城市建成区面积 186km²，城市公园 21 个，绿化覆盖率 42%。 水资源：年均降水量 310mm，水资源总量 8.96 亿 m³，地表水资源量 1.76 亿 m³，地下水资源量 8.18 亿 m³，地表水与地下水资源重复量 0.98 亿 m³。 矿产资源：煤炭储量 93.8 亿 t，铁矿储量 17 亿 t，铌氧化矿 273 亿 t，石墨储量 232 亿 t。 可再生能源：年日照时数 2900h 左右，太阳能辐射量 5800~6400 MJ/m²。平均风速 2.0~6.0 m/s 之间，市区风能密度 61W/m²，达茂旗 170 W/m²。 旅游资源：包头市的旅游资源体系以大草原、大沙漠、五当召、秦长城
鄂尔多斯市	土地资源：行政区域土地面积 8.68 万 km²，城市面积 195.58km²，其中城市建成区面积 112.58km²，公园 52 个，绿化覆盖率 42%。 水资源：年降水量 170~350mm，水资源总量 26.47 亿 m³，地表水资源量 4.98 亿 m³，地下水资源量 24.11 亿 m³，地表水与地下水资源重复量 2.62 亿 m³。 矿产资源：石油总资源量 85.88 亿 t；天然气总资源量为 10.7 万亿 m³，煤炭储量 1496 亿 t，煤层气资源量达 11 万亿 m³，铀资源总量约 60 万 t，除石油外，其他四项均为全国第一。 可再生能源：属于风能 / 太阳能较丰富区，年日照时数 2700~3100h。平均风速 4.0 m/s。 旅游资源：全市现有旅游景点 26 处，还有待挖掘景点 20 处，其中成吉思汗陵、沙漠风光、鄂尔多斯蒙古族风情、万家寨黄河大峡谷是独具地域特点的景观资源
乌海市	土地资源：行政区域土地面积 0.17 万 km²，城市面积 1754km²，其中城市建成区面积 62.92km²，城市公园 14 个，建成区绿化覆盖率 40.7%。 水资源：年降水量 162mm，水资源总量 0.31 亿 m³，地表水资源量 0.12 亿 m³，地下水资源量 0.36 亿 m³，地表水与地下水资源重复量 0.17 亿 m³。 矿产资源：已探明的主要矿产有原煤、石灰岩、铁等，其中原煤 44 亿 t，铁 0.0627 亿 t，石灰岩 7.62 亿 t。 可再生能源：年日照时数 3220h，年均太阳能辐射 155.8kcal/cm²，年均风速 2.9m/s，瞬间最大风速 33m/s。 旅游资源：乌海市的旅游资源体系以黄河、沙漠、桌子山岩画群、西鄂尔多斯国家级自然保护区

续表

城市名称	优势资源
巴彦淖尔市	土地资源：行政区域土地面积 6.44 万 km²，城市面积 698km²，其中城市建成区面积 38km²，城市公园 6 个，建成区绿化覆盖率 34%。 水资源：年降水量 100~300mm，水资源总量 5.95 亿 m³，地表水资源量 1.63 亿 m³，地下水资源量 10.87 亿 m³，地表水与地下水资源重复量 6.55 亿 m³。 矿产资源：伴生金银铜矿，储藏量为 117 万 t，铜金属量达 1 万 t，平均品位 0.78%，铜矿居全国六大铜矿之一。绢英岩型白瓷石矿，储藏量为 1120 万 t，属国内规模最大的露天矿之一。 可再生能源：风能主要集中在阴山以北，太阳能主要在山前平原地带。年日照时数 3100~3360h，年总辐射量 6100~6400MJ/m²。平均风速 3.0m/s，牧区最大为 4.6m/s，初步估算风能资源总储量 1 亿 kW，技术开发量 6000kW。 旅游资源：沿黄河一线，主要景点有黄河水利观光旅游区、乌兰布和沙漠旅游区等。沿中蒙边境一线，涉及甘其毛道边境中蒙跨国旅游区、乌后旗恐龙化石区等。工农业旅游观光，主要景点有隆胜星月国家级农业旅游示范点、河套酒文化博物馆等
阿拉善盟	土地资源：行政区域土地面积 27.02 万 km²，其中城市建成区面积 25.6km²。 水资源：年降水量 200mm，水资源总量 3.67 亿 m³，地表水资源量 0.37 亿 m³，地下水资源量 5.12 亿 m³，地表水与地下水资源重复量 1.82 亿 m³。 矿产资源：优势矿产资源包括：煤炭探明储量 13 亿 t，湖盐探明储量达 1.6 亿 t，"诺尔红"花岗岩，已探明储量达 75 万 m³。此外已开采和尚待开发的优势矿产还有金、银、铜、水晶、石墨、钾盐、大理石、白云石、冰洲石等矿种。 可再生能源：年日照时数 3400~4400h，太阳能资源约为 6.94 亿 kW，可开发利用量约为 6 亿 kW，年总辐射量为 150~165kcal/cm²，年平均风速 3.7m/s。 旅游资源：神奇的大漠、秀丽的贺兰山神韵、雄浑的戈壁奇观、古老的居延文化、豪放的蒙古风情、悠远的丝绸文明，构成了独具地域特色的自然旅游主体
乌兰察布市	土地资源：行政区域土地面积 5.5 万 km²，城市面积 76.98km²，其中城市建成区面积 76.98km²，公园 14 个，建成区绿化覆盖率 34.8%。 水资源：年降水量 318mm，水资源总量 9.45 亿 m³，地表水资源量 4.29 亿 m³，地下水资源量 7.55 亿 m³，地表水与地下水资源重复量 2.39 亿 m³。 矿产资源：乌兰察布盟矿产资源丰富，石墨、氟石、黄金、墨玉等均为优势矿种。 可再生能源：年日照时数 2800~3300h，太阳能辐射量 5500~6200MJ/m²，风能资源总储量约 5000 万 kW，是国家一类风资源区。 旅游资源：岱海湖泊湿地自然保护区、葛根塔拉草原旅游区、辉腾锡勒自然保护区、黄花沟自然保护区等
赤峰市	土地资源：行政区域土地面积 9 万 km²，城市面积 560km²，其中城市建成区面积 89km²，城市公园 35 个，建成区绿化覆盖率 37.8%。 水资源：年降水量 350~450mm，水资源总量 31.94 亿 m³，地表水资源量 17.82 亿 m³，地下水资源量 23.26 亿 m³，地表水与地下水资源重复量 9.14 亿 m³。 矿产资源：矿产资源有煤、石油、金、银、铜、铅、锌等，是国家重要的黄金产地和能源、有色金属基地，特殊资源有巴林奇石和温泉。 可再生能源：属于太阳能、风能资源较丰富区。年日照时数 2900~3100h，太阳能辐射量为 6300~6700MJ/m²。平均风速风能储量 280~850kW·h。 旅游资源：草原、沙漠、冰臼、石林、温泉等自然资源和红山文化、草原青铜文化、契丹、辽文化、蒙元文化等人文资源
锡林郭勒盟	土地资源：行政区域土地面积 20.26 万 km²，城市面积 453.57km²，其中城市建成区面积 68km²，城市公园 6 个，建成区绿化覆盖率 28.8%。 水资源：年降水量 200~400mm，水资源总量 34.49 亿 m³，地表水资源量 8 亿 m³，地下水资源量 30.43 亿 m³，地表水与地下水资源重复量 3.94 亿 m³。 矿产资源：锡林郭勒盟贮藏资源十分丰富，自然贮存条件好，现已发现的矿种达 50 余种。其中煤炭资源最为突出，已探明储量 1448 亿 t 左右，居自治区第二位，褐煤储量位居全国第一，石油、天然碱、铁、铜、铅、锌、钨等矿藏储量非常可观。 可再生能源：属于风能资源富集区和太阳能资源较丰富区。年日照时数 2800~3200h。年平均风速为 8.9m/s，局部瞬间风速最大可达 34m/s，平均风功率密度为 663W/m²。 旅游资源：锡林郭勒国家级草原自然保护区，典型草原生态、丰富的民族文化遗产、独具特色的蒙古族风情、深厚的蒙元文化底蕴，辉煌的元上都遗址，亚欧通道国门，为锡林郭勒盟发展旅游业奠定了基础

续表

城市名称	优势资源
通辽市	土地资源：行政区域土地面积5.95万km²，城市面积660.63km²，其中城市建成区面积99.63km²，城市公园11个，建成区绿化覆盖率32.1%。 水资源：年降水量350~450mm，水资源总量42亿m³，地表水资源量4.35亿m³，地下水资源量41.49亿m³，地表水与地下水资源重复量3.84亿m³。 矿产资源：通辽市矿产资源丰富，已发现各类矿产40多种，探明储量的20多种，全市煤炭总储量133亿t，石油远景储量8亿t，硅砂储量550亿t，石灰岩储量2.2亿t，麦饭石储量3000万t。通辽市是全国重要的型砂、玻璃用砂生产基地。 可再生能源：属于风能、太阳能较丰富区，年日照时数2460~3400h，太阳能辐射量4633~6616MJ/m²。全市年平均风速在2.7~4.5m/s之间。 旅游资源：草原、沙漠、山峰、森林、湖泊、泉水、名胜、蒙古族风情、历史文化一应俱有，分布广泛。拥有国家级自然保护区大青沟、亚洲最大的沙漠水库莫力庙、科尔沁草原风光的典型代表珠日河草原旅游区、沙地特殊景观沙漠怪柳等景点
兴安盟	土地资源：行政区域土地面积5.98万km²，城市面积432.31km²，其中城市建成区面积48.94km²，城市公园4个，建成区绿化覆盖率32.2%。 水资源：年降水量400~450mm，水资源总量60.29亿m³，地表水资源量47.41亿m³，地下水资源量19.83亿m³，地表水与地下水资源重复量6.95亿m³。 矿产资源：兴安盟地处大兴安岭成矿带中段，已探明的有煤、铜、锌、铅、银、白云大理石、蛇纹石等有色金属和非金属矿藏10余种储量和产量均不大。 可再生能源：年日照时数2495.1h（乌兰浩特）。可利用风能装机容量达1000万kW，水能蕴藏装机容量23.4万kW，太阳能辐射量为5500~6000MJ/m²。 旅游资源：兴安盟不仅文化历史悠久，而且风光秀丽，景色宜人，旅游资源十分丰富：大兴安岭、科尔沁草原、察尔森国家森林公园、科尔沁湿地珍禽自然保护区环境优美，成吉思汗庙和葛根庙民族风情浓郁
呼伦贝尔市	土地资源：行政区域土地面积25.3万km²，城市面积2519.85km²，其中城市建成区面积141.1km²，城市公园12个，建成区绿化覆盖率22.8%。 水资源：年降水量351mm，水资源总量272.94亿m³，地表水资源量254.83亿m³，地下水资源量74.58亿m³，地表水与地下水资源重复量56.47亿m³。 矿产资源：主要为能源矿产、金属矿产、建材等非金属矿产和矿泉水等。煤炭储量306.74亿t，石油储量5600万t，铜金属136.5万t，铅金属40.5万t，锌金属68.1万t，钼金属26.9万t，铁矿石储量7366万t。 可再生能源：属于太阳能资源中等偏差，风能资源可利用区。年日照时数2728.7h（海拉尔区），太阳能辐射量为4600~5600MJ/m²。全年平均风速在3m/s的时间在6000h，风力资源集中区域常年风速达到6m/s。 旅游资源：呼伦贝尔草原属森林草原类型，水草丰美，巍峨的兴安岭、茫茫林海、宽广的草原、自然冰雪、浓郁的多民族风情为代表的旅游资源

资料来源：根据《内蒙古统计年鉴2013》和各盟市其他资料整理。

内蒙古各盟市优势资源与主导产业

表3-16

城市名称	优势资源	主导产业	三次产业比重
呼包鄂地区	人才资源、旅游资源、能源与矿产资源、畜牧业资源	装备制造业、特色冶金业、能源化工业、文化旅游业、绒纺加工业	5：32：63（呼和浩特） 2.8：52.5：44.7（包头） 2.5：60.5：37（鄂尔多斯）
小三角地区	矿产资源、水资源、电热资源、沙漠资源	能源化工业、建材业、特色冶金业、沙产业、文化旅游业	0.9：68.2：30.9
巴彦淖尔市	农牧业资源，有色金属等矿产资源，绿色能源，旅游资源	重化工、农副产品、新能源、商贸物流业	19.3：57.3：23.4
乌兰察布市	区位交通、绿色能源、农牧业资源	绿色农畜产品、现代物流业	15.6：53.8：30.6

续表

城市名称	优势资源	主导产业	三次产业比重
锡林郭勒盟	矿产资源、绿色能源、畜牧业资源、口岸资源、旅游资源	能源化工业、绿色农畜产品、文化旅游业、现代物流业	9.9:67:23
赤峰市	农牧业资源、旅游资源	文化旅游业、绿色农产品、现代物流业	15.3:55:29.7
通辽市	农牧业资源、矿产资源	农畜产品加工、煤电、化工	13.8:63:1:31.5
兴安盟	农牧业资源、水资源、农牧业资源、旅游资源	文化旅游业、绿色农畜产品加工业	29.7:38.7:31.5
呼伦贝尔市	农牧业资源、土地资源、水资源、口岸资源	文化旅游业、绿色农畜产品加工业、进出口贸易加工业	17.9:47.1:35

资料来源：根据《内蒙古统计年鉴2013》和各盟市其他资料整理。

由表3-15、表3-16统计的内蒙古各盟市优势资源和主导产业情况可以总结出：呼包鄂优势资源包括人才资源、旅游资源、能源与矿产资源、畜牧业资源，尤其以能源矿产资源优势最大。呼和浩特以特色冶金业、乳业加工、文化旅游业为主，包头市以装备制造业、特色冶金业最优，鄂尔多斯以能源化工业、文化旅游业、绒纺加工业为主；以乌海为核心的"小三角"地区是内蒙古经济增长第二极，优势资源包括矿产资源、水资源、电热资源和沙漠资源，依托资源禀赋适合发展能源化工业、建材业、特色冶金业、沙产业、文化旅游业等；巴彦淖尔市位于富饶的河套平原，是国家级绿色食品加工基地和清洁能源基地；乌兰察布市区位交通、农牧业资源优势明显，适合发展现代物流业和绿色农畜产品加工业；赤峰市的旅游资源和区位交通优势较为突出，适合发展文化旅游业和现代物流业；通辽和兴安盟的资源优势不十分突出，以传统农畜产品、商贸物流等产业为主；呼伦贝尔市的优势资源有农牧业资源、水资源和口岸资源，适合发展文化旅游、绿色农畜产品加工业、进出口贸易加工业；锡盟属典型草原地区，得天独厚的畜牧业资源，独具特色的蒙古族风情、深厚的蒙元文化底蕴，为锡盟发展绿色畜产品加工、草原文化旅游业奠定了基础。锡盟的矿产资源具有种类多、分布广、量大的特点，其中煤炭资源最为突出，已探明储量1448亿t左右，居自治区第二位，褐煤储量位居全国第一，石油、天然碱、铁、铜、铅、锌、钨等矿藏储量非常可观。丰富的矿产资源为发展现代煤化工产业及有色金属加工业奠定了基础。锡林郭勒的优势资源有矿产资源、绿色能源、畜牧业资源、口岸资源、旅游资源等，适合发展能源化工业、现代物流业、绿色农畜产品加工业、文化旅游业等产业，阴山北麓的辉腾锡勒是内蒙古重要的清洁能源基地。

小结：内蒙古各盟市因借资源和区位条件，产业类型有所不同，但以能源、资源、加工类为主，一定程度上显示出资源依赖型特征。除呼和浩特以外其他城市的三次产业比例中二产比例明显偏高，乌海市和锡盟最为明显，二产比例接近70%。从资源优势来看，锡盟具有实施"五个基地，两个屏障，一个桥头堡"的所有优势，但该区域目前的经济发展并不乐观，资源优势和区位优势并没有得到充分发挥，需要重新审视锡盟的发展现状和机遇，培育新的增长极，参与更为广域的经济活动，尤其应培育锡盟南部区域中心城市，主动承接京津冀地区的辐射带动，调整产业结构和空间布局，延长产业链，增加附加值，使资源优势就地转化为产业和经济优势。

3.3 内蒙古区域中心城市中心性分析

3.3.1 地级以上城市中心性分析

学者周一星从商贸中心性、服务中心性、空间作用中心性、制造业中心性和对外开放中心性五个方面建立了综合评价城市中心性的多指标体系。借鉴周一星的综合多指标体系和评价方法[96]，从《中国城市统计年鉴2012》的统计数据中选取以下21个基本数据组成的批发零售贸易、金融保险房地产、社会服务业、制造业、教育、卫生体育福利、科学研究和技术服务、机关团体、交通运输及邮政行业的从业人数，电话及互联网用户和利用外资额等11项指标，借助SPSS统计分析软件，进行主成分分析，综合计算了2012年我国287个地级以上城市的中心性指数。

经过计算，全国287个地级以上城市（不含西藏拉萨）的中心性指数北京最高为19.83，黑龙江省七台河市最低为−0.86。根据城市中心性指数可以将全国287个地级以上城市大致划分为5个等级：一是具有全国影响力的一级中心城市，包括北京和上海2个城市，中心性指数明显高于其他城市；二是具有跨省区影响力的二级中心城市，包括深圳、广州等9个城市；三是具有全省性或省际性影响力的三级中心城市，包括大连、济南、呼和浩特等26个城市；四是在省内具有跨地区影响力的四级中心城市，包括唐山、徐州、包头等28个城市；五是仅具有辐射本地市域或对周边有一定影响力的五级中心城市，包括鄂尔多斯等222个城市。

内蒙古自治区地广人稀，中心城市密度不足，全区118万km²区域范围内仅有9个地级城市，平均每13.11万km²区域内仅有一个地级以上城市，远低于全国（平均3.33万km²一个地级以上城市）和与之相邻的8个省区（平均不超过4万km²就有一个地级以上城市）的地级与以上城市密度。

内蒙古9个地级市在全国中心城市体系中所处层次较为靠后，呼和浩特市也仅仅位居全国第三级中心城市的末位，包头市城市中心性位于第四级序列，刚刚达到全国平均水平，其他7个地级市在全国中心城市体系中均位于第五级序列，城市中心性整体有待提升。

从与周边省区比较来看，整体上除西部相邻的甘肃和宁夏，其他相邻的6个省份的地级以上城市中心性指数均高于内蒙古地级以上城市中心性指数，其中辽宁的沈阳和大连、陕西的西安、黑龙江的哈尔滨、吉林的长春、山西的太原、河北的石家庄的中心性指数均高于内蒙古呼和浩特市，呼和浩特在相邻省区所有城市中位列第 8（表 3-17）。加上北京、天津的强大辐射，内蒙古东部地区受到相邻省份区域中心城市的影响更为明显，尤其是锡盟南部地区应加强与京津冀的联系。

内蒙古地级以上城市中心性指数排名 表 3-17

城市名称	中心性指数排名	
	全国	相邻省区
呼和浩特市	37	8
包头市	55	13
赤峰市	84	23
鄂尔多斯市	148	46
通辽市	201	62
巴彦淖尔市	209	64
乌兰察布市	212	65
呼伦贝尔市	228	69
乌海市	242	71

资料来源：根据《内蒙古统计年鉴2013》和《中国统计年鉴2013》统计数据计算。

小结：内蒙古地广人稀，与发达省区相比地级以上城市数量少，规模偏小，密度仅为全国平均水平的 1/4。城市中心性指数在全国中心城市体系中所处层次较低，呼和浩特市位列全国第三级中心城市的末位，包头市城市中心性位于第四级序列，刚刚达到全国平均水平，其他 7 个地级市在全国中心城市体系中均位于第五级序列，城市中心性整体偏低。与相邻的 8 个省份相比，除宁夏、甘肃两省以外，其他省份的地级以上城市中心性均高于内蒙古。

3.3.2 县级以上城镇场强格局分析

1. 城镇场强分析模型

城镇作为一定区域的中心，具有影响周围区域经济社会发展的能力。借用物理学中经典的万有引力定律，地理学提出了城镇引力模型，用来研究城市与区域空间的相互作用[111]。由此延伸出"城镇场强"①概念，用来描述一定区域内某一点受到周围城镇影响力的强弱[111]，一定区域具体地点的城镇场强是区域内所有城镇对该点影响力的总和，其计算公式为：

$$E_j = \sum_{i=1}^{n} \frac{M_i}{r_{ij}^2} \tag{3-1}$$

---

① 城镇场强是借用的物理学概念，认为城镇周围受到城镇影响的腹地范围存在城市影响力的"力场"，任一点的城镇影响力大小称为"城镇场强"。

其中，E_j 为区域内 j 点受所有城镇影响力作用的场强；M_i 为 i 城镇的规模，一般以城镇人口数量或经济总量来反映，本研究采用《内蒙古统计年鉴 2013》中非农人口和非农业产值、固定资产投资总额、财政收入、社会消费品零售总额、在岗职工工资总额，病床数、医生人数、教师人数等 9 项指标，借助 SPSS 统计分析软件，运用主成分分析法计算内蒙古县城以上城镇的综合规模，以期客观、全面反映各个城镇的综合规模水平；r_{ij} 为 j 点到 i 城市的距离；n 为区域内城镇数量，本文中内蒙古县城以上城镇数量 n 为 91 个。

2. 内蒙古城镇规模等级

根据城镇综合规模指数（计算过程详见附录）可以将内蒙古自治区全区 91 个城镇大致划分为 4 个等级（图 3-7，表 3-18），数量分别为 2（呼和浩特、包头）、5（赤峰、通辽、鄂尔多斯、乌海、准格尔旗）、8（巴彦淖尔、伊金霍洛旗等）、76（满洲里、扎兰屯等），与全国中心城市等级序列（2、9、26、28、222）及克里斯塔勒中心地理想等级序列（市场原则下 $K=3$ 系统为 1、2、6、18……序列，交通原则 $K=4$ 系统为 1、3、12、48……，行政原则 $K=7$ 系统为 1、6、42、249……。三原则综合作用于现实社会中的城镇等级体系，高级中心地宜以交通原则布局，中级中心地则受行政原则的作用较大，低级中心地的布局用市场原则解释比较合理[112]）进行比较，可以看出三级城镇数量偏少，城镇规模等级不合理，城镇体系不健全。

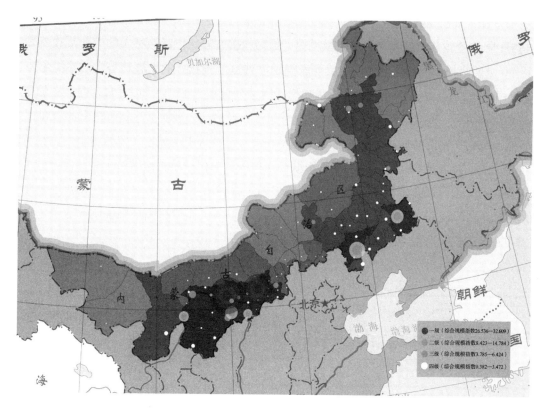

图3-7　内蒙古县级以上城镇2013年综合规模分级图

内蒙古县级以上城镇综合规模分级　　表 3-18

城镇等级	数量	城镇	综合规模指数
一级	2	包头、呼和浩特	26.536~32.609
二级	5	赤峰、通辽（科尔沁区）、鄂尔多斯（东胜区）、乌海、准格尔旗（薛家湾镇）	8.423~14.784
三级	8	巴彦淖尔市（临河区）、伊金霍洛旗（阿勒腾席热镇）、呼伦贝尔市（海拉尔区）、乌兰察布市（集宁区）、牙克石市、达拉特旗（树林召镇）、乌兰浩特市、锡林浩特市	3.785~6.424
四级	76	满洲里、扎兰屯、霍林郭勒、二连浩特、丰镇 5 个县级市和其他 71 个旗县驻地镇	0.382~3.472

资料来源：根据《内蒙古统计年鉴2013》和《中国统计年鉴2013》计算整理。

从各盟市的城镇规模等级序列来看，乌海仅有一个县城以上城镇，不考虑其等级序列；呼和浩特市、包头市、兴安盟的城镇规模等级序列均为1、5，巴彦淖尔的城镇规模等级序列为1、6，规模等级序列基本合理。鄂尔多斯城镇规模等级发展较为成熟，规模等级序列为2、2、4，且中间位次的阿勒腾席热镇与鄂尔多斯康巴什新区已经连成一体，成为鄂尔多斯市区的一部分，树林召镇与包头仅距 15km，实际可融入包头城区，即可视为2、4的理想等级序列。通辽市城镇规模等级序列为1、7，但第二大城镇霍林郭勒市综合规模指数在全区 76 个四级城镇中排名第 10，即有调整优化为2、6 等级序列的趋势；赤峰城镇规模等级序列为1、9，但第二大城镇宁城县（天义镇）综合规模指数在全区 76 个四级城镇中排名第 2，即有调整优化为2、8 等级序列的趋势；呼伦贝尔市城镇等级序列为2、11，但第三、四城镇满洲里市和扎兰屯市综合规模指数在全区 76 个第四级城镇中排名第 3 和 6，即有调整优化为4、9 序列的趋势；阿拉善盟 3 个城镇均为第四级城镇，但阿拉善左旗（巴彦浩特）的综合规模指数在全区 76 个四级城镇中排名第 1，城镇等级规模序列也呈现较好的发展趋势（调整优化为1、2 等级序列）。乌兰察布市和锡盟的城镇规模等级序列分别为1、10 和 1、11，是典型的"小马拉大车"格局。乌兰察布市所有县城以上城镇都在自治区一级城市呼和浩特市的 200km 有效辐射范围内。锡盟的城镇则远离赤峰、通辽和呼和浩特等上位城市，盟域内第一位城市锡林浩特市的综合规模指数在全区 8 个三级城镇中位居最末位，第二位城镇东乌珠穆沁旗（乌里亚斯太镇）综合规模指数在全区 76 个四级城镇中排名第 40 位，尤其是锡盟南部 5 个旗县政府驻地的综合规模指数在全区城镇中排名最后 20 位内，比较研究结果表明锡盟最为迫切的需要在壮大锡林浩特市的同时培育二级中心城市（表 3-19）。

内蒙古 2013 年盟市县级以上城镇规模分级情况　　表 3-19

城市名称	县城以上城镇数	一级城镇数	二级城镇数	三级城镇数	四级城镇数	调整后序列
呼和浩特市	6	1(呼和浩特)			其他 5 个城镇	1、5
包头市	6	1（包头）			其他 5 个城镇	1、5
赤峰市	10		1（赤峰）		其他 9 个城镇（宁城县天义镇有上升为三级城镇趋势）	2、8

续表

城市名称	县城以上城镇数	一级城镇数	二级城镇数	三级城镇数	四级城镇数	调整后序列
鄂尔多斯市	8		2（东胜区和薛家湾镇）	2（阿勒腾席热镇与鄂尔多斯同城发展、树林召镇融入包头市区）	其他4个城镇	2、4
通辽市	8		1（科尔沁区）		其他7个城镇（霍林郭勒市有上升为三级城镇趋势）	2、6
巴彦淖尔市	7			1（临河区）	其他6个城镇	1、6
乌兰察布市	11			1（集宁区）	其他10个城镇	1、10
呼伦贝尔市	13			2（海拉尔区、牙克石）	其他11个城镇（满洲里和扎兰屯有上升为三级城镇趋势）	4、9
乌海市	1	1（乌海）				1
兴安盟	6			1（乌兰浩特）	其他5个城镇	1、5
锡林郭勒盟	12			1（锡林浩特）	其他11个城镇	1、11
阿拉善盟	3				3个旗驻地镇（巴彦浩特有上升为三级城镇趋势）	1、2

资料来源：根据《内蒙古统计年鉴2013》和《中国统计年鉴2013年》计算整理。

3. 内蒙古城镇场强计算与分析

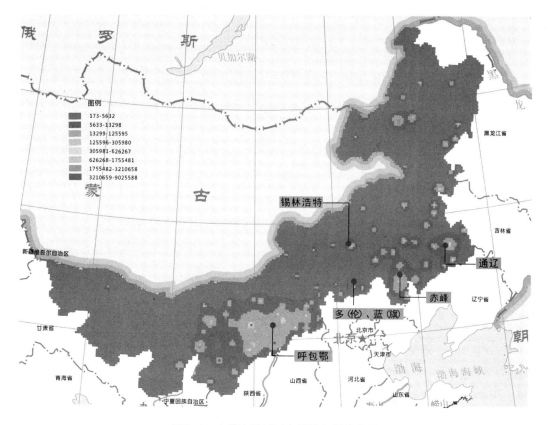

图3-8 内蒙古县城以上城镇场强分布图

在 ArcGIS 的 Date Management Tools 下，利用 Create Fishnet 功能直接生成 10km×10km 的格网和 label。用内蒙古自治区行政边界裁切格网，即可得到包括 12146 个单元的格网图；在 Analysis Tools 下，利用 point distance 功能计算出 91 个城市到每个网点的距离（搜索半径取 2000km），与综合规模值一同带入公式 3-1，计算各网格地块受到的 91 个城市的场强值，按取大原则确定每个网格的场强值（鉴于计算出来的场强值过小，为了更好地显示结果，将计算的场强值扩大了 1012 倍）。把各个网格的场强按照一定等级分层填色，则得到了 2012 年内蒙古县城以上城镇场强分级图（图 3-8）。图中可以明显地看出呼包鄂地区形成较强的辐射中心区域，赤峰、通辽地区在场强开始出现连片趋势，两者之间的锡盟南部地区则成为一个明显的场强"塌陷区"，其他城镇都处于单极发展的状态。为削弱或消除锡盟南部的城镇场强"塌陷区"，最为有效的办法是在此区域培育一个较强的中心。

小结：运用主成分分析方法，客观、全面反映出内蒙古 91 个县城以上城镇的综合规模，根据城镇综合规模指数将城镇规模等级划分为 4 个等级，内蒙古的三级城镇明显偏少，说明内蒙古城镇体系尚处在成长发育时期，等级结构尚不成熟与完善，未来在继续强化呼和浩特与包头的核心引领的基础上，还要大力培育各级中心城市，尤其是地区级中心城市。内蒙古城镇场强格局显示出呼包鄂地区已形成较强的辐射核心区，赤通地区开始出现连片趋势，锡盟南部显示出明显的场强"塌陷区"，其他城镇基本处于单极发展状态。

3.4 本章小结

本研究通过总结内蒙古区域中心城市形成与发展历程，分析内蒙古区域中心城市生长环境、空间布局和城镇分布特征，初判内蒙古区域中心城市发展概况，以跨区域视角提出"培育锡盟南部区域中心城市"。

从城镇体系和中心城市空间分布来看：内蒙古城镇规模小，布局松散，呈现出南密北疏，中部聚集，向中心城市集聚的特征；城镇规模等级"两头大、中间小"，缺乏中等城市；区域中心城市空间距离大，分布不平衡，锡盟南部存在辐射盲区。从区位与交通条件来看，内蒙古"泛呼包鄂"地区优势显著，区域交通网络已经形成；赤通和呼伦贝尔地区区际联系较为便捷；锡盟地区的区域性交通网络尚未形成，与京津冀之间存在交通瓶颈，阻碍了区域联动发展格局的形成。从自然与生态角度来看，内蒙古 12 个区域中心城市中的 9 个位于山前开阔地带，自然生态条件相对较好，锡林郭勒盟和阿拉善毗邻沙漠边缘，生态本底差，地域宽广，人口密度低，不太容易形成规模较大的城镇群组。从经济与社会发展现状来看，呼包鄂、赤通和呼伦贝尔等地区发展状态较好，锡盟南部属于内蒙古区域经济发展中的"塌陷区"，亟须培育新的"增长极"，实现"洼地崛起"。从资源与产业发展情况来看，内蒙古各盟市表现出较强的资源依赖型特征，锡盟资源富集，尤其是矿产资源和畜牧业资源在全国占有重要地位，但由于区域交通、城镇体系、产业结构等方面的不足，制约了锡盟的经济社会发展。

对内蒙古地级以上城市的中心性、县级以上城市综合规模进行量化测度，结果表明：城市中心性指数在全国中心城市体系中所处层次较低，"呼包鄂"地区城镇规模等级序列基本合理，区域中心城市可以辐射带动市域整体发展，与周边省份联系也较为便捷，能够引领内蒙古中西部地区协调发展。赤峰、通辽、呼伦贝尔、兴安盟等地区城镇规模等级序列基本合理，东部和东北部地区与东三省联系较为密切，经济发展受东三省辐射带动明显，也基本可以实现区域协调发展。锡盟城镇规模等级序列表现出"小马拉大车"的不合理现象，锡林浩特市城市规模偏小，辐射带动能力有限，一定程度上阻碍了锡林郭勒融入区域发展网络。

综上所述：从区位、交通、资源、产业、经济、社会、生态角度可以初判锡盟南部需要培育新的增长极，从内蒙古区域中心城市的辐射带动能力和城镇规模等级结构来看，锡盟南部需要有一个区域中心城市，引领锡盟南部实现"洼地崛起"并成为内蒙古对接京津冀的战略节点和门户。这一战略节点的构建对于内蒙古构筑外向型空间格局和国家开放战略的实施也具有重要意义。

第4章 适宜性选址与构建条件

4.1 区域中心城市的构建条件

区域中心城市是一定地域内的政治、经济、文化聚集体，与所在区域相互依存、彼此推动[113]，相对于其所在区域及其他城市而言，经济上有着重要的地位，政治和文化生活中起着关键作用，具有较强的吸引能力、辐射能力和综合服务功能[114]。前面章节通过对内蒙古区域中心城市空间布局、发展现状、城市中心性的分析，得出锡盟南部发展较为落后，处于中心城市辐射盲区，亟须培育区域中心城市引领该区域融入周边地区协调发展的结论。

区域中心城市的形成和发展并非一蹴而就，而是有一个由小到大的"生长"过程。从典型草原城镇成长为区域中心城市的过程中，城市的人口、空间、交通、产业均处于动态"生长"状态，产业发展会带来人口聚集，交通条件的改善能够促进产业发展、人口集聚和城市空间拓展，城市空间反过来又是产业和人口聚集的前提条件，城市的每一个成长阶段，人口规模、城市空间、产业、交通等要素之间相互促进并相互适应。通过前文对内蒙古区域中心城市生长环境、空间布局和发展现状的分析，本研究认为，辐射带动能力、适宜的城市规模、综合服务能力、交通通达能力、良好的生态环境等条件是符合内蒙古区情的区域中心城市构建条件。

4.1.1 辐射带动能力

"辐射"原本是物理学概念，指能量以电磁波或粒子的形式向外扩散[114]，将这一物理学概念应用于城市规划领域，区域中心城市因信息化程度和经济发展水平较高可视为区域辐射源，通过资本流动、技术扩散、人才流动和产业扩散等途径实现对区域的辐射带动，可以形象地说明城市间经济、技术、信息、人才的传递，辐射的结果是达到区域协调。区域中心城市作为一定区域的增长极，必然会对周边地区产生社会、经济、文化、交通等方面的辐射和带动，辐射带动能力是中心城市应具有的重要特征。区域中心城市的辐射带动遵循三条基本规律，即核心城市的辐射带动能力随着综合实力的提高而增强（增强规律），随着成本的提高而衰减（衰减规律），趋向生产力布局的优区位（指向规律）[116]。区域内各城市的经济实力和综合功能有差异，因此辐射带动能力也存在差异，区域中心城市正因为具有较强的辐射带动能力才能引领其所在区域协调发展。区域中心城市辐射力主要体现在该城市与其他相关城市和区域间的竞合关系上，包括经济、社会、政治、文化、科技等方面的影响和作用，其中经济辐射力是构成城市辐射力的最具活力的部分，体现在城市综合经济实力、产业结构、企业规模与效益[117]、开放活力、基础设施支撑能力、科技水平等方面[118]。对于区域中心城市辐射带动能力的探讨多集中在辐射范围确定和评价指标体系的选择等方面[113]，区域中心城市的辐射范围与区域中心城市的城市中心性、综合竞争力、城市场强呈现正相关关系，城市中心性越强，综合竞争力越大，城市的场强越强，辐射带动能力也就越大。

因此，锡盟南部这个"将有的"区域中心城市，首先应具备区域辐射带动能力，这种辐射带动能力包括城市本身所具有的辐射带动实力和未来辐射带动潜力。锡盟南部这个"将有的"区域中心城市，要具有足够的辐射带动能力，必须在短时间内迅速扩大城市规模，积聚优势产业，打通公路、铁路、航空等区域交通通道，完善医疗、卫生、教育等公共设施，加大基础设施投入，提升城市管理和服务水平，增强辐射带动能力，辐射带动锡盟南部融入区域发展网络。

4.1.2 适宜的城市规模

区域中心城市的建立是为了推动一定区域的社会经济发展。因此，它本身的存在和发展首先应得到保证，这就要求它需要达到一定的规模。城市规模（City Size）是衡量城市大小的数量概念，一般以城市人口规模和城市用地规模两种方式表达，由于城市用地规模往往由城市人口规模决定，所以城市规模一般以人口规模为准。本研究认为，作为区域中心城市应具有适宜的城市规模，适宜的城市规模包括人口规模、用地规模和城镇化率三个方面的衡量标准。

城市的经济、社会、产业发展均以一定人口规模为前提，适宜人口规模是一个城市或地区能够达到一个或多个理想目标的最佳或最理想人口规模，是由人口规模上限和下限限定的区间值。城市具有聚集效益，城市功能的多样化，城市活动的社会化，城市生产和管理的高效化，都是由城市的聚集而产生的，城市达到一定规模的时候，有助于城市的各项功能得到良好发挥，较为经济地建立起规模合理的基础设施，保证为城市发展提供必要的公共服务事业。对美国的调查表明，城市人口在20~50万时，按人口平均的城市公用事业费用最低。当一个国家或地区城市化水平达到30%时，就认为该区域进入了一个由城市辐射带动区域发展的时期[40]。由此可见，区域中心城市聚集一定规模人口有助于获得规模效益，降低生产成本，起到聚集和辐射作用，享受现代城市的物质、精神文明。

为实现区域中心城市的辐射带动效应，区域中心城市应具有一定的人口规模，但也并非规模越大越好，任何一个城市和地区环境承载力都是有限的，超过这一限度将会给生态环境带来破坏，引发环境污染和生态衰退等诸多环境问题，合理的城市规模是保护人居环境的前提。城市发展对资源的依赖和资源本身的有限性，决定了城市发展建设不得不重视人口承载力问题，资源约束下的人口规模往往取决于城市发展中的短板资源，如水资源、土地资源等。

本研究认为适宜人口规模以能够有效发挥区域中心城市综合服务功能和辐射带动能力

应具有的人口规模为下限，以城市保持可持续发展状态为前提的最大人口容量为上限。对于内蒙古这样地域广阔，人口密度低的草原地区，不应仅凭城市人口规模的大与小，划定城市等级和确定城市职能，同时也不能成为构建区域中心城市的决定性要素，本研究所指的适宜人口规模是一种理想状态下的人口上限与下限。

4.1.3 交通通达能力

城市交通是城市之间、城市内部互动交流的前提，是城市这个有机体的循环系统。在古往今来的城市发展历史中，无数的实例都证明了交通，尤其是城市之外的区域大交通对于城市形成和发展的重要作用。交通运输是区域中心城市经济和社会发展的命脉和先决条件，通达性（accessibility）也可称为可达性和易达性[119]，指利用某种特定的交通工具从一个给定地区到达另一个目标地的便利程度[120]，是衡量交通通达程度的量化指标，交通通达程度能够反映区域中心城市交通运输能力和便利性。国内学者常采用距离度量法、重力度量法、拓扑度量法或相关模型等研究方法研究交通通达性，如曹小曙等选取时间与距离2项指标，研究干线公路网连接的339个城市的通达性[121]，郭丽娟等对四川盆地[122]，刘承良等对武汉都市圈[123]的交通通达性进行研究，封志明等分县和分省对我国交通通达度进行评价[124]。城市的交通通达能力受自身交通发展水平和地理位置的影响，交通通达性直接影响城市区位优势的发挥。

本研究认为符合内蒙古区情的区域中心城市交通通达能力包含以下三个层面的含义：①应具有便捷高效的区域交通网络，区域中心城市的辐射带动能力和综合服务能力均需要中心城市通过外部交通网络体系与周边地区便捷联系；②区域中心城市还需具有合理的内部交通网络，并能够与外部交通网络合理衔接；③区域中心城市应为一定地域范围内的交通枢纽，区域运输通道沿线城市不可能均衡发展，只有成为枢纽的节点城市才有可能集聚各类资源，率先发展。

4.1.4 综合服务功能

城市综合服务功能是中心城市自身所具备的全面、综合性的作用和能力，这种作用和能力以城市的三次产业特别是第三产业为依托载体，通过集聚资源和服务产品的输出，在服务的广度、深度和高度等方面影响所服务区域的经济、社会、文化等领域，从而引导和带动周边地区经济和社会的发展[125]。城市之所以能够吸引大量人口聚集，是因为城市与乡村相比较而言具有更优质的公共服务，提供更多的就业岗位和丰富多彩的城市生活。区域中心城市是区域发展中的核心和引领者，按照克里斯塔勒的中心地理论，区域中心城市应该为自己及以外的地区提供商品和服务，在满足自身正常高效运转的基础上，还应该向周边广大腹地提供公共服务。因此，区域中心城市应具有较强的综合服务功能，城市综合服务功能的状态能够反映出城市的综合竞争力水平，根据服务范围的大小，城市综合服务功能可分为市区性功能、区域性功能和跨区性功能，区域中心城市的综合服务功能以区域性功能和跨区性功能为主。高度发达的生产服务业已经成为支撑城市发展和城市功能的重要因素[126, 127]。区域中心城市的综合服务功能主要包括金融服务功能、信息服务功能、商贸服务功能和管理服务功能等方面。

4.1.5 良好的生态环境

古希腊哲学家亚里士多德说："人们为了生存而来到城市，人们为了生活得更好而居留于城市。"[128] 城市之所以对人们具有持续不断的吸引力，不仅在于它能够提供人们生存的基本生活资料，更重要的是能提供更高的生活质量，因此追求良好的人居环境是贯穿城市发展史的主线。在城市长期的发展过程中，无时无刻地与生态环境相互作用，一方面城市通过人口增长、经济增长、能源消耗与空间扩展对生态环境产生胁迫，而另一方面生态环境又通过人口驱逐、资本排斥、资金争夺和政策干扰对城市发展产生约束。城市建设和工业的发展会消耗一定的自然资源，不合理的城市建设会破坏自然景观，引发环境污染和生态衰退等诸多环境问题，但是合理的城市建设又有利于促进环境的保护和人居环境的提升。

从大区域来看，锡盟南部区域地处京津北部，是京津地区主要的风源、沙源和水源，因此是我国北方重要生态防线——北方防沙带和浑善达克沙漠化防治生态功能区①的组成部分，关系到我国生态安全大局。因此，无论是从锡盟南部自身生态本底条件还是从其在全国独特的生态地位出发，锡盟南部的城镇化进程和锡盟南部区域中心城市的培育都必须走生态化道路，在区域生态环境承载能力范围内谋求发展，通过生态城市建设，尽量减少对区域生态环境的负担，并能提高治污、防污和生态环境修复能力，促进区域生态环境的改善和提升。

4.2 锡盟南部及周边区域概况

4.2.1 锡林郭勒盟城镇空间布局分析

锡盟位于内蒙古自治区中东部，是内蒙古至今保留盟旗制度的典型草原地区，全盟土地面积为 20.3 万 km^2，总人口 104.06 万人，辖 13 个县市（区）和 58 个苏木镇，城镇密度（1.8 个 / 万 km^2）和人口密度（5 人 /km^2）均较低。

城镇空间分布南密北疏，城镇人口规模偏小，58 个苏木乡镇中非农人口 2 万以上的仅有 6 个，小于 500 人的 23 个，锡林浩特市作为盟域中心城市，人口规模仅 20 万人左右，辐射带动能力难以覆盖整个盟域。二连浩特为我国向北开放的重要口岸城市，位于锡盟北

---

① 浑善达克沙漠化防治生态功能区包括河北省的围场满族蒙古族自治县、丰宁满族自治县、沽源县、张北县、尚义县、康保县，以及内蒙古自治区的克什克腾旗、多伦县、正镶白旗、正蓝旗、太仆寺旗、镶黄旗、阿巴嘎旗、苏尼特左旗、苏尼特右旗，由于长期以来草地资源不合理开发利用带来的草原生态系统严重退化，承载能力减弱。

部，能够辐射带动锡盟的西部地区。锡盟南部地区人口和城镇相对较为密集，但目前并无区域中心城市。

锡盟人口首位分布明显（图4-1），北部旗县一半以上人口聚集在旗县政府所在城市，城镇沿主要交通干线分布。从经济密度和人口规模等指标来看，锡林浩特市的城市中心性不强，中心城市辐射功能不明显、极化效应较弱。中心城市对盟域空间的辐射带动能力不足，区域中心城市与腹地之间人才、资金、技术等生产要素互动格局尚未形成，中心城市对盟域空间体系的组织和引领作用缺失。

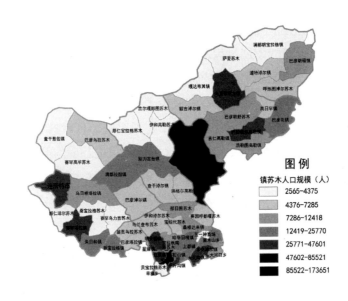

图4-1　锡盟各苏木镇人口规模示意图

资料来源：《锡林郭勒盟城镇体系规划（2012—2030）》

盟域范围内各旗县的经济基础和城镇发展空间分布不均衡，锡盟北部的锡林浩特市、西乌珠穆沁旗、东乌珠穆沁旗、乌拉盖等地区经济较为发达，城镇化率相对较高，组成盟域经济发展核心区域。二连浩特作为我国对蒙古开放的重要陆路口岸，对蒙经济合作领域有待拓展，对周边地区的辐射和扩散效应仍显不足。南部的正蓝旗、多伦县、正镶白旗、太仆寺旗、镶黄旗等5个旗县（以下简称锡盟南部五旗县）人口相对密集（图4-1），经济发展较差（图4-2、图4-3），城镇化任务重。经济基础和城镇发展呈现"北高南低"的格局。

锡盟是我国向北开放的重要门户区域，也是我国内地及东南沿海通往第二条亚欧大陆桥的重要通道，在国家构筑北方重要生态安全屏障、向北开放桥头堡、重要能源基地、团结繁荣文明稳定民族自治区和充满活力沿边经济带等一系列区域发展目标中，锡盟的战略地位凸显。锡盟南部距离北京的空间直线距离仅180km，是内蒙古距离京津最近的地区。在锡盟南部培育区域中心城市，对于打通国际通道、实现内引外联、构建外向型空间格局具有重要意义。

图4-2 锡林郭勒盟各旗县GDP总量空间分布

资料来源:《锡林郭勒盟城镇体系规划（2012—2030）》

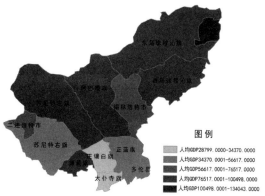

图4-3 锡林郭勒盟各旗县人均GDP空间分布

资料来源:《锡林郭勒盟城镇体系规划（2012—2030）》

4.2.2 锡盟南部与冀北六县比较分析

锡盟南部5个旗县地处蒙冀边界，与河北省张家口市北部沽源县、康保县和承德市北部的丰宁县、围场县接壤，与张家口市张北县、承德市隆化县近邻，这六个县与锡盟南部五旗县地域相近，唇齿相依，交通相连，生态水系相通，文化相融，但也存在激烈的相互竞争关系。

1. 张家口市北三县发展概况

张家口位于河北省西北部，东南毗连北京市，距北京178km，南邻河北省保定市，西依山西省大同市，北、西北与内蒙古自治区交界，总面积3.68万 km²，总人口468万(2013年)。张家口自古是兵家重镇和进入俄罗斯、蒙古及东欧市场的陆路商埠，同时也是河北省重要的工业城市和冀北区域中心城市，肩负着连接京、津，沟通晋、内蒙古的重任。境内目前有京藏、宣大、张石、张涿、京新、张承等高速经过，北京西部的交通可通过立体外环线与外界便捷联系，再加上张唐铁路和京张城际铁路，使张家口市交通枢纽优势进一步凸显。凭借毗邻北京的地理优势和环境优势、资源条件，张家口市有条件和北京在产业、经济、生态等领域展开合作，承接高端装备制造、科技研发、商贸物流、新能源、文化旅游、金融服务和养老医疗等产业。2012年张家口市实现生产总值1233.67亿元，三次产业增加值比重分别为16.7%、42.9%和40.4%。

张家口市北部与锡盟南部区域相邻的沽源县、康保县和张北县属于张家口市坝上地区，处于农牧交错、北方沙漠南侵的边缘地带。张家口坝上地区由于开放较晚，基础薄弱，该地区属于河北省区域发展中的落后地区。沽源县地处闪电河上游，北与内蒙古太仆寺旗、正蓝旗、多伦县毗邻；康保县与内蒙古的正镶白旗、太仆寺旗、化德县、商都县接壤；张北县北接康保县和沽源县，县政府驻地张北镇，是"北方丝绸之路"张（张家口）库（库伦）商道上重要节点城市，境内有207国道和张石高速公路在此聚集。

2. 承德市西北三县发展概况

承德市位于河北省东北部，西南与南近邻京津，北靠内蒙古和辽宁，东接秦皇岛与唐山，西临张家口，总面积 3.97 万 km²，2013 年总人口 369 万，GDP 总值 1272.09 亿元，三次产业增加值比重分别为 16.8%、51.1% 和 32.1%。境内目前有国道 G110、G111、G112 和京承、承唐、承平、承秦、承围、承赤高速公路通过，在建张承高速公路。铁路有张唐铁路、京沈高铁、京锦铁路、京通铁路通过，在建承德机场计划于 2015 年 10 月通航。承德的围场满族蒙古族自治县、丰宁满族自治县都属于坝上地区，处于农牧交错，北方沙漠南侵的边缘地带。

围场满族蒙古族自治县西邻多伦县，境内主要交通干道有 G111 东连赤峰，西接丰宁通北京，承围高速南接承德市区，京通铁路贯穿县域，在境内设有 4 个专用铁路货场；丰宁满族自治县北邻多伦县；隆化县北靠围场，西南与丰宁接壤，县域总面积 5475.3km²，总人口 44.3 万，非农人口约 11.2 万，县城人口约 10 万。境内有 G111 和承围高速分别在县域东西端掠过，京通铁路从县域中部南北穿过。2012 年全县生产总值完成 98.23 亿元，三次产业结构为 24.5:50.9:24.6，主导产业为装备制造、矿产品开采加工、农副产品等产业。

3. 锡盟南部五旗县和冀北六县的比较研究

锡盟南部五旗县与冀北六县社会经济发展概况　　表 4-1

旗县名称	土地面积（km²）	总人口（万人）	非农人口（万人）	GDP 总值（亿元）	人均 GDP	GDP 增速（%）
沽源县	3601	22.4	4.5	31.96	1.43	12.6
康保县	3365	27.9	6.5	37.62	1.35	10
张北县	4232	36.5	12	66.83	1.83	12.4
围场县	9219	53.6	15.7	79.58	1.48	
丰宁县	8765	40.2	10.8	78.91	1.96	
隆化县	5475	44.3	11.2	98.23	2.22	
河北北六县合计	34657	224.9	60.7	393.13		
河北北六县平均	5776.17	37.48	10.12	65.52	1.75	
多伦县	3864	10.9	4.0	67.40	6.18	19.2
正蓝旗	10206	8.25	6.44	52.0	6.30	16.0
正镶白旗	6253	7.41	2.11	22.18	2.99	12.2
太仆寺旗	3426	21.1	3.9	37.0	1.75	5.2
镶黄旗	5137	3.12	1.38	39.8	12.76	8.3
锡盟南部五旗县合计	28886	50.78	17.83	218.38		
锡盟南部五旗县平均	5777.2	10.156	3.566	43.676	4.30	

资料来源：根据《内蒙古统计年鉴2013》、《河北经济年鉴2013》整理。

锡盟南部五旗县与冀北六县产业比较

表 4-2

旗县名称	主导产业	三次产业比例
多伦县	现代化工业、新型能源业、新型建材业	10.8：73.1：16.1
正蓝旗	清洁能源也、绿色农畜产品加工业、煤电综合利用产业	10.7：68.9：20.4
正镶白旗	绿色农畜产品加工业、商贸物流业	18.1：50.6：31.3
太仆寺旗	绿色农牧业、旅游业	26.8：41.3：31.9
镶黄旗	石材产业、石油产业、风电产业	7.2：76.3：16.5
沽源县	旅游服务业、新型能源业、生态农牧业、矿产开发业	41.8：29.5：28.7
康保县	新型能源业、矿产品开发、农畜产品加工、生态旅游	45.3：26.6：28
张北县	新型能源业、矿产品开发、农畜产品加工业、生态旅游业、商贸物流业	28.0：47.1：24.9
围场县	休闲旅游业、生态农业、商贸物流业、清洁能源业	40.1：29.2：30.7
丰宁县	文化旅游业、清洁能源开发、特色农业、商贸物流业、矿业开发业	24.4：44.0：31.6
隆化县	装备制造业、矿产品开采加工业、农副产品等产业	24.5：50.9：24.6

资料来源：根据《内蒙古统计年鉴2013》、《河北经济年鉴2013》整理。

锡盟南部五旗县、冀北六县与周边区域中心城市距离比较（km）

表 4-3

旗县名称	周边相邻区域中心城市					
多伦县	北京市	天津市	承德市	锡林浩特市	张家口市	赤峰市
	485.5	558.6	262.6	278.4	287.9	254.7
正蓝旗	北京市	天津市	承德市	锡林浩特市	张家口市	赤峰市
	457.9	592	304.3	237.3	246.8	296.5
正镶白旗	北京市	天津市	承德市	锡林浩特市	张家口市	赤峰市
	407.3	541.7	369.1	258.4	209.7	491.8
太仆寺旗	北京市	天津市	承德市	锡林浩特市	张家口市	乌兰察布市
	349.8	484.2	313.5	265.9	152.3	314.2
镶黄旗	北京市	天津市	张家口市	锡林浩特市	乌兰察布市	
	404.9	539.2	207.3	390.8	197	
沽源县	北京市	天津市	承德市	锡林浩特市	张家口市	
	287	422	269	310	170	
康保县	北京市	天津市	承德市	锡林浩特市	张家口市	
	339	473	520	313	141	
张北县	北京市	天津市	乌兰察布	锡林浩特市	张家口市	大同市
	250	384	214	368	51.7	247
围场县	北京市	天津市	承德市	锡林浩特市	赤峰市	
	353.8	432.7	136.6	407.5	135.2	

续表

旗县名称	周边相邻区域中心城市					
丰宁县	北京市	天津市	承德市	锡林浩特市	赤峰市	
	188.6	309.1	148.6	435.1	344	
隆化县	北京市	天津市	承德市	锡林浩特市	赤峰市	唐山市
	265.7	345.5	60.7	463	202	234

资料来源：根据百度地图整理。

从表4-1统计情况来看，河北省北六县和锡盟南部五旗县相比较而言国土面积相差不大，GDP总量河北省略超过南部五旗县，县域总人口和非农人口数量河北省北六县远远超过锡盟南部五旗县，是锡盟南部五旗县的3倍左右，但人均GDP仅为南部五旗县的1/3左右。从表4-2统计的主导产业和三次产业比例情况来看，河北省北六县的主导产业以农畜产品加工、生态农牧业旅游、新能源产业为主，产业趋同现象较严重。沽源、康宝、围场三县的第一产业比重高达40%以上，高于第二产业比重，按照钱纳里工业化阶段基本划分标准，这三县目前处于初级产品生产阶段，还未进入工业化发展阶段。张北、丰宁、隆化这三县的第二产业所占比重高于第一产业，但第一产业所占比重均高于20%，表明这三县目前处于工业化初级发展阶段。与河北省近邻的锡盟南部五旗县，除了因借锡林郭勒草场资源优势发展绿色农畜产品加工业和草原生态旅游业之外，各旗县主导产业差异化发展较为明显，多伦县以发展现代化工、新型建材业为主，正蓝旗发展煤电综合产业、镶黄旗发展石油、石材产业。锡盟南部五旗县的社会、经济发展前景及产业结构优于河北省北部六县。

从交通区位来看，河北省北部六县距离京津、张家口、承德等区域中心城市空间距离较近，以县城为起点行车距离200km以内至少有一个地级以上城市（表4-3），基本在区域中心城市的辐射范围内，城镇体系空间布局较为合理，可以不再培育区域中心城市。锡盟南部五旗县除了太仆寺旗距离张家口市车行距离较近以外（152km），其他旗县距离周边相邻地级以上城市的车行距离均在200km以上，与京津地区的联系通道目前需绕路张家口市，再通过张石、京藏高速进京，车行距离均在400~500km左右。锡盟南部五旗县距离北京的直线距离仅180km左右，由于没有打通与北京联系的区域通道，绕路张家口后使得车行距离增加一倍左右，同时给张石、京藏高速造成非常大的交通压力。

借鉴苗建军对区域中心城市的相关研究，区域中心城市适宜的辐射半径应为50~120km左右，如果距离超越了常规交通工具能够从容到达的程度，区域中心城市对腹地的辐射带动作用会减弱，甚至起不到辐射带动作用。锡盟南部五旗县基本处于区域中心城市辐射盲区，亟须在这个区域培育一个区域中心城市，辐射带动锡盟南部五旗县和河北省北部六县融入周边区域，协调发展，打通锡盟南部直达北京的区域性通道，构建通疆达海国际性新的亚欧大陆桥联系线路，缓解京藏、张石高速的交通压力。

4.2.3 锡盟南部区域概况

锡盟南部五旗县土地面积共 28987km²，仅占全盟土地总面积的 14.3%，拥有建制镇 13 个，城镇密度为 4.5 个 / 万 km²，是锡盟平均城镇密度的 2 倍以上，接近于内蒙古自治区的平均水平。2013 年锡盟南部五旗县共有人口 50.82 人，占全盟总人口的 48.8%，非农人口比例为 28.34%，远低于全盟的平均水平（48.99%）和锡盟的东部、西部地区；地区生产总值为 218.4 亿元，占全盟的 26%，人均地区生产总值为 42976 元，远低于全盟平均水平（82139 元），与锡盟的东部和西部地区相比更为落后；三次产业结构为 13.6 : 65 : 21.4，略滞后于锡盟平均水平；社会消费品零售总额 42.87 亿元，占全盟社会消费品零售总额的 26.15%，人均社会消费品零售额 8436 元，远低于自治区、全盟和锡盟东西部地区人均水平（表 4-4）。

锡盟南部区域经济社会发展水平与锡盟、内蒙古整体水平比较 表 4-4

	锡盟南部	锡盟东部	锡盟西部	锡林郭勒盟	内蒙古自治区
国土面积（万 km²）	2.90	8.29	8.82	20.3	118.3
总人口（万人）	50.82	33.61	19.67	104.1	2489.9
GDP 总值（亿元）	218.4	421.4	197.73	820.2	15880.6
人均 GDP（元）	42976	125379	100523	82139	63781
城镇密度（个 / 万 km²）	4.5	1.45	1.13	1.8	4.2
非农人口比例（%）	28.34	74.65	65.94	48.99	57.74
人均社会消费品零售总额（元 / 人）	8436	22400	26641	16074	18365
三次产业结构	13.6 : 65 : 23.4	8.8 : 70.9 : 20.3	7.5 : 58.7 : 33.8	9.7 : 66.5 : 23.8	9.1 : 55.4 : 35.5

资料来源：根据统计资料整理（2013年）。

锡盟南部五旗县基本概况 表 4-5

旗县名称	国土面积（km²）	总人口（万人）	非农人口（万人）	县城人口（万人）	城镇化率（%）	周边旗县
多伦县	3863	10.9	4	6	36.7	围场、丰宁、沽源、正蓝旗、克什克腾旗
正蓝旗	10182	8.25	3	3	36.6	多伦、克旗、太仆寺旗、沽源、白旗、阿巴嘎旗
正镶白旗	6229	7.41	2.11	2.6	28.5	正蓝旗、镶黄旗、太仆寺旗、苏尼特左旗
镶黄旗	5137	3.12	1.38	1.9	44.2	正镶白旗、化德县、苏尼特右旗
太仆寺旗	3426	21.14	3.96	4.8	18.7	沽源、康宝、正镶白旗、正蓝旗
平均	5767.4	10.16	2.89	3.66	28.43	

资料来源：根据《内蒙古统计年鉴2013》和其他资料整理。

从以上锡盟南部与锡盟东部、西部、全盟以及内蒙古自治区社会经济平均发展水平的比较中可以看出，锡盟南部地区相对而言人多地少，城镇分布较密，城镇化水平低，经济社会发展水平滞后，锡盟南部地区距离京津冀地区空间距离较近，有承接京津冀辐射带动的区位条件，亟须培育具有一定规模，并有较强吸引力和影响力的区域中心城市，促进城镇化进程，承接首都经济圈辐射，连接内蒙古东西部，完善内蒙古自治区城镇体系，带动区域整体实现经济社会的跨越式发展。

吸取深圳市发展经验，培育锡盟南部区域中心城市，最好能依托省际边界既有城镇，以便集中优势资源使其迅速成长，比较分析锡盟南部5个旗县的发展现状和前景，以便依托优势城镇培育区域中心城市。

锡盟南部五旗县经济发展概况　　　　　　　　　　　表 4-6

旗县名称	GDP 总量（亿元）	人均 GDP（万元）	GDP 增速(%)	财政收入（亿元）	固定资产投资（亿元）	城镇人均可支配收入（万元）
多伦县	67.40	6.68	19.2	3.23	47.86	2.06
正蓝旗	52.02	6.25	16.0	3.77	43.00	1.99
正镶白旗	22.18	4.13	12.2	0.58	14.14	1.78
镶黄旗	39.8	13.80	5.2	2.32	12.83	2.05
太仆寺旗	37.01	3.35	8.3	0.78	23.01	1.89
平均	43.68	6.84	12.2	2.14	28.17	1.95

资料来源：根据《内蒙古统计年鉴2013》其他资料整理。

锡盟南部五旗县产业现状概况　　　　　　　　　　　表 4-7

旗县名称	主导产业	工业总产值（亿元）	三产比例
多伦县	现代化工、新能源、新型建材、旅游业	89.50	10.8：73.1：16.1
正蓝旗	清洁能源、绿色农畜产品加工、煤电综合利用	68.12	10.7：68.9：20.4
正镶白旗	绿色农畜产品加工、商贸物流	1.64	18.1：50.6：31.3
镶黄旗	石材产业、石油产业、风电产业	53.25	7.2：76.3：16.5
太仆寺旗	绿色农牧业、旅游业	16.51	26.8：41.3：31.9

资料来源：根据《内蒙古统计年鉴2013》和其他资料整理。

从表 4-5～表 4-7 对南部五旗县发展情况的统计数据来看，国土面积正蓝旗最大，其他四个旗县相差不多，多伦县县域面积较小；总人口太仆寺旗最多，但有将近一半左右的人口长年外出务工，县域常住人口仅 10 万左右，非农人口、县城常住人口和城镇化率多伦县较高，表明多伦诺尔对周边人口有较强的吸纳能力。从经济发展情况来看，多伦县的GDP 总量、GDP 增速、工业总产值、固定资产投资、城镇人均可支配收入在锡盟南部五旗县中排名第一，人均 GDP、财政收入位列第二；从区位条件来看，多伦县东、西、南、北依次与围场、沽源、丰宁、克什克腾旗、正蓝旗接壤，与京津冀地区空间距离较近，区位略优于其他 4 个旗县。从交通条件来看，锡盟对外交通状况整体较差，锡盟南部主要交通干线有 G207 南北穿过，S308 和 S105 东西贯穿，集通铁路和锡多铁路在境内纵横交叉而过，在建锡盟进京快速通道从境内南北向通过，锡多—多丰铁路是锡盟经多伦、丰宁直达曹妃甸和秦皇岛的通疆达海区域性通道，正蓝旗和多伦县因在主要对外通道上，交通条件略好于其他 3 个旗县。根据以上分析可以粗略判断，锡盟南部 5 个旗县多伦县和正蓝旗发展情况优于其他 3 个旗县。

4.3　培育区域中心城市的条件评价

4.3.1　评价因子选择及数据获取

前文计算内蒙古县城以上城镇综合规模时，已经初步得出多伦诺尔在锡盟南部五旗县中综合规模最大，现状基础最好的结论。为了更为全面地评价锡盟南部五旗县培育锡盟南部区域中心城市的适宜性，本章节选取一系列影响锡盟南部区域中心城市培育和建设的重要因子，对锡盟南部五旗县进行综合性数理分析与评价，以确定锡盟南部区域中心城市的合宜选址。评价因子的选择借鉴了张可（2011）、张新红（2007）等关于城市发展潜力的评价方法，选取区位及交通条件、经济发展条件、人口聚集条件、资源条件、自然生态、人文环境条件共 5 类 20 项指标（表 4-8），构成培育锡盟南部区域中心城市适宜性评价因子。其中与周边中心城市车行距、公路网密度、铁路交通条件指标反映了评价旗县与周边中心城市联系的通达程度和交通成本的高低，与周边中心城市车行距离越短，公路网密度越高，铁路数量越多、等级越高，则说明接受周边中心城市辐射发展潜力越大，越有可能率先发展成为锡盟南部区域中心城市。通过百度搜索引擎对 5 个旗县与周边主要中心城市进行关联搜索量的多少反映了其与周边区域中心城市现状往来的密切程度，与中心城市越密切的旗县越有可能率先发展起来。地区生产总值、人均地区生产总值、财政收入、固定资产投资总额、第二产业产值、社会消费品零售总额等指标反映了各旗县现状经济实力的大小，指标数越高，经济实力越强，培育建设锡盟南部区域中心城市的能力和基础越好。总人口数和非农人口数、专业技术人员数量反映了各旗县劳动力丰富程度和城镇化水平与质量，人口基数越大的旗县，吸引和聚集人口的动力越强，越有可能崛起为区域中心城市。水资源、土地资源反映了地区生态承能力，是培育和建设锡盟南部区域中心城市不能逾越的门槛,其资源越多,表明所受约束越小。旅游资源以及体现自然与人文环境条件的空气湿润度、沙尘暴天数、森林覆盖度和人文底蕴等指标反映了各个旗县的人居环境条件和对人的吸引魅力。因此这些指标可以较为全面地综合反映出各个旗县培育和建设锡盟南部区域中心城市的相对适宜性。

培育锡盟南部区域中心城市适宜性评价因子　　　　　　表 4-8

指标分类		指标	指标获取途径
培育锡林郭勒盟南部区域中心城市适宜性因子	区位及交通条件	与周边主要中心城市车程 X_1	百度搜索 5 个旗县政府驻地至周边主要中心城市（北京、锡林浩特、张家口、唐山、赤峰、通辽和曹妃甸）的行车距离加和
		与周边主要中心城市关联度 X_2	百度搜索引擎对 5 个旗县与周边主要中心城市进行关联搜索的量加和
		公路网密度 X_3	《内蒙古统计年鉴 2013》
		铁路交通条件 X_4	根据铁路条数和重要程度赋分：正蓝旗有集通和锡多铁路并有两个站，赋 5 分；多伦和正镶白旗各有一条铁路和一个车站，赋 3 分；镶黄旗有黄化铁路，赋 2 分；太仆寺旗有在建蓝张铁路，赋 1 分
	经济发展条件	地区生产总值 X_5	《内蒙古统计年鉴 2013》
		人均地区生产总值 X_6	
		财政收入 X_7	
		固定资产投资总额 X_8	
		第二产业产值 X_9	
		社会消费品零售总额 X_{10}	
	人口聚集条件	总人口 X_{11}	
		非农人口 X_{12}	
		专业技术人员数量 X_{13}	
	资源条件	水资源 X_{14}	内蒙古自治区水资源及其开发利用调查评价（简本）TI005301901 附表
		土地资源 X_{15}	根据各旗县国土面积和内蒙古主体功能区划附表 3 中开发强度计算可开发土地资源量
		旅游资源 X_{16}	根据现有旅游资源质量和数量评分。正蓝旗因有元上都世界文化遗产赋 5 分，多伦为中国历史文化名镇赋 4 分，正镶白旗、太仆寺旗和镶黄旗分别赋 3、2、1 分
	自然生态与人文环境条件	空气湿润度 X_{17}	根据刘志刚等著《锡林郭勒盟牧业气候区划》中锡林郭勒盟干燥程度分布图、沙尘暴日数分布图给各旗县评分
		沙尘暴天数 X_{18}	
		森林覆盖率 X_{19}	各旗县 2012 年提供的报表
		人文底蕴 X_{20}	根据历史文化遗存丰富程度和知名度评分

培育锡盟南部区域中心城市适宜性评价因子统计值　　表4-9

	太仆寺旗	镶黄旗	正镶白旗	正蓝旗	多伦县
与周边主要中心城市车程 X_1（km）	2645.2	3120.9	2773.1	2641.8	2655.7
与周边主要中心城市关联度 X_2（万条）	827	843	835	740.4	1184
公路网密度 X_3（km/km²）	0.3981	0.1674	0.1455	0.1478	0.2428
铁路交通条件 X_4	1	2	3	5	3
地区生产总值 X_5（万元）	370065	398033	221784	520184	673958
人均地区生产总值 X_6（元／人）	33490	137966	41301	62485	66795
财政收入 X_7（万元）	7789	23156	5849	37673	32302
固定资产投资总额 X_8（万元）	230144	128276	141465	429775	478585
第二产业产值 X_9（万元）	152725	303749	112344	358473	492370
社会消费品零售总额 X_{10}（万元）	131510	42004	57369	91201	106608
总人口 X_{11}（人）	211401	31197	74099	82489	109011
非农人口 X_{12}（人）	39646	13784	21060	29542	39969
专业技术人员数量 X_{13}（人）	2596	1662	1237	1451	1605
水资源 X_{14}（m³）	7804.5	5097.3	15408.1	33390.4	12404.4
土地资源 X_{15}（km²）	63.60	32.87	59.40	123.49	106.64
旅游资源 X_{16}	2	1	3	5	4
空气湿润度 X_{17}	4	1	3	4	5
沙尘暴天数 X_{18}	4	2	1	3	5
森林覆盖率 X_{19}（%）	22.3	8.2	4.09	12	28.73
人文底蕴 X_{20}	3	2	3	5	4

资料来源：根据内蒙古统计年鉴、各旗县总体规划、百度搜索等数据整理。

通过《内蒙古统计年鉴2013》结合相关资料赋分（评分采用五分制）等方法获得所选20项指标的数据（表4-9）。从各个评价因子的指标和赋分情况来看，正蓝旗、太仆寺旗、多伦县3个旗县政府驻地至周边主要中心城市（北京、锡林浩特、张家口、唐山、赤峰、通辽和曹妃甸）的行车距离加和值较小，为2650km左右，平均距这些城市距离在378km，而与这些中心城市往来最为密切的则是多伦县，其关联度搜索到1184万条，其他旗县与周边中心城市的关联搜索均在850条以下。得益于锡多—多丰铁路的建成通车，正蓝旗和多伦的铁路交通条件明显优越于其他3个旗县。2013年多伦县的地区生产总值和人均GDP均在5个旗县中位居第一，分别为67.4亿元和6.68万元／人。财政收入是正蓝旗和多伦县相对较多，分别为3.76和3.23个亿，镶黄旗2.32个亿，正镶白旗和太仆寺旗均不足1亿。2013年固定资产投资以多伦县最高，达到 47.86 亿，其次是正蓝旗为 42.98 亿，再次为太仆寺旗 23 亿，其他两旗不足 15 亿。第二产业产值也是多伦最高，2013 年达到 49.24 亿，其次是正蓝旗和镶黄旗，分别为 35.85 亿和 30.37 亿，其他两旗差距比较大，分别为 15.27 亿和 11.23 亿。社会消费品零售总额以多伦最高，2013 年达到 10.66 亿，其次是正蓝旗为 9.12 亿，正镶白旗、镶黄旗、太仆寺旗分别为 5.74 亿、4.2 亿、1.32 亿。总人口以太仆寺旗最多，为 21 万，但是其中有一半外出务工，常住人口以多伦县最多。2013 年多伦县总人口 10.9 万，其次为正蓝旗 8.25 万，再次正镶白旗、镶黄旗分别为 7.4 万、3.1 万。非农人口多伦县最多，约 4 万人，其次为太仆寺旗 3.96 万，再次为正蓝旗、正镶白旗、镶黄旗分别为 2.95 万、2.11 万、1.38 万。专业技术人员太仆寺旗最多，为 2596 人，其他旗县均为 1500 人左右。水资源以正蓝旗总量最大，达到 3.34 亿 m³，其次是正镶白旗和多伦县，水资源分别达到 1.54 亿 m³ 和 1.24 亿 m³，其余两旗的水资源均不足 1 亿 m³，但是多伦县的水资源以地表水为主，最方便取用。根据内蒙古主体功能区划的可开发建设的土地资源，正蓝旗和多伦县最丰富，分别达到 123.49km² 和 106.64km²，其他三旗可开发建设土地面积不足 70km²。[①] 旅游资源、人文底蕴都是正蓝旗和多伦县相对强于其他三旗，空气湿润度、森林覆盖率以及空气环境则均是多伦县和太仆寺旗相对优于其他旗县。虽然 5 个旗县各有各自的优势，但是通过这些数据仍然可以大致判断正蓝旗和多伦县整体实力及发展潜力要优于另外三旗。

4.3.2 培育区域中心城市的综合适宜性指数

为了消除这 20 项数据所包含的重叠信息影响和避免人工赋予评价因子权重的武断性，在此采用主成分分析的方法来计算锡盟南部五旗县培育中心城市的综合适宜性指数。本研究选用的 20 项评价因子中第一项为逆向指标（值越小越好），其他均为正向指标（值越大越好），因此在计算综合适宜性前，首先按照前文计算城镇综合规模时采用平均值标准化方法，对第 2~20 项原始数据进行标准化处理，对第一项数据则采用平均值标准化的倒数为标准值，即：

$$M_{ij} = \begin{cases} \dfrac{\dfrac{1}{n}\sum\limits_{i=1}^{n} X_{ij}}{X_{ij}} & (j=1) \\[4mm] \dfrac{X_{ij}}{\dfrac{1}{n}\sum\limits_{i=1}^{n} X_{ij}} & (j=2,\ 3\cdots,\ 20) \end{cases} \tag{4-1}$$

其中，M_{ij} 为 i 城市 j 指标标准化后的新值，X_{ij} 为 i 城市 j 指标的原始值。

① 《内蒙古自治区主体功能区划》.2012.

运用SPSS19统计软件对计算所得标准值进行主成分分析，因所选样本数量（5个）远少于变量数（20个），所以相关矩阵不是正定矩阵，但是不影响主成分的提取和综合适宜性指数的计算。根据各因子方差贡献及累计贡献率，第1、2、3项特征值均大于1，且方差贡献率达到95.104%，前3个成分即包含了95.104%的信息，因此选取前3个主成分（表4-10、表4-11）。方差极大化（varimax）旋转后得到提取的3个主成分在各变量上的载荷即权重 F_i（表4-12），然后根据公式：

$$F = \sum_{i=1}^{20} F_{1i} ZX_i + \sum_{i=1}^{20} F_{2i} ZX_i + \sum_{i=1}^{20} F_{3i} ZX_i \qquad （4\text{-}2）$$

计算各旗县培育锡盟南部区域中心城市的综合适宜性指标（表4-13）。

培育锡盟南部区域中心城市综合适宜性指标解释的总方差　　　表 4-10

成分	初始特征值			提取平方和载入		
	合计	方差贡献率（%）	累积方差贡献率（%）	合计	方差贡献率（%）	累积方差贡献率（%）
1	9.678	48.392	48.392	9.678	48.392	48.392
2	6.082	30.410	78.802	6.082	30.410	78.802
3	3.260	16.301	95.104	3.260	16.301	95.104
4	0.979	4.896	100.000			
5	4.162E-16	2.081E-15	100.000			
6	3.812E-16	1.906E-15	100.000			
7	2.632E-16	1.316E-15	100.000			
8	2.152E-16	1.076E-15	100.000			
9	1.395E-16	6.977E-16	100.000			
10	1.190E-16	5.949E-16	100.000			
11	4.081E-17	2.040E-16	100.000			
12	1.892E-17	9.459E-17	100.000			
13	−5.733E-17	−2.867E-16	100.000			
14	−6.398E-17	−3.199E-16	100.000			
15	−1.244E-16	−6.222E-16	100.000			
16	−2.012E-16	−1.006E-15	100.000			
17	−2.335E-16	−1.168E-15	100.000			
18	−3.336E-16	−1.668E-15	100.000			
19	−3.474E-16	−1.737E-15	100.000			
20	−5.854E-16	−2.927E-15	100.000			

提取方法：主成分分析。

资料来源：根据SPSS19分析自制。

培育锡盟南部区域中心城市综合适宜性指标成分矩阵　　表 4-11

	成分		
	1	2	3
X_1	0.861	−0.166	−0.470
X_2	0.450	−0.112	0.643
X_3	0.327	−0.930	0.034
X_4	0.374	0.888	−0.263
X_5	0.768	0.226	0.592
X_6	−0.495	0.358	0.735
X_7	0.529	0.660	0.429
X_8	0.941	0.294	0.164
X_9	0.582	0.436	0.685
X_{10}	0.793	−0.575	−0.138
X_{11}	0.486	−0.821	−0.280
X_{12}	0.882	−0.466	−0.041
X_{13}	0.159	−0.887	0.056
X_{14}	0.466	0.676	−0.521
X_{15}	0.894	0.414	−0.163
X_{16}	0.765	0.548	−0.323
X_{17}	0.940	−0.142	−0.196
X_{18}	0.833	−0.351	0.418
X_{19}	0.782	−0.458	0.419
X_{20}	0.831	0.453	−0.303

提取方法：主成分。已提取了 3 个成分。

资料来源：根据SPSS19分析自制。

培育锡盟南部区域中心城市综合适宜性指标旋转后主因子荷载值矩阵　　表 4-12

	第一主因子 F_1	第二主因子 F_2	第三主因子 F_3
X_1	0.2768	−0.0673	−0.2603
X_2	0.1447	−0.0454	0.3561
X_3	0.1051	−0.3771	0.0188
X_4	0.1202	0.3601	−0.1457
X_5	0.2469	0.0916	0.3279

续表

	第一主因子 F_1	第二主因子 F_2	第三主因子 F_3
X_6	−0.1591	0.1452	0.4071
X_7	0.1700	0.2676	0.2376
X_8	0.3025	0.1192	0.0908
X_9	0.1871	0.1768	0.3794
X_{10}	0.2549	−0.2332	−0.0764
X_{11}	0.1562	−0.3329	−0.1551
X_{12}	0.2835	−0.1890	−0.0227
X_{13}	0.0511	−0.3597	0.0310
X_{14}	0.1498	0.2741	−0.2886
X_{15}	0.2874	0.1679	−0.0903
X_{16}	0.2459	0.2222	−0.1789
X_{17}	0.3022	−0.0576	−0.1086
X_{18}	0.2678	−0.1423	0.2315
X_{19}	0.2514	−0.1857	0.2321
X_{20}	0.2671	0.1837	−0.1678

资料来源：根据SPSS19分析自制。

培育锡盟南部区域中心城市综合适宜性指数及各指标标准值　　　表4-13

	太仆寺旗	镶黄旗	正镶白旗	正蓝旗	多伦县
综合适宜性指数 F	2.661	4.1417	2.7421	6.8817	7.3550
与周边主要中心城市车程 ZX_1	1.046	0.887	0.998	1.048	1.042
与周边主要中心城市关联度 ZX_2	0.934	0.952	0.943	0.836	1.337
公路网密度 ZX_3	1.807	0.760	0.660	0.671	1.102
铁路交通条件 ZX_4	0.357	0.714	1.071	1.786	1.071
地区生产总值 ZX_5	0.847	0.911	0.508	1.191	1.543
人均地区生产总值 ZX_6	0.490	2.017	0.604	0.913	0.976
财政收入 ZX_7	0.365	1.084	0.274	1.764	1.513
固定资产投资总额 ZX_8	0.817	0.455	0.502	1.526	1.699
第二产业产值 ZX_9	0.538	1.070	0.396	1.263	1.734
社会消费品零售总额 ZX_{10}	1.534	0.490	0.669	1.064	1.243
总人口 ZX_{11}	2.080	0.307	0.729	0.812	1.073

续表

	太仆寺旗	镶黄旗	正镶白旗	正蓝旗	多伦县
非农人口 ZX_{12}	1.377	0.479	0.731	1.026	1.388
专业技术人员数量 ZX_{13}	1.518	0.972	0.723	0.848	0.938
水资源 ZX_{14}	0.527	0.344	1.040	2.253	0.837
土地资源 ZX_{15}	0.824	0.426	0.769	1.600	1.381
旅游资源 ZX_{16}	0.667	0.333	1.000	1.667	1.333
空气湿润度 ZX_{17}	1.176	0.294	0.882	1.176	1.471
沙尘暴天数 ZX_{18}	1.333	0.667	0.333	1.000	1.667
森林覆盖率 ZX_{19}	1.480	0.544	0.272	0.797	1.907
人文底蕴 ZX_{20}	0.882	0.588	0.882	1.471	1.176

资料来源：根据SPSS19分析自制。

从各因子指标标准值可以比从原始数据更为清楚地看出锡盟南部五旗县各方面的相对差异，其中多伦县在与周边主要中心城市关联度、地区生产总值、固定资产投资总额、第二产业产值、非农人口、空气湿润度、沙尘暴天数、森林覆盖率等8个因子方面最有优势；正蓝旗在铁路交通、财政收入、水资源、土地资源、旅游资源、人文底蕴等6个因子方面最有优势；太仆寺旗在与周边主要中心城市车程距离、公路网密度、社会消费品总额、总人口、一级专业技术人员等5个因子方面最具优势，但是太仆寺旗总人口中约有半数流动在外，因此大大削弱了它的人口优势，甚至与其他旗县相比还存在劣势，而锡盟南部五旗县与周边中心城市车程距离差距不大，因此太仆寺旗这方面的优势并不明显；镶黄旗仅人均产值在5个旗县中最高；正镶白旗则没有一个因子在五旗县中有突出优势。综合计算结果是多伦县得分最高为7.355分，正蓝旗其次6.8817分，其他镶黄旗、正镶白旗和太仆寺旗分别为4.1417分、2.7421分和2.661分，说明多伦县相对而言最适合培育锡盟南部区域中心城市，正蓝旗也有培育锡盟南部区域中心城市的潜能，但是其他三旗则不适宜作为锡盟南部区域中心城市来培育和发展。

4.3.3　区域中心城市适宜性选址

经过定性分析和量化测度，可以看出多伦县和正蓝旗均具有培育区域中心城市的可能。鉴于正蓝旗的水资源以地下水为主，且主要分散分布在旗境北部的浑善达克沙地一带，相对不便于集中开采用以支持城镇建设和经济发展，而多伦县的水资源以地表水为主，且主要集中在距离县城多伦诺尔镇不到10km的西山湾水库和大河口水库，便于集中利用。正蓝旗旗政府所在地上都镇偏于旗境南部，和多伦县政府所在多伦诺尔镇仅相距40km，正蓝旗境内的世界文化遗产元上都遗址也位于与多伦县的交接地带。多伦诺尔镇为国家级历史文化名镇，至今留有大量历史遗存和历史建筑，风景优美、景色秀丽，生态环境也优于正蓝旗的生态环境，城镇人口多于正蓝旗，以大唐煤化工为核心的现代化工产业发展前景良好。

综合以上多种因素分析，从区位、交通、经济、人口、资源等多角度比较和评价，多伦县和正蓝旗在锡盟南部的 5 个旗县中有较好的发展现状和前景，从水资源、历史文化、人文环境、生态环境、外生发展动力等角度考虑，多伦诺尔更适合培育为锡盟南部区域中心城市。

多伦诺尔在现状基础上快速发展为锡盟南部区域中心城市的过程是不断改造自然环境拓展城市空间的过程，应充分依托周围的自然山水环境，优化各种资源的配置，构筑可持续的城市发展模式。因此多伦诺尔城市空间拓展中要进行生态化和园林化的城市环境建设，对自然生态环境的保护与修复，采用景观生态学的思路，严格保护自然山水廊道、斑块等结构性的生态区域，城市建设避开生态敏感区域，加强对水、土、生物、森林等自然资源的监管，同时对生态环境遭遇破坏的河流廊道等进行基于历史与自然过程的生态修复，均衡城市绿地布局，形成合理的城市开敞空间系统，维护城市生态平衡。

4.4 本章小结

本研究借鉴国内外学者有关区域中心城市的研究，结合内蒙古区域中心城市生长环境和发展现状概况，认为辐射带动能力、适宜的城市规模、交通通达能力、综合服务能力和良好的生态环境是符合内蒙古区情的区域中心城市构建条件，也是培育锡盟南部区域中心城市的重要条件。

锡盟南部与河北省北部接壤，在哪里培育这个"将有的"区域中心城市是需要研究的重要内容之一。以跨区域视角，比较分析锡盟南部及与之相近的河北省北部各县的概况，笔者认为这个"将有的"区域中心城市落址于锡盟南部更利于区域发展。进而选取区位、交通、经济发展、人口聚集、资源等评价因子，综合评价锡盟南部 5 个旗县培育中心城市的适宜性，研究结果表明多伦诺尔和正蓝旗均具有培育区域中心城市的潜能，但从水资源、历史文化、人文环境、生态环境、外生发展动力等角度考虑，多伦诺尔更具有发展为区域中心城市的潜力。

第5章　产业发展与布局

5.1　多伦诺尔产业发展基础及发展环境分析

5.1.1　城市产业发展一般规律

一个国家或城市的经济发展历史，实际上就是一部产业变革史，经济发展伴随着产业转型，产业转型贯穿于整个经济发展过程中[105]。一定规模的产业聚集是城市不断发展壮大的基础，也是促进区域经济增长的有效途径，而城市为各类产业的不断发展提供空间载体，是区域经济发展的增长极，产业发展和城市发展就如同一对孪生姐妹，二者互为因果，相互促进。

综合来看，产业发展具有阶段性、渐进性和区域性，具有以下一般发展规律可以借鉴。

1. 产业结构升级演化规律

产业发展具有阶段性和渐进性，是一个不断升级演化的过程，在产业高度方面，不断地由低级产业向高级产业演进，在产业结构横向联系方面，不断地由简单向复杂化方向演进，这两方面的演进不断推动产业结构向更为高级合理化方向发展[128]，推动城市和区域整体经济的壮大和优化。农业一般是一个区域中最初的产业形态，而当农业发展到一定阶段后，城市开始出现，区域经济开始向城市集中，初步形成了新的产业形态——工业，最初以依托自然生产要素的消费品工业生产为主，随后主要依靠资本要素的资本品工业迅速壮大，并逐步占据主导地位；工业生产在区域分工与合作过程中又催生了大量生产性服务业；而在进入知识经济时代，新技术革命不断推动以信息和知识为基础的产业体系形成与扩展。在此过程中，整体呈现出第一产业比重不断降低，第二产业比重先是迅速增加然后趋于稳定，第三产业逐步增长的总体趋势，但是并不意味着农业就会消失，而只是地位逐步改变并被新的知识和技术所改造。因此研究多伦诺尔构建锡盟南部区域中心城市的产业发展方向和路径，首先要分析多伦的产业发展基础，正确认识现在所处的产业发展阶段。

2. 区域产业分工与合作规律

由于各区域的资源禀赋、发展基础、经济结构、生产效率等方面存在差异，不同的地区各有比较优势，为了获得资源配置的高效益，获得最佳的整体效益和个体效益，各地区及同一地区的不同部门进行专业化生产和专业化分工与合作[130]。根据区域分工的部门联系特征，区域分工主要分为垂直分工与水平分工两种形式，两者同时存在。区域垂直分工是相关区域根据经济发展条件和水平的不同，在同一个生产过程的不同生产阶段进行专业化生产，通常情况下，发达地区多生产最终产品，中等发达地区多生产中间产品，欠发达地区以初级产品、配套服务为主。区域的水平分工则是相关区域由于经济发展能力的差异而选择发展不同的经济部门[131]，如有的地方发展技术密集型产业，有的地方发展资本密集型产业，有的地方发展劳动密集型产业；或者各区域根据自身能力针对不同层次目标市场选择生产品质、功能、品牌甚至服务方面具有差异的同类产品。

多伦诺尔的产业成长与发展自然也必须建立在依托自身比较优势的基础上，在区域产业分工与合作中找准恰当的定位，才能具有源源不断的发展动力与支撑，推动其逐步成长为锡盟南部区域中心城市。在内蒙古实施全方位对内对外开放和京津冀一体化浪潮背景下，多伦诺尔参与区域产业分工与合作应从两个角度展开。首先，多伦诺尔应凭借毗邻河北丰宁、围场和沽源，距离北京直线距离仅180km的区位优势，顺应区域合作发展趋势，积极融入环渤海经济圈，在京津冀一体化格局中寻找产业和经济发展机会。其次，多伦诺尔产业发展应立足于锡盟的整体产业发展基础和宏观布局，适应锡盟整体产业分工。

3. 城市产业梯度转移规律

区域经济发展梯度转移理论认为区域经济发展客观上存在梯度差异，由此导致高梯度地区通过不断创新和向外扩散求得发展，中、低梯度地区则通过接受扩散或寻找机会跳跃发展。[132]表现为由于资本和劳动力丰裕度差别导致低资本高劳动力比率的产业，在发达城市逐步丧失比较优势，转移到相对不发达城市；由于劳动力、土地等生产要素价格的差异，引起以依托生产要素占主导地位的产业，逐步转移到相对不发达的城市；由于收入水平的差距造成的消费结构和需求结构的差距，使发达地区需求收入弹性较低的产业向相对不发达城市转移。在现实的经济环境中，产业转移通过市场机制和政府调控两种作用而实现。市场机制下的产业转移是通过经济组织个体的趋利竞争而实现的，而政府调控则是从宏观利益最大化角度出发，通过一系列的政策措施来引导产业转移，为微观经济组织趋利行为创造条件。虽然从普遍的发展规律来看，产业从高梯度地区向低梯度地区转移是必然的，但在现实环境中，产业转移并不是以发达地区为圆心，同质同速向外扩散的，在产业转移过程中会出现方向选择和空间的跳跃，这主要取决于相对不发达地区能否提供良好协作配套条件及能否形成较高素质的企业家阶层，同时规模经济相对不显著的产业能较快实现空间转移。

4. 城市产业发展与空间互动规律

城市空间是城市产业活动的载体，产业结构是空间结构的核心内容，空间结构是产业结构的外在表达，城市产业结构的调整与城市空间演变相互关联。①城市产业的发展和演变是城市空间结构演变的内在驱动力，城市空间结构的演变是在产业结构的不断升级与调整中实现的。由于科学技术的不断发展，产业发展在不同时期形成不同的特点，对区位的要求也有所不同，因此不同时期区域产业发展重点会不断转移，由此带来的区域空间结构发生相应变化，形成不同时期的城市空间结构模式。大致表现为，前工业化时期，区域产业结构以农业为主导，生产方式为资源密集型，城市则多为团块状独立发展；工业化初期，区域产业结构以工业为主导，生产方式为劳动密集型，城市呈星状发展；工业化中期，区域产业结构以服务业为主导，生产方式为资本密集型，城市向心发展；而到后工业化时期，信息产业成为主导产业类型，生产方式为技术密集型，城市连绵带出现。②空间结构反映产业的分布特征和生产效率。城市空间结构是组成城市的全部客观要素在空间上的分布状况，其中的产业布局结构反映出城市经济活动的空间特性，并影响和作用于城市的经济功能和生产效益。因此，考察一个城市的经济发展状况，不仅要看经济总量指标和构成比例，同时要分析其在空间上的分布情况，只有建立与产业发展相互适应的城市空间结构，才能取得最佳的效果。③土地使用则是联络城市产业结构和空间结构的基本纽带。城市土地使用关系到生产力布局和城市发展，在我国计划经济时期，片面强调城市生产功能，要将中心城市转变为工业基地，只是重视生产而忽视生活，导致工业、仓储等生产用地比例居高不下，而生活居住、绿化休闲及道路交通的非生产性用地比例过低，反映出产业布局和空间结构的不合理，影响城市经济的聚集和扩散效率。在市场经济条件下，为提高城市土地产出效益，城市产业结构的调整应当建立在追求综合效益最大化的前提下，使产业结构与空间架构相互适应协调并合理化。

多伦诺尔目前整体上处于工业化中期阶段，资本投入在城市经济发展贡献中占据重要地位，城市空间结构应与之相适应，体现向心聚集趋势，整体集中紧凑的布局原则，同时要保持一定的弹性和开放性，以适应在经济总量不断增长的情况下新的产业门类植入和发展的需求，实现产业发展与城市空间结构的动态协调。

5.1.2 多伦诺尔产业发展基础

18 世纪末期，多伦诺尔伴随着"汇宗寺"、"善因寺"的建成，迅速聚集人口，渐成市镇，对蒙转口贸易兴旺起来。道光至光绪年间（1821~1908 年），多伦诺尔商业发展到最兴盛状态，商号多达 4000 余家，经营商品种类繁多，包括牲畜、洋货、内地生产的日用品及各种蒙古特产，交易量大，多伦诺尔因此被誉为"漠南商埠"。到清朝后期，伴随着蒙古草原上其他商道的开通，多伦诺尔的商业和手工业迅速衰落，后历经战祸和饥荒，多伦诺尔产业经济一直低迷。新中国成立后，多伦诺尔镇作为一个半农半牧的县政府驻地，非农产业发展缓慢。进入 2005 年以后，伴随着大唐煤化工项目的引进，多伦诺尔工业化步伐开始加快，旅游业逐渐抬头，产业经济发展开始步入快车道，产业结构发生调整。

2013 年，多伦县经济总量继续扩大，全年地区生产总值 73.1 亿元，按可比价格计算，比上年增长 6.0%。人均国民生产总值为 71991 元（折合 2008 年美元为人均 9056 美元），比上年增长 4.7%。全县地区生产总值中一、二、三次产业比重由上年的 10.8∶73.0∶16.2，调整为 11.4∶72.2∶16.4。工业结构以重工业为主，2013 年全县 规模以上工业企业共计 24 户，完成工业总产值 93.1 亿元，其中，重工业完成工业总产值 90.0 亿元，轻工业完成工业总产值 3.1 亿元，建筑业增加值 4.8 亿元，轻重工业产值之比为 1∶29。规模以上工业企业主要产品为铁矿石（原矿 163.6t）、原煤（123.1t）、煤化工各类产品（折合聚丙烯 21.3t）、电（9.1 万 kW·h）、水泥（74.7 万 t）、商品混凝土（73.7 万 m³）、乳粉（7239t），产品销售率 95.3%。2010 年多伦县非农就业比例为 41.6%。因此，多伦县总体上属于工业化中期阶段（表 5-1），但是产业结构、工业结构和就业结构不协调，主要原因是多伦县的工业偏重，工业的发展无法吸纳大量就业人口。多伦诺尔在培育锡盟南部区域中心城市过程中的产业发展应尊重现在所处的产业发展阶段，在壮大现有产业基础上，采用先进技术和知识对其进行改造，延长产业链条，培育新型产业，以推动产业结构不断高级化合理化发展。

工业化阶段判断参照指标　　　　　　　　　　　表 5-1

指标		工业化阶段			后工业化阶段	多伦现状
		初期	中期	后期		
收入水平	人均 GDP（2008 年美元）	1638~3277	3277~6553	6553~12287	12287 以上	9056
产业结构	三次产业比例	一产高，二产低，三产高	一产 <20%，二产 > 三产且比重最大	一产 <10%，二产保持最高水平，三产持续上升	一产低，二产相对稳定或下降，三产比重最高	11.4：72.2：16.4
工业结构	轻重工业比例	轻工业占优	以原料工业为中心的重工业化阶段	以加工装配工业为中心的高加工化阶段	技术集约化时期	以原料工业为中心的重工业阶段（重工业产值为轻工业产值的 29 倍）
就业结构	非农产业就业比例	40%~55%	55%~70%	70%~90%	90% 以上	41.6%

注：收入水平参照钱纳里（2004年美元）；产业结构参照西蒙·库兹涅茨。多伦县非农就业比例来自2011年多伦统计年鉴，其他数据来自2013年多伦县国民经济和社会统计公报。

多伦诺尔各产业区位熵　　　　　　　　　　　表 5-2

地区	煤炭开采和洗选业	非金属矿物制品业	金属制品业	煤化工业	农畜产品加工业	旅游业	商贸物流业
多伦县	2.541	6.161	7.793	19.777	0.938	1.520	1.114

资料来源：多伦诺尔产业专题研究。

运用区位熵[①] 考察多伦诺尔各个行业的专门化程度，可以看出多伦诺尔煤化工行业的区位熵最高，为 19.777，说明多伦诺尔的煤化工产业已达到较高的专业化水平（表 5-2）。在战略性新兴产业发展带动下，煤化工产业应逐步向新型能源化工产业升级，可逐步成长

---

① 区位熵是指一个地区特定部门的产值在地区总产值中所占的比重与全国该部门产值在总产值中所占比重之间的比值。区位熵大于 1，可以认为该产业是地区的专业化部门；区位熵越大，专业化水平越高；如果区位熵小于或等于1，则认为该产业是自给性部门。

为引领多伦县经济发展的主导产业。煤炭开采和洗选业、非金属矿物制品业、金属制品业的区位熵分别为 4.287、6.161、7.793，虽然较煤化工业的区位熵低，但考虑到内蒙古自治区是全国采矿业等资源密集型产业的主产区，多伦县煤炭开采和洗选业、非金属矿物制品业、金属制品业的专业化程度已发展到一定水平。旅游业和商贸服务业的区位熵分别为 1.520 和 1.114，也具有一定的优势，可以充分利用京津的客源市场，加强与京津冀地区联系，予以大力发展。绿色农产品加工业的区位熵为 0.938，略低于 1，目前还属于自给性产业门类，但是未来可以依托锡盟丰富的农畜产品资源，对接京津冀广阔市场予以倾斜发展。

5.1.3 锡盟产业经济发展环境

锡盟北与蒙古国接壤，拥有二连浩特和珠恩嘎达布其两个常年开放的陆路口岸，具备利用两种资源和两个市场的显著地理优势。南靠环渤海经济圈，东依东北老工业基地，西接自治区中部经济中心区，同时也是我国北疆安全稳定屏障和生态屏障。

锡盟可利用优质天然草场面积达 18 万 km²，占内蒙古草场的 1/4 左右。2013 年全盟存栏牲畜头数达 1288.19 万头（只）。煤炭资源丰富，全盟 11 个旗、县、市均有分布，估算可采储量 1448 亿 t，探明及预测储量 2600 亿 t，储量 100 亿 t 以上的煤田有 5 处，10~100 亿 t 以下的煤田有 21 个，这些煤田普遍具有煤层厚、结构稳定、开采条件好的特点，适合于大型露天开采。铁、锡、铜、铅、钨、铬、钼、铌、钽等金属矿和石油、天然碱、盐、石灰石、花岗岩等非金属的储量非常可观。作为蒙元文化的发祥地，拥有世界文化遗产元上都遗址，中国历史文化名镇多伦诺尔，以及唯一被列入联合国人文生物圈保护网络的国家级草原自然保护区——锡林郭勒草原等丰富独特的人文历史与旅游资源（表 5-3）。

锡盟产业发展可利用的本地资源简表　　　　　　　　　　　　表 5-3

资源名称	资源概况
土地资源	土地总面积 20 万 km²
可利用水资源	20.3 亿 m³/a（其中地表水可利用量 4.0 亿 m³/a，地下水可利用量 16.3 亿 m³/a）
矿产资源	目前已发现矿种 78 余种，各类矿床、矿化点 570 多处，其中大中型矿床 28 处，小型矿床 68 处。铁、锡、铜、铅、钨、铬、钼、铌、钽等金属矿和石油、天然碱、盐、石灰石、花岗岩等非金属的储量非常可观，探明储量并列入自治区矿产储量表的矿种有 24 种，其保有储量潜在价值近 4 万亿元。煤炭估算可采储量 1448 亿 t，探明及预测储量 2600 亿 t，储量 100 亿 t 以上的煤田有 5 处，10~100 亿 t 以下的煤田有 21 个。石油、天然碱、盐、石灰石的探明储量分别为 3.2 亿 t、4500 万 t、3000 万 t 和 22 亿 t。锗储量达到 3226t，占国内储量的 70%，世界储量的 35%
农牧业资源	优质天然草场 18 万 km²，农作物种植面积 22.3 万 hm²；2013 年牲畜总头数 1288.19 万头只，肉类总产量 26.3 万 t，牛奶产量 59.2 万 t，山羊绒产量 177t，禽蛋产量 5066t；粮食总产量 36.65 万 t，油料产量 2.94 万 t，蔬菜瓜果产量 94.2 万 t
文化旅游资源	世界文化遗产元上都遗址，我国唯一被列入联合国人文生物圈保护网络的国家级草原自然保护区——锡林郭勒草原，草原文化与中原文化、游牧文化与农耕文化、东方文化与西方文化交流融合的元上都文化，亚欧通道国门，洪格尔岩画、恐龙墓地和内蒙古四大庙宇之一的贝子庙及汇宗寺、山西会馆等为代表的历史文化遗产，蒙古族民俗风情

近年来,锡盟的经济快速发展,在自治区的经济地位稳步提升。从增速来看,在煤炭、电力等产业的强势带动下,2013 年锡盟实现地区生产总值 820.2 亿元,GDP 增速 14.6%,位列内蒙古自治区 12 个盟市的第 1 位,远远高于全国平均经济增速,三次产业结构为 9.9:67:23,呈现出"二三一"的结构比例,能源、冶金、化工、建材和农畜产品加工五大优势产业,实现增加值占规模以上工业比重达到 96.9%,呈现出典型的资源型经济特征。在"通疆达海"对外联系通道初步形成的机遇下,锡盟继续推进中蒙合作,发挥丰富的矿产资源和旅游资源的优势,积极谋划"内核聚集,旗县特色"的产业发展格局。

锡盟凭借得天独厚的天然草牧场资源,丰富的矿产资源,地近京津、毗邻俄蒙的优越区位,适合发展绿色农畜产品加工、能源与资源开发利用、口岸经济。按照锡盟城镇体系规划的部署,第一产业整体上形成"三片四心多园区"的布局(图 5-1)。根据各地区重点发展的农牧业类型划分为北部养殖及深加工产业区、西部养殖及深加工产业区、南部五县为主的荷斯坦奶牛养殖及有机蔬菜种植产业区。结合盟域中心城市和副中心城市布局,在锡林浩特市、东乌珠穆沁旗、二连浩特、多伦诺尔四个城市建设农畜产品深加工、交易中心,以及农牧业综合服务中心,起到农牧业科技服务的职能。此外,各旗县均建设特色农畜产品深加工基地,延长农畜产业链条,带动农牧民就业和增收。

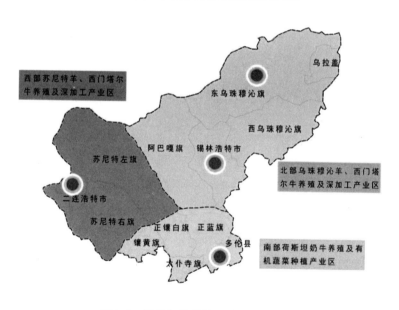

图5-1 锡林郭勒盟第一产业布局示意图

资料来源:根据《锡林郭勒盟城镇体系规划(2012—2030)》改绘

第二产业发展采取"点轴式"空间组织形式,形成"三区五轴带、一核多园区"的总体空间格局,引导产业向重点城市和重要交通轴线集聚(图 5-2)。锡盟北部和东部与蒙古接壤,是国家建设沿边经济带的重要组成部分,适合发展循环经济功能区和口岸经济,锡盟南部近邻京津、生态环境优美,适合承接京津冀地区的产业转移而发展生态经济。多伦—锡林浩特—东乌珠穆沁旗—珠恩嘎达布其口岸连通京津冀地区和蒙古的南北产业轴带，二连浩特—苏尼特左旗—阿巴嘎旗—锡林浩特—西乌珠穆沁旗—乌拉盖连通蒙古国和东北经济圈的东西轴线，重点承担能源化工、装备制造、旅游服务、口岸经济、新型建材等产业职能。加强功能区内部城市之间联系，推动空间上邻接城市加强产业分工与协作，引导条件成熟的局部地区形成密集城镇群。"一核"主要指把锡林浩特市建设成为锡盟的生产性服务中心和产业研发中心，成为培育引领锡盟非资源型产业发展的核心增长极。多园区主要指锡林浩特经济技术开发区、白音华工业园区、多伦新型工业园区等12个重点产业基地。

图5-2 锡林郭勒盟第二产业布局示意图

资料来源：根据《锡林郭勒盟城镇体系规划（2012—2030）》改绘

第三产业发展重心由生活性服务业为主逐步转变为以生产性服务业为主的发展思路上来，大力发展商贸物流、金融服务等生产性服务业，为工业经济快速扩张提供生产服务支撑。现代商贸业形成以锡林浩特市为中心，二连浩特市、多伦诺尔为两翼的全盟商贸流通业发展主网架；金融业以口岸建设为平台；草原休闲旅游业以建设距离首都经济圈最近的草原休闲目的地为目标，整合原生态草原景观、以元上都世界文化遗址为代表的蒙元文化、中国马都三大品牌旅游资源，努力提升发展水平。

从锡盟产业发展综合部署来看，多伦诺尔作为锡盟南部对接京津冀的桥头堡，其适宜的目标产业定位为：旅游服务中心和商贸物流中心，能源化工基地、建材生产基地、特色农畜产品加工基地，新兴加工制造业基地。

5.1.4 首都经济圈产业协同发展和北京产业外迁趋势分析

城市与区域存在天然依存关系，单一城市的独立发展不可能带动一个地区的壮大与发展，区域内各城市之间的合理分工合作，有助于区域协调发展。2011年3月，中央政府《国民经济和社会发展第十二个五年规划纲要》首次提出推进京津冀区域经济一体化发展，打造首都经济圈，将首都地区的协调与整合发展纳入到了国家战略中，将有助于京津冀地区和周边区域的统筹协调发展。

《首都地区空间发展战略研究》中提出由以北京、天津两市和河北、山西、内蒙古、辽宁、山东所组成半径600km左右的"首都经济圈"（图5-3），该经济圈总面积186万km²，人口3亿人以上。"京津冀"地区是"首都经济圈"的核心地区，内蒙古中部地区锡盟为"首都经济圈"的重要功能协作区，尤其是锡盟南部地区距离北京直线距离仅仅180km，从地域上已经进入首都功能支撑区范围。

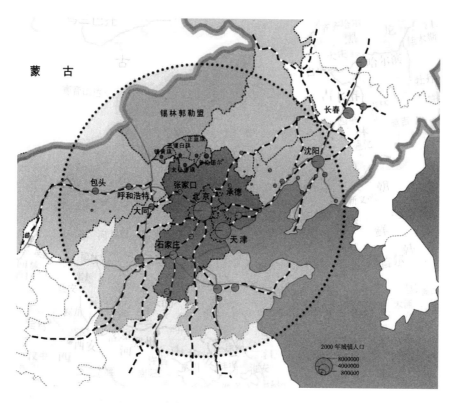

图5-3 半径600km左右的首都经济圈地区

资料来源：根据《京津冀地区城乡空间发展规划研究三期报告》改绘

《京津冀地区城乡空间发展规划研究三期报告》中提出以北京、天津两市和河北、山西、内蒙古、辽宁、山东所组成半径600km左右的"首都经济圈"（图5-3），该经济圈总面积186万km²，人口3亿人以上[5]。"京津冀"地区是"首都经济圈"的核心地区，锡盟为"首都经济圈"的重要功能协作区，尤其是锡盟南部地区，从地域上已经进入首都功能支撑区范围内。

"京津冀"地区是我国继"长三角"和"珠三角"之后经济发展第三极，该地区国土面积 21.6 万 km²，人口超过 1 亿人，2013 年 GDP 总量高达 6.2 万亿元，占全国 GDP 总量的 10.9%，北京第三产业比重（76.9%）、天津人均 GDP（10.17 万元）、河北省第一产业增加值（3500.4 亿元）分别位列全国第一。

京津冀三地和锡盟南部区域的产业结构有很大不同，呈现出明显的梯度性和互补性（表5-2）。从产业增加值看，2013 年北京三次产业结构为 0.8：22.7：76.5，第三产业比重高达 76.5%，产业发展以现代服务业和高新技术产业为主；天津作为我国北方重要的国际港口城市，三次产业结构为 1.33：51.7：47，"二产为主导，二、三产业并行发展"，以"对外开放"和"研发转化"为基础，以现代制造业为主导产业，加快由"工业化"向"后工业化"转变；河北省承担着北京、天津生态保护、水源涵养、能源供应、农产品保障的重任，三次产业结构 12.4：52.1：35.5[133]，呈现"农业为基础，二产为主导与支撑，三产滞后"格局，重轻工业比例高达 8：2，重化工业大而不强，其发展需要依赖大量低成本劳动力和自然资源投入，与京津冀紧邻的锡盟南部区域三次产业结构为 13.6：65：23.4，"二产独大而不强，三产严重滞后"。

京津冀与锡盟南部地区经济发展概况比较（2013 年）　　　　　表 5-4

	北京	天津	河北	锡盟南部地区
国土面积（万 km²）	1.68	1.13	18.77	2.90
人口（万人）	2069	1413	7288	50.82
GDP 总量（亿元）	17879.4	12893.9	26575.0	218.4
人均 GDP（元）	87475	93173	36584	42976
三次产业结构	0.8：22.7：76.5	1.33：51.7：47	12：52.7：35.3	13.6：65：23.4
主导产业	现代服务业、金融保险业、高新技术产业、现代制造业等	航空航天、装备制造、石油化工、电子信息、生物制药、新能源新材料、国防科技、轻工纺织	钢铁、石化、煤炭、装备制造、医药、食品加工、新能源、新材料、生物医药及现代农业	能源化工、新型建材、绿色农畜产品加工、商贸物流

综上所述，北京目前已进入后工业化发展阶段，天津已经处于工业化中后期阶段，而河北和锡盟南部地区还处于工业化中期和城市化加速推进阶段。京津地区与河北及锡盟南部地区，产业结构存在明显梯度差异，为产业升级提供了内在空间和动力。

从京津冀地区的产业发展现状来看，北京依托高端服务、高端人才和高端企业总部，走高端产业发展之路，把发展现代服务业放在优先位置，大力发展高新技术产业，形成"高端服务"、"创新驱动"、"总部经济"的产业格局；天津借助于滨海新区具备了"高端制造、研发转化基地和国际港口"的产业优势，建设现代制造业基地，重点发展电子信息产业、化工产业、面向国际市场的中高档轿车和具有自主品牌的环保经济型轿车、石油钢管和装备制造、现代医药产业基地；河北省立足于资源和区位优势，培育特色产业和功能性城市，通过产业结构调整推动城镇化和传统产业转型升级，形成新能源、新材料、生物医药及现代农业强势发展的态势[134]。京津冀地区产业梯次转移和产业联系呈现良性发展状态，由"优质服务与创新驱动"、"高端制造与港口贸易"、"现代农业"、"研发—转化—生产"协作形成的区域产业网络正在形成。

河北省紧抓发展机遇，提出建设"环首都绿色经济圈"①战略构想，加强与北京的联系及互动发展，分担世界城市部分功能。内蒙古提出培育锡盟南部区域中心城市，承接京津冀地区的辐射带动，把握战略性新兴产业发展机遇。从产业发展角度看，锡盟南部区域作为京津冀经济圈的辐射区域，必须充分利用京津产业集群、集聚和集散的优势，承接、依托和借用北京的高新技术产业优势，对接天津的电子信息、汽车、生物技术与现代医药、冶金、能源化工和新能源及环保等产业扩展和转移的优势，形成以市场为导向的主导产业体系构建方向，加强与京津冀地区的产业相互配套、紧密协作，形成具有强竞争力的现代产业体系结构。

产业扩散往往从边际产业开始，在核心城市内已经处于比较劣势的产业，从中心城市转移扩散到具有潜在比较优势地区，比如北京的制造业外迁。产业扩散对于区域经济发展具有重要意义，发达地区的边际产业通过向外转移可以腾出广阔的发展空间，缓解发达地区土地、资金、劳动力等供需矛盾。对于欠发达地区而言，承接发达地区的产业扩散可以增加本地区的投资、就业岗位和税收、吸纳新技术和高端人才。因此产业扩散过程是各类经济资源在市场规律作用下寻求高效率而进行的重组过程，能够促进产业合理分工、企业规模扩张、资源的优化配置和产业结构升级。首钢集团将石景山园区建设为企业总部，8km^{2}首钢旧址规划为创意产业园，生产功能迁往曹妃甸；北汽集团将总部设在北京，以技术创新、核心零部件和新能源汽车研发为主，汽车制造厂整体搬迁至沧州黄骅等做法，探索了"北京研发、河北转化"的区域合作模式。土地资源紧张、水资源不足、能源外部依赖度大等制约因素，决定了北京市必须在更大范围内考虑产业布局，一部分传统工业必然扩散到北京以外的地区。

基于人口、交通、环境等方面的压力，目前北京正在制定"新增产业的禁止和限制目录"，主城区除了保留部分高端金融业、高新技术产业、文化创意产业、必要的生产性和生活性服务业之外，对于不符合首都功能定位的产业和企业，关停或转移到周边地区。针对北京产业外迁计划，河北省积极制定承接产业转移计划，北部张家口、承德地区以对接绿色产业、高新技术产业为主，冀中南地区以承接战略性新兴产业、高端产业的制造环节和一般制造业为主，廊坊和保定地区以承接新能源、装备制造及电子信息产业为主，秦皇岛、唐山、

---

① 环首都绿色经济圈包括环绕北京的张家口、承德、廊坊、保定4个城市，总面积10.3万km^2，人口2000多万。定位为：北京世界城市建设的重要功能区，首都发展的生态屏障，河北科学发展、富民强省的引领区。

沧州等沿海地区以承接重化工业、装备制造业为主。

北京出现交通拥堵、水资源短缺、雾霾严重、房价居高不下等问题。据统计，北京 2013 年末常住人口为 2114.8 万人，其中常住外来人口 802.7 万人，占常住人口比重 38%。因此，分散人口、改善居住环境成为当前北京急需解决的问题。从北京目前的三次产业结构 0.8 ：22.3 ：76.9 来看，北京引起人口过度集中的产业主要是第三产业，第二产业主要集中在汽车、石油化工、电子通信、计算机等产业，集中分布在五环以外或者远郊县。适当转移部分医疗资源、教育资源、批发市场、金融行业和通信行业中的后台服务等能够缓解北京的人口压力[134]。因此，部分第三产业也会适度向周边地区扩散。

适宜在锡盟南部发展的北京新增禁止和限制产业目录　　　　　表 5-5

大类	小类
制造业	（13）农副产品加工业 （30）非金属矿物制品业 （33）金属制品业 （34）通用设备制造业 （38）电气机械和器材制造业 （39）废弃资源综合利用业
批发和零售业	（516）矿产品、建材及化工品批发（区域性） （517）机械设备、五金产品及电子产品批发（区域性） （5199）其他未列明批发业中摊群式商品交易市场
交通运输	（581）未列入相关规划的区域性物流中心
信息传输、软件和信息技术服务业	（6540）数据处理和存储服务中的银行卡中心、数据中心
教育	（8236）中等职业学校教育 （824）高等教育

资料来源：根据北京市新增产业的禁止和限制目录整理。

2014 年 7 月 25 日，北京市发布了新增产业的禁止和限制目录，按照北京四类功能区分别提出了禁止和限制新增的具体产业（表 5-5）。其中，在全市范围内禁止和限制的产业达到 147 个，占全部产业类别的 34%。预计 3 年时间内将关闭 1300 家企业。在区域产业合作方面，北京希望立足比较优势，通过共建园区、产业链分工合作、整体搬迁、设立总分机构等模式，积极推进北京产业资源、创新资源向河北、天津优化布局，促进京津冀区域产业加速融合[134]。

多伦诺尔距离北京仅 180km，与河北承德和张家口两市北部地区相邻，是北京北方生态屏障的重要组成部分和首都功能支撑区域，应充分发挥自身优越的草原山水生态环境、丰富的自然资源与文化休闲资源优势，积极发展生态产业，对接北京的非首都核心功能转移，尤其抓住京锡共建战略性新兴产业体系的机遇，做好承接北京绿色生态产业和高新技术产业的工作，构建战略性新兴产业集群。

5.2　构建多伦诺尔多元产业体系

5.2.1　多伦诺尔未来产业层次划分

依据多伦诺尔现状产业实际情况，依托其通疆达海、毗邻京津冀的优越区位与交通条件，结合可以利用的丰富的周边区域资源，将产业发展层次定位分为主导型产业、战略型产业和辅助型产业三个层次（表5-6）。主导型产业在国民经济发展中起着骨干性、支撑性作用，在国民经济发展中有着举足轻重的地位，对国民经济增长的贡献度大，能为国家提供大量积累，且符合产业结构演进方向，有利于产业结构优化，产业的关联度强，能够带动众多的相关产业发展[136]。主导产业是地区产业发展的标志，在做好现有支柱产业发展的基础上，应大力扶持主导产业的发展。

战略型产业指在经济发展中符合地区的发展定位，具有较强的发展潜力和竞争力，能够代表时代发展特征的关键性、全局性、长远性的产业[137]。对于战略型产业，尽管在当前不一定就具备充分发展该产业的优势，但是该产业是代表了产业今后的发展趋势，具有很高的获得利润的潜力，代表着本地区产业发展的未来，是未来的主导产业。因此，在发展主导产业的同时，应该加强扶植培育战略型产业的发展。辅助型产业是在产业结构系统中为主导产业和战略产业的发展提供基本条件的产业。

辅助产业的产品一般是主导产业和战略产业的辅助产业。其在地区经济中所占比重不一定很大，但它是构成地区收入的一种来源，同时也肩负着地区经济增长的重任。这种产业不一定就是未来本地区产业发展的标志，但是可以支持本地区主导产业体系的形成，并为实现产业转型和升级提供基础。有些辅助产业能够成长成为未来的主导产业或远期的战略产业。

多伦县产业层次划分与说明　　　　　　　　　　　表5-6

产业层次	特点和发展顺序	产业项
主导型产业	现阶段优先发展的产业，能最大限度带动经济增长，为完成主导产业的形成提供经济基础。同时根据未来产业发展的趋势，对其进行绿色化、循环化改造，使其减少污染，提高附加值，使其更能保持其对整体经济规模的拉动作用	1.现代商贸物流业 2.生态文化旅游业 3.绿色农畜产品加工业 4.新型能源化工业
战略型产业	扶植培育产业尽管目前经济规模较小，发展较落后，但其是未来产业发展主要方向，应加强对其的政策扶植力度，从现在开始，扶植培育该产业发展	1.新材料 2.新能源 3.现代信息服务业 4.高端装备制造业 5.高端会展业 6.健康养老业 7.教育产业 8.文化创意产业

续表

产业层次	特点和发展顺序	产业项
辅助型产业	协同发展产业，是地区产业中的最主要标志，在大力发展支柱产业的同时，应该同时加强对该产业的扶植	1. 地产及配套租赁业 2. 配套金融业 3. 旅游酒店业 4. 特色餐饮业 5. 文化娱乐业

资料来源：多伦诺尔产业专题研究。

5.2.2 多伦诺尔未来产业发展选择

1. 商贸物流业

现代商贸物流业在降低社会流通成本，促进城市环境改善，完善城市功能，提高城市综合竞争力，实现可持续发展中具有重要的意义。多伦诺尔历史上曾经是繁华的商贸都市，城市因商而兴，后来由于商道东移逐步衰落，但近年来以商贸物流为主的第三产业总值和社会消费品零售总额快速增长，年均增速分别达到 14.7% 和 16.5%（图 5-4），而且在与锡盟南部的几个旗县中仍略具商贸优势（图 5-5）。随着通疆达海区域通道的打通，多伦诺尔连接东西，贯通南北的桥头堡地位得以建立，同时受益于北京禁止新增区域性工业、建材等产品批发产业和外迁低端小商品市场等批发业的政策，多伦诺尔的商贸物流业将进入一个与城市地位发展相伴生的快速发展时期。因此商贸物流业作为一种耗资源少，就业密度较大，最能代表一个城市现代化层次与品味的产业，对于多伦诺尔构建锡盟南部区域中心城市来说，无疑具有极其重要的意义。甚至可以说，如果没有现代、高端的商贸服务业和物流业，多伦诺尔将不能成为一个真正意义的区域中心城市。而只有通过大力发展商贸物流业，才能促进物流、资金流、信息流、人才流在多伦诺尔集散，促使多伦诺尔的城市功能和级别迅速成长。

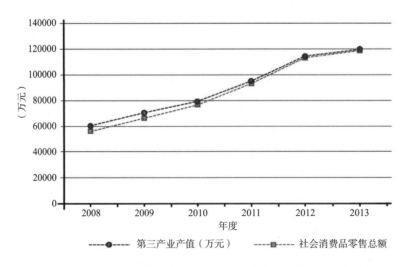

图5-4　多伦县近6年第三产业产值与社会消费品零售总额增长趋势

资料来源：根据2008~2013年内蒙古统计年鉴数据绘制

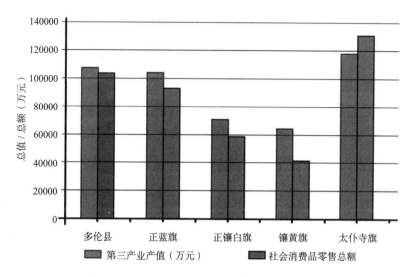

图5-5 锡盟南五旗县2012年第三产业产值与社会消费品零售总额对比

资料来源：根据《内蒙古统计年鉴2013》数据绘制

　　锡林郭勒盟煤炭、石油、金属矿、畜产品丰富，初步建成能源、化工、金属采选冶炼、畜产品加工为主的十来个重点产业基地（表5-7），2012年煤炭、原油、水泥、液体乳、白酒等主要工业产品年总产量达15000多万t，其中煤炭产量占90%左右（表5-8）。锡林郭勒盟家畜拥有量位居全国首位，2013年畜产品中肉类产量达26.3万t，奶类59.2万t，羊毛/绒1.04万t。全盟2013年公路货运总量达2.5亿t，其中半数左右为煤炭货运。因此多伦诺尔未来商贸物流业发展的重点是要与工业发展相配套，以为新型煤化工配套的生产性服务业为重点，同时兼顾城市生活型服务业，按照"服务工业，服务城市"的总体思路，以"协同发展与自我成长"为关键，注重产城结合、统筹兼顾，将现代商贸物流业从一种附属服务型产业发展成主导服务型产业。同时要注意大区域之间的协调配合，妥善处理与正蓝旗等周边旗县产业关系，最终实现以多伦诺尔商贸物流产业为引领，周边旗县商贸物流产业协同的分工明确、层次合理的区域商贸物流体系。商贸服务业的发展要以现代文化新城为目标，吸引较为高端的商务服务，争取发展与本地特色相配套的商务总部，尤其要多引进大型国有及国内知名民营企业的专业部门入驻本地，形成专业型总部和次总部，尽量能够吸引驻京企业将一些活动型的部门或职能机构放置本地。物流业的发展要体现自身产业特征，以煤炭和煤化工物流为重点，兼顾农畜产品加工物流和城乡配送物流，以公铁物流为主线，通过交易中心的建设，以及自身的煤化工产业体系的完善，使多伦诺尔成为最有影响力的煤炭交易基地之一。

2012年锡盟各工业园区产业布局情况表（单位：户）　　　表5-7

名称	能源	化工	矿产冶金	建材	农畜产品加工	其他	合计
二连浩特边境经济合作区	0	0	8	26	5	67	106

续表

名称	能源	化工	矿产冶金	建材	农畜产品加工	其他	合计
锡林郭勒经济技术开发区	3	9	14	10	47	6	89
白音华工业园区	17	3	6	7	—	10	43
多伦工业园区	4	5	6	14	2	18	49
乌里雅斯太工业园区	1	3	2	3	2		11
黄旗工业园区	4	3	10	45	8	9	79
上都工业园区	1		5	20	8	36	70
朱日和工业园区	6	9	29	6	37	2	89
德力格尔工业园区	8		5	2	—		15
明安图工业园区	2	1	4	6	23	2	38
芒来循环经济产业园区	1	12	2		—		15
乌拉盖贺斯格乌拉工业园区	9	1	1	3		2	16
太旗工业园区	1	2	1	1	3		8
合计	57	48	93	143	135	152	628

资料来源：《锡林郭勒盟工业园区发展规划（2013—2017）》。

锡林郭勒盟 2013 年规模以上工业主要工业产品产量　　表 5-8

原煤（万 t）	14113.55	原油（万 t）	114.96	发电量（kW·h）	376.49
饲料（万 t）	9.8	食用植物油（万 t）	1.21	乳制品（万 t）	9.71
白酒（千升）	27597.2	纯碱（万 t）	18.09	铁矿原矿量（万 t）	540.1
钨精矿折合量（万 t）	0.04	铜金属含量（万 t）	2.12	铅金属含量（万 t）	6.34
锌金属含量（万 t）	12.34	鲜、冷藏肉（万 t）	16.81	软饮料（万 t）	2.52
服装（万件）	15.9	溶剂油（万 t）	1.58	碳化钙（万 t）	7.68
水泥熟料（万 t）	208.26	水泥（万 t）	659.16	商品混凝土（万 m³）	130.29
砖（万块）	38797	花岗岩板材（万 m²）	3117.42	铁合金（万 t）	12.66
锌（万 t）	10.19	黄金（t）	4.64	改装汽车（辆）	418

资料来源：根据锡林郭勒盟2013年国民经济和社会发展统计公报整理。

2. 生态文化旅游业

锡盟南部区域优质旅游资源表　　表 5-9

品质	等级	代表性旅游资源
优秀	5 级（2）	多伦湖旅游景区、元上都遗址
	4 级（5）	榆木川景区（滦河源国家森林公园）、南沙梁景区、金莲川草原、贡宝拉格草原、御马苑旅游景区（成吉思汗度假村）

续表

品质	等级	代表性旅游资源
优秀	3级 （22）	汇宗寺、善因寺、山西会馆、滦河源头漂流、汗海日罕山、滦源殿旅游度假村、元上都文化旅游节、忽必烈夏宫、草原白蘑、草原皇家御马文化节、鸿格尔敖包山、天然杜松林、哈音哈尔庙、汗毛原始森林区、天鹅湖景区、浑善达克沙地旅游景区、玛瑙工艺品、蒙古马文化主题公园、牧人之家农家乐、阿斯尔、乌和尔沁敖包林区、小扎格斯台旅游区
普通	2级 （30）	察哈尔抗战纪念地、多伦西山湾湖全国业余公路自行车赛、碧霞宫、兴隆寺、清真北大寺、姑娘湖、大渡口、城隍庙、圣水山庄旅游度假村 、呼格吉勒图沙漠、布日都庙、汗海日罕生态旅游度假村、察哈尔民歌文化节、浑善达克游、那达慕、伊利奶粉工业旅游点、多伦马具博物馆、龙泽湖、蒙古马文化博物馆、皇家牧场、宝力格沟、千马部落、察罕苏力德景区、察哈尔婚礼、东路二人台、好来宝、庙会、小扎各斯台淖尔、高格斯台河、纳·赛音朝克图故居
	1级 （14）	古城遗址、金界壕、辽代古墓群、文化摄影采风游、伊盛园、草原牌白酒、明安图生态园、大唐工业园、大宝治沙绿化工程基地、国家天文台明安图基地、夏日布日都淖尔、新河水库、慧温河、金桓州城遗址

资料来源：多伦诺尔产业专题研究。

多伦诺尔是国家历史文化名镇，所在的锡盟南部区域草原、湖泊、森林、沙地等自然景观与蒙元文化、清朝商贸文化、宗教文化、察哈尔草原民俗文化、御马文化交相辉映，旅游资源非常丰富，质量高（表5-9），与周边地区张家口（张北、崇礼）承德（围场、丰宁）、赤峰（赤峰市、克旗）旅游资源具有一定互补性（表5-10），现已共同组成环首都北部精品旅游线路。

锡盟南部周边的旅游资源表   表5-10

区域	主要旅游区	5A	4A
赤峰	贡格尔草原、沙地云杉、黄岗梁林海、热水温泉、阿斯哈图石林、白音乌拉游牧文化旅游区、达里湖、青山、乌兰布统草原、玉龙沙湖、喀喇沁蒙古亲王府等		阿斯哈图石林、喀喇沁亲王府、达里湖、克什克腾世界地质公园
张家口	张北草原、沽源塞外庄园、万龙滑雪场、宣化古城、中国黄帝城等		沽源塞外庄园、万龙滑雪场
承德	避暑山庄、塞罕坝、御道口、丰宁第一草原、金山岭长城等	避暑山庄旅游区	塞罕坝国家森林公园、御道口草原森林风景区、普宁寺、普陀宗乘之庙、丰宁京北第一草原、磬锤峰国家森林公园、金山岭长城旅游区

资料来源：多伦诺尔产业专题研究。

旅游业是综合性产业，与相关产业的投资带动作用比例达到1∶7，产业关联度较高，对其他产业结构调整起着十分重要的导向作用，对经济拉动作用十分显著。同时旅游业是劳动密集型产业，安排就业的平均成本要比其他行业低36%左右，因此发展旅游业更有利于增加就业岗位，促进人口聚集。因此在多伦诺尔培育锡盟南部区域中心城市的过程中，充分利用其良好的自然生态环境，挖掘藏传佛教、察哈尔文化、蒙元文化、商旅文化、红色文化资源，大力发展旅游业不仅能从社会经济方面增加城市的凝聚力和吸引力，同时也将在增加城市软实力，加强文化交流和环境建设方面产生积极影响。

多伦诺尔生态文化旅游业的发展应以"水"为代表的自然资源和以"民族、宗教、红色"

为代表的文化资源发掘开发为核心。享誉海内外的元上都遗址、地域特征浓郁的多伦古城，"双核"互动，特色鲜明。以多伦湖、滦源殿为主发展水上游乐，南沙梁、北方沙地植物园为主发展漠南生态观光，以滦河源国家森林公园、姑娘湖、大渡口为主发展生态观光度假，以汇宗寺、山西会馆为主发展历史文化旅游，以察哈尔抗战纪念地为主发展红色旅游。以各产业发展联动为抓手，开发旅游文化题材的附加服务业。以"高定位布局、差异化发展"为特点，形成以多伦为核心的区域旅游服务中心与集散中心，整合正蓝旗等周边地区旅游资源，实现与克什克腾旗、河北围场旅游的联动。

3. 绿色农畜产品加工业

国家赋予内蒙古"绿色农畜产品生产加工输出基地"的发展重任，因借得天独厚的草牧场资源，空气、水质、土壤基本保持无污染状态，锡盟是我国重要的绿色农畜产品生产加工输出基地（表 5-11）。多伦诺尔地处我国北方典型的农牧交错带，水草肥美，生态环境良好，工业污染较少，拥有发展绿色农业生产独特优势与潜力。

锡盟南部区域农牧业资源统计表　　　　　　　　　　　　　　表 5-11

	农林牧渔业产值（万元）	农作物播种面积（km²）	粮食产量（t）	油料产量（t）	猪牛羊肉产量（t）	羊毛产量（t）	年末牲畜存栏头数（万头只）
多伦县	131444	507.2	51207	363	17441	31	16.90
正蓝旗	99675	174.8	56116	972	19093	609	35.83
正镶白旗	71780	155.3	7664	704	8306	718	24.79
太仆寺旗	177790	944.67	137690	5330	10600	110	15.22
镶黄旗	51173	29.7	2005	8	6068	707	21.81
锡盟南部地区合计	531862	1811.67	254682	7377	61508	2175	114.55

数据来源：《内蒙古统计年鉴2013》。

面对周边旗县农牧业格局的相似性，为尽量避免区域内部竞争造成浪费，多伦诺尔绿色农牧加工业的发展应立足于锡盟南部区域中心城市的定位，致力于农牧产品的高端加工和开发，协调其周边旗县的配套生产，实现区域带动和自身提升的两个突破。加强农业基础设施建设，提高综合生产能力，培育和引进农牧业龙头企业，延伸农业产业化链条，增强农牧产品加工业内部上下游联动，提高产品附加值。培育绿色品牌，发展绿色食品、有机食品和安全食品。

4. 新型能源化工产业

内蒙古是我国重要的现代煤化工生产示范基地之一，大型煤化工是内蒙古新型产业，也是最具发展潜力的产业，目前正按照"基地化、大型化、一体化"的方向稳步推进。以煤炭为基础的产业有着较为丰富的产业链条，建设集煤炭采选、火力发电、煤化工及相关配套为一体的煤基能源化工基地，利于实现空间集聚、产业共生、物质循环。锡盟以煤炭为主的矿产资源丰富，煤炭探明储量 1448 亿 t，探明加预测储量超过 2600 亿 t，居内蒙古自治区内第二位，褐煤总储量居全国第一位，褐煤中灰、低硫、低磷，是优质化工用煤，适合就地转化。近些年，锡盟煤化工业稳步推进，发展迅猛，2012 年化学工业增加值完成 15.3 亿元，比上年增长 179.3%，增速占五大重点行业的首位（图 5-6），成为未来一段时期内锡盟最有发展前景的行业。煤化工产业用水量较大，锡盟的大部分地区水资源匮乏，锡盟南部的多伦诺尔水资源相对丰富，适合发展能源化工产业。多伦诺尔大唐煤化工、晶鼎聚龙氟化工、蓝旗电厂等能源类产业集群的投产使锡盟南部的多（伦）蓝（旗）地区成为内蒙古新型能源基地的重要组成部分。多伦新型工业化化工区是锡盟境内的第 3 个自治区级工业园区，以煤化工、氟硅化工、塑料、建材、物流为支柱产业，截至 2013 年，多伦煤化工企业达到 5 家，2013 年煤化工生产各类产品折合聚丙烯 21.3 万 t。因此新型能源化工业在较长一段时期内将是多伦诺尔地区最重要的主导产业和支柱产业。

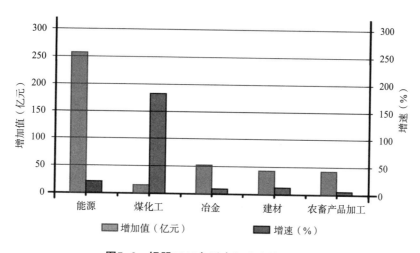

图5-6 锡盟2012年重点行业产值和增速

资料来源：根据《锡林郭勒盟产业结构调整规划》（2013年10月公布的征求意见稿）中基础数据整理绘制

面对脆弱的区域生态环境，多伦诺尔在培育锡盟南部区域中心城市的过程中应通过建设循环产业链和吸收引进高新技术两种途径，推动本地新型能源化工发展、升级，汇集生产、研发、服务、交易等多种功能。

5. 战略性新兴产业

多伦诺尔培育锡盟南部区域中心城市，其产业发展应该适当高端化。锡林郭勒盟是我国重要的能源基地，同时生态环境脆弱，水资源不足，环境保护压力大，因此节能环保产业发展空间很大，意义非凡；得益于相对京津冀较低的气温和清洁的空气环境，使得锡盟南部地区适合对接北京现代信息技术产业发展云计算等数据处理与运营服务产业；丰富的太阳能、风能资源，给发展清洁能源产业和智能电网新能源产业，提供了得天独厚的条件；延伸新型煤化工产业链，可以发展高分子材料等新材料产业，配合锡盟的农畜产品加工业和煤炭采掘、冶金等本地产业的需要，可以发展智能装备制造业（表 5-12）。因此，多伦诺尔应紧抓"京锡共建战略性新兴产业体系"的机遇，以融入京津为契机，积极布局战略性新兴产业。立足本地资源丰富的比较优势，通过产、学、研、用相结合，大力推进科技含量高、市场前景广、带动作用强的新材料、新能源，产业化、规模化发展；大力支持"云计算"项目的开展，加快以"云计算"为主线的信息服务产业体系的发展；坚持技术引进、消化与自主创新相结合，对接本地新型化工、新能源、新材料和现代信息服务产业的发展，积极引进高新装备制造业。

适合多伦发展的战略性新兴产业目录　　　　　　　　表 5-12

	节能产业
节能环保产业	节水产业
	环保产业
	资源综合利用产业
新一代信息技术产业	数据处理与运营服务（云计算、数据处理中心）
高端装备制造	智能制造装备（智能化食品制造生产线、矿山、冶金智能化专用设备）
	太阳能
新能源产业	风能
	智能电网
新材料产业	先进高分子材料
物联网产业	数据处理

6. 养老服务产业

中国逐渐进入老龄化社会（60 岁人口达 10% 或 65 岁人口达 7%），传统的家庭养老模式不再适应老龄化需求，养老服务产业成为解决老有所养、老有所居的朝阳产业，京津冀三地 65 岁以上老年人口占总人口比重均超过 8%，已经进入老龄化社会发展阶段。截至 2012 年北京市 60 岁以上老龄人口占全市常住人口 13.8%（户籍人口老龄化超过 20%，老年抚养系数高达 27.6%），65 岁及以上老龄人口占常住人口 9.1%（190.4 万人），北京目前养老机构 401 所，床位数 7.15 万张，远远满足不了老龄化对养老设施的需求（图 5-7）。全国目前有养老和残疾人服务机构 4.2 万个，床位 381 万张，收养老年人 262 万人（全国 60 周岁以上人口 1.94 亿），就全国范围的养老机构数量和质量来看，也远远不能满足养老需求。养老设施的供需矛盾随着老龄化时代的到来日益凸显。

随着老龄人口的不断增加，高昂的生活成本等问题，严重制约着京津地区养老服务业的发展，未来将有大量的老年人口选择生态环境良好、交通便捷、养老设施完备、生活成本较低的地区颐养天年。人口老龄化对养老服务业提出了更高要求，也给经济社会发展带来了巨大的机遇，根据《国务院关于加快发展养老服务业的若干意见》，发展养老服务业是未来解决养老供需矛盾的主要措施。

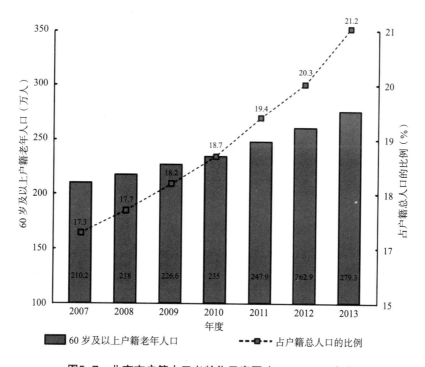

图5-7 北京市户籍人口老龄化示意图（2007~2013年）

养老产业和养老服务业在我国整体服务业里是一个新生的业态，随着社会老龄化程度的加剧以及公共服务的日益完善，很可能成为我国第三产业中一个迅速崛起的行业。[137]京津冀地区人口老龄化严重，养老设施稀缺，多伦诺尔生态好、空气好适合发展养老产业，未来可作为京津后花园，承接京津冀地区养老人口和旅游人口，发展养老服务产业是多伦诺尔产业发展的必然选择。

多伦诺尔应调研京津冀地区对养老服务业的需求情况，通过建设适老型地产设施、发展养老医疗保健行业、发展适老型文化产业，带动老年人食品、医疗、服装、家具、行动用品和养老保险业等行业的发展。

5.3 多伦诺尔产业空间布局

5.3.1 产业空间布局的内涵及影响因素

产业空间布局是一个地域综合概念，包括宏观格局与构架，产业空间组合关系、各级经济中心与周围地域及城市间的关系，区域结构网络关系和空间结构类型等。包括核心、外围、网络三者的组合关系[139]。产业空间布局通过一定空间组织形式（空间结构）把散落在区域内的各类资源和生产要素组织为各类经济活动，合理调配资源和各类要素，从而产生效益。城市产业结构升级、经济转型发展，必然体现在产业空间布局的优化和城市空间的重组上[140]。区域经济发展效果不仅仅取决于经济要素总量，同时也取决于区域经济要素和空间布局，产业空间布局与区域经济发展唇齿相依、互促共进。

产业空间布局会随着时间的推移和区域经济发展而发生空间结构演变，学者陆大道总结前人研究成果，认为区域产业空间结构演替经历了农业主导阶段、过渡性阶段、工业化和经济起飞阶段、技术工业和高额消费阶段等四个阶段[141]。对于京津冀地区来讲产业空间结构演替正处于第三阶段向第四阶段快速发展时期，基本表现为产业扩散能力迅速增强，国民经济呈强烈动态增长态势，国民人均收入增加较快，产业空间结构由"中心—边缘"向"多核心"演变。而对于锡盟南部地区来讲目前还处于过渡性阶段，城市处于区域经济增长中心地位，开始对周边腹地产生影响，商品生产和交换的规模逐渐增大，产业空间结构呈现"中心—边缘"不稳定状态。

产业空间布局的影响因素包括：区域资源条件、需求导向、区域之间的经济联系、生产的集中与分散、政策体制等因素。首先，一定地域内的资源条件、劳动力条件、资金和技术条件，是产业空间布局的先天条件和决定要素，产业结构的发展水平，一般以区域生产要素的现状条件为基础和前提。其次，区域产业空间布局受需求因素的影响较大，旺盛的消费需求为产业发展提供了市场保障，需求结构引导着产业空间结构的形成和发展，区域经济开放度越高越利于产业结构的优化和重组。第三，区域之间的物资、资金、技术和劳动力等必然存在各类联系，这种联系越紧密区域内的产业结构效应就发挥得更好，越利于形成合理的产业空间布局。第四，生产的集聚与分散也会对产业空间布局产生影响，任何企业均会追逐"聚集效益"和"规模效益"，使得企业自发地向一定地区不断集中，形成不同的产业结构。产业集中会带来资源、基础设施、环境等方面的压力，从而推动生产向低成本区域转移和分散。产业的集中和分散共同作用于生产要素的区域流动，从而引起区域产业结构演替。第五，国家的区域政策、产业政策、管理体制都会影响到产业空间布局，如东部沿海率先发展、西部大开发、中部崛起等国家宏观政策对我国产业空间布局影响较大。

5.3.2 多伦诺尔地区产业空间布局研究

1. 锡盟南部产业空间布局

国家赋予内蒙古"五个基地"的区域发展重任，围绕"五个基地"建设的资源和能源重点产业布局中锡盟占据重要战略地位(表5-13)，从前述章节对内蒙古各盟市的资源分析中可知，锡盟煤炭资源丰富，是我国重要的能源和煤化工基地，多伦诺尔水资源相对丰富，水煤结合适宜发展煤化工产业。锡林郭勒盟"十二五"提出了"三三四"产业体系构想，煤炭电力、现代化工、农牧产品深加工三个优势产业保持全国领先地位，装备制造、冶金建材和新能源三项主导产业大力推进,商贸物流、生物医药、草原旅游、金融服务四个战略产业积极培育。其中煤炭电力、现代化工、农牧业产品深加工、冶金建材、新能源、商贸物流等产业均适合在多伦诺尔地区发展,以多伦大唐煤化工为核心的现代煤化工产业基地和以蓝旗电厂为核心的煤电产业基地正在形成,多蓝双核(现代化工、煤炭电力)产业集群构成锡盟南部产业空间布局的核心,现代商贸物流业、生态文化旅游业、绿色农畜产品加工业等其他主导产业布局较为分散。

内蒙古重点产业布局引导 表 5-13

能源产业基地	煤炭基地	以锡林郭勒为核心的蒙东大型煤炭基地
		以东胜为核心的神东大型煤炭基地
	煤电基地	呼伦贝尔煤电基地
		锡林郭勒煤电基地
		鄂尔多斯煤电基地
	风电基地	蒙东(锡林郭勒为核心)千万千瓦级风电基地
		蒙西(乌拉特中旗、后旗为核心)千万千瓦级风电基地
煤化工产业	蒙西基地	呼和浩特托克托县、清水河县等,鄂尔多斯市的准格尔旗、杭锦旗、鄂托克前旗、乌审旗、达拉特旗等;乌海市及周边地区,巴彦淖尔市的乌拉特前旗、乌拉特后旗、杭锦后旗等
	蒙东基地	呼伦贝尔市、陈巴尔虎旗、鄂温克旗等,兴安盟的乌兰浩特市、科尔沁右翼中旗等,锡林郭勒盟的多伦县等,通辽市的霍林郭勒市、扎鲁特旗等,赤峰市的巴林右旗、克什克腾旗等

多伦诺尔要实现锡盟南部区域中心城市的目标,依据增长极理论和点—轴开发理论,锡盟南部地区的产业和经济发展首先会以多伦诺尔和正蓝旗为"双核"中心,以一定区域范围作为腹地支撑,依据资源分布和现状产业分布情况,逐步实现对锡盟南部区域的梯次带动,因此锡盟南部区域的产业布局需要形成一定的层次和结构关系。由于资源禀赋、社会经济条件和产业基础不同,按照区位优势理论[①],锡盟南部5个旗县的产业类型应形成梯度,多伦诺尔以商贸物流和煤化工为主、正蓝旗以煤电产业为主、太仆寺旗以绿色农畜产品加工运输业为主、镶黄旗以石油和石材产业为主、正镶白旗以商贸物流和绿色畜产品加工运输业为主,产业布局互相依存、互为补充、错位发展(表5-14、图5-8)。

锡盟南部优势资源和优势产业分布 表 5-14

旗县名称	优势资源	主导产业
多伦县	水资源、旅游资源、生态资源	新型能源化工、生态文化旅游业、农畜产品加工、现代商贸物流
正蓝旗	畜牧业资源、电力资源	煤电综合利用、新型建材、矿产品加工、畜产品加工
正镶白旗	畜牧业资源	风电产业、矿产品采选加工、畜产品加工

[①] 区位优势理论认为每一个地区具有生产某种产品的绝对有利或相对有利条件,区位优势由资源条件、社会经济条件和产业发展基础等因素构成。

续表

旗县名称	优势资源	主导产业
镶黄旗	石油资源、石材资源、风电资源	石材产业、石油产业、风电产业、畜产品加工
太仆寺旗	农牧业资源	农畜产品加工、现代商贸物流

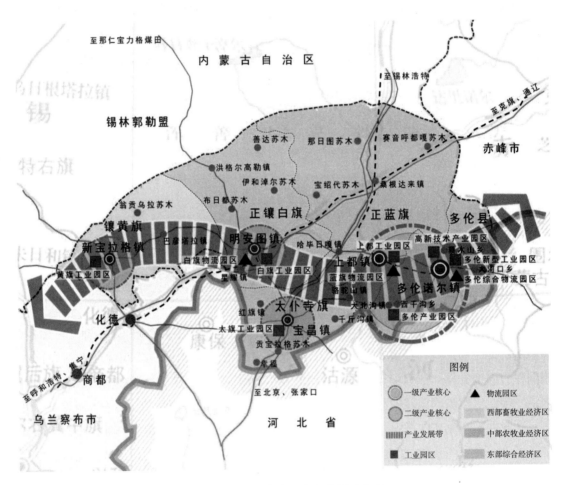

图5-8 锡盟南部产业空间布局示意图

多伦诺尔的产业定位应向高端方向发展，周边旗县对其形成紧密配合关系。促进各个旗县的重点产业向 S308 聚集，形成沿交通干线产业发展带，从而利于形成梯次带动的格局。多伦诺尔现代煤化工产业为龙头，经济协作的重点放在围绕多伦大唐煤化工项目，延长煤化工下游产业链条和配套产业，促进中、小企业集群式发展。正蓝旗与多伦县同属于锡盟南部区域经济社会基础好，资源富集，区位交通条件优越的地区，且地理位置毗邻，因此，在多伦诺尔培育锡盟南部区域中心城市的进程中，需要妥善处理好二者之间的竞合关系，培育"多蓝核心产业区"，实现共赢。

2. 多伦诺尔产业空间布局

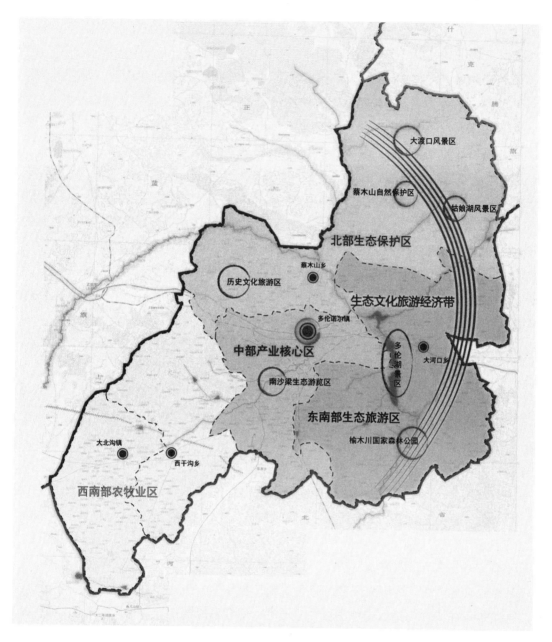

图5-9 多伦诺尔产业空间布局图

资料来源：多伦诺尔产业发展战略及空间布局研究

根据资源禀赋、产业基础和区位条件等因素，将多伦县划分为中部产业核心区、北部自然保护区、西南部农牧业区、东南部生态旅游区等四个功能分区。中部核心区为综合型产业经济区，分布了多伦县最主要的现代化工业、商贸物流业、高新技术产业。而北部自然保护区以自然景观保护和开发为主线，注重生态水土的保持与涵养。西南部农牧业区主要发展农牧一体化种植、养殖、生产、加工、经营等绿色生态农业，重点在于打造适宜地方特色的农牧经济。东南部生态旅游区是多伦县未来将要大力开发的生态文化旅游经济带，总体上呈"弓箭"形分布，以"水"景观和文化为主线，将形成全方位、立体式、高质量的旅游休闲服务景点和产业群（图5-9）。

多伦诺尔城市产业核心区以发展商贸物流、文化创意、历史文化旅游、新型能源化工等第二、第三产业为主，多伦诺尔绿色农牧业和生态旅游业则主要在县域中心城区外围。中心城区在未来发展中，应以建立锡盟南部经济中心为目标，建立完善的第三产业网络体系。通过新城区的空间拓展，为第三产业的高端发展提供必要的空间。

多伦诺尔的工业和区域物流业基本以园区形式集中发展，包括新型工业园区、高新产业园区和公铁物流园区。新型工业园区位于中心城区以东，控制面积 40km^2 左右，包括以现状大唐国际为主体的现代新型能源化工产业区和循环经济示范园区两部分，前者重点巩固和提升现有的煤化工产业，后者将重点发展循环、高端的新能源化工、制造等环保、洁净制造产业。高新产业园区控制 10km^2 左右，是多伦未来现代高新技术工业的孵化区。南部结合铁路货运车站和城市南部公路出入口布局公铁联运物流园区，承担未来多伦公路铁路物流货运的周转中心功能。

5.4 本章小结

城市的产生和发展始终与产业相伴。依托多伦诺尔培育锡盟南部区域中心城市，离不开产业结构调整、产业分工与合作、产业梯度转移、产业布局与城市空间结构的互动。多伦诺尔自古便为漠南商道重镇，历史上曾一度非常繁盛，有着辉煌商业发展史。多伦诺尔目前产业结构呈现二三一的特征，工业结构以重化工业为主，轻重工业产值之比达1:29，资源依赖型特征明显，工业化进程虽进入中期阶段，但产业结构、工业结构和就业结构均不协调。

本研究基于多伦诺尔产业发展基础、锡盟产业发展综合部署、首都经济圈产业协同发展等三个层面的分析，将多伦诺尔的产业类型划分为主导型产业、战略型产业和辅助型产业三种类型。未来作为锡盟南部区域中心城市，适宜发展的产业有：①商贸物流业；②生态文化旅游业；③绿色农畜产品加工业；④新型能源化工业；⑤战略性新兴产业；⑥养老服务产业。

产业空间布局受区域资源条件、需求导向、区域之间的经济联系、生产的集中与分散、政策体制等因素影响。锡盟南部地区综合考虑资源禀赋、区位优势、产业基础等因素，以优化产业结构、承接京津冀产业转移、区域联动为策略，形成以"多蓝双核"（现代化工、煤炭电力）产业集群为核心，沿区域重要交通干线（G510、G239）为主体、以产业园区为载体的空间布局，实现产业协调发展。重点建设多蓝核心产业圈，使其成为整个锡盟南部区域经济崛起的先行区，承接产业转移的核心区，辐射带动锡盟南部整体发展。

多伦诺尔县域划分"中部产业核心区、北部自然保护区、西南部农牧业区、东南部生态旅游区"四大产业经济板块，引导工业向园区集中，人口向城镇集中，农牧业向生产条件较好的地区集中，逐渐形成以多伦诺尔中心城区为发展核心的产业布局。

第6章　人口与城镇化途径

6.1　中心城市适宜人口规模

城市的经济、社会、产业发展均以一定人口规模为前提，根据第4章区域中心城市构建条件的相关研究，区域中心城市应具有适宜的城市规模，适宜城市规模包括人口规模和空间规模两层含义，本章节主要讨论多伦诺尔构建锡盟南部区域中心城市的适宜人口规模。

2013年锡盟总人口104.06万人，锡盟南部总人口50.82万人，占全盟总人口的48.8%，多伦诺尔总人口10.9万人，其中城区常住人口5.03万人。多伦诺尔目前的人口规模很难承担区域中心城市的发展重任，如何在短时间内聚集一定规模的人口，有效发挥聚集效益，同时以不破坏生态承载能力，实现区域可持续发展为限，适宜人口规模是多伦诺尔构建区域中心城市的重要条件之一。

6.1.1　适宜人口规模下限

有关城市合理规模的问题是规划界研究的主要课题之一，国内外关于城市规模的划定标准因国家和地区不同而存在较大差异，我国城市规模划分标准在不同时期也不尽一致。2014年11月国务院新印发的《关于调整城市规模划分标准的通知》明确了我国新的城市规模划分标准，主要以城区常住人口为标准，将城市规模划分为五类七档，城区常住人口50万以下的城市为小城市，其中20万以上50万以下的城市为Ⅰ型小城市，20万以下的城市为Ⅱ型小城市；城区常住人口50万以上100万以下的城市为中等城市；城区常住人口100万以上500万以下的城市为大城市，其中300万以上500万以下的城市为Ⅰ型大城市，100万以上300万以下的城市为Ⅱ型大城市；城区常住人口500万以上1000万以下的城市为特大城市；城区常住人口1000万以上的城市为超大城市。[①]国内有学者从区域中心城市的影响范围和人口规模等角度对其进行分类，按影响范围大小分为跨省区域中心城市、省域区域中心城市、省内区域中心城市，按照人口规模分为五级（一级 >500万人，二级 200万～500万人，三级 100万～200万人，四级 50万～100万人，五级 25万～50万人）[142]。姚士谋认为：中心城市，一般是指50万人口以上具有省际或区域意义的政治、经济中心。也有

---

① 《关于调整城市规模划分标准的通知》. 2014.

学者认为相对于所研究的区域而言，各种不同规模的城市均具有成为中心城市的可能，因此中心城市不是一个描述城市规模等级的概念，我国的中心城市分为全国性、省际性、区域性和县域性四个层次，作为区域中心城市人口规模应为 30~120 万之间的大城市[40]。

　　根据金本良嗣（Yoshitsugu Kanemoto）等学者对日本和美国城市的研究，一个城市达到 25 万以上人口，将具有较强的城市规模经济性，可以建立起一个由多个部门组成的有应变能力的产业结构，有能力抵御各种来自外部与内部的冲击，为存在与发展创造条件，从而可立于不败之地。同时，一个具有 25 万以上人口的城市，才能较为经济地建立起规模合理的基础设施，使之既能保证为城市发展提供必要的公共服务事业，有能力在与城市系统保持密切联系的同时，又牢牢控制住一片腹地，有力地推动腹地的经济向前发展。对美国的调查还表明，城市人口在 25~50 万时，按人口平均的城市公用事业费用最低[143]。

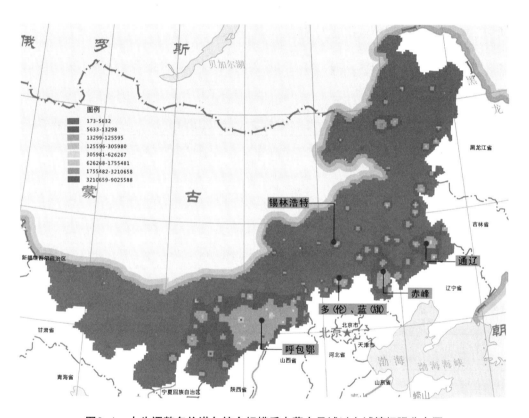

图6-1　人为调整多伦诺尔综合规模后内蒙古县城以上城镇场强分布图

　　在内蒙古县级以上城镇场强格局分析中，得出锡盟南部处于周边区域中心城市辐射盲区，经济社会发展相对落后，为促进锡盟南部五旗县快速发展，亟须培育区域中心城市的结论。假设内蒙古各县级以上城镇的综合规模不变，通过人为改变多伦诺尔综合规模看其对锡盟南部区域城镇场强的影响，可以发现当多伦诺尔的城市综合规模人为提高到现状的 4 倍时，锡盟南部区域城镇场强"塌陷区"基本消除（图 6-1）。而城镇综合规模与人口规模基本具有简单的正向线性关系，因此可以判断多伦诺尔城市人口规模如果提高到现状人口规模的 4 倍，亦即 20 万左右时（多伦诺尔现状人口为 5.03 万），能充分发挥锡盟南部区域中心城市的职能。从锡盟南部区域发展要求角度，多伦诺尔城市人口规模达到 20 万人左右，可以担当起锡盟南部区域中心城市的重任。

内蒙古目前的区域中心城市，除呼和浩特和包头以外，其他区域中心城市人口规模基本在 50~100 万人左右，锡林浩特人口规模 20 万人左右，阿拉善左旗人口规模甚至不足 10 万人，城市人口规模均不大，但对于草原地区的发展依然起着引领作用。因此，对于地广人稀的草原城镇来讲，人口规模下限不应成为区域中心城市的门槛，本研究所提出的适宜人口规模是一种理想状态，并非区域中心城市的决定因素。

综合考虑国内外关于区域中心城市人口规模的相关研究，结合内蒙古地广人稀的地域特征和锡盟南部实际情况，本研究认为锡盟南部区域中心城市的适宜人口规模下限为 20 万人左右，达到我国 I 型小城市的人口规模标准下限。

6.1.2 适宜人口规模上限

锡盟南部五旗县水资源量汇总表（单位：万 m^3） 表 6-1

旗县	地表水资源量		地下水资源总量			地下水与地表水资源量间重复计算量 $M \leq 2g/L$	水资源总量		
	多年平均径流量	地表水可利用量	地下水资源总量	$M \leq 2g/L$ 地下水资源量	地下水可开采量		水资源总量	$M \leq 2g/L$ 水资源总量	水资源可利用量
太仆寺旗	2785	1502.2	7116.78	7116.78	4415.52	2097.29	7804.49	7804.49	5679.58
镶黄旗	0	0	5097.31	5097.31	2363.92	0	5097.31	5097.31	2363.92
正镶白旗	66	35.60	15380.24	15380.24	6511.39	38.19	15408.05	15408.05	6541.35
正蓝旗	4979	2685.63	31044.37	31044.37	13687.78	2632.97	33390.4	33390.4	15947.65
多伦县	11849	6391.26	7575.45	7575.45	4545.27	7020.01	12404.44	12404.44	9923.31
合计	19679	10614.7	66214.15	66214.15	31523.88	11788.46	74104.69	74104.69	40455.81

注：M为矿化度。

资料来源：《内蒙古自治区水资源及其开发利用调查评价（T10055301901）》。

对于生态条件非常脆弱的内蒙古地区来讲，以生态承载力来界定城市人口规模上限，对保护生态环境促进区域协调发展无疑是非常有意义的。本研究以水资源承载力作为多伦诺尔适宜人口规模上限。水资源承载力是指某一地区水资源，在一定社会历史和科学技术发展阶段，在不破坏社会和生态系统时，最大可承载农业、工业、城市规模和人口的能力，是一个随着社会、经济、技术发展而变化的综合目标[144]。

锡盟南部五旗县多年平均水资源总量 74104.69 万 m^3，水资源可利用量 40455.81 万 m^3，人均可利用水资源量为 1458m³，属于水紧张地区（表 6-2），按照现在的人口和发展模式将出现周期性和规律性用水紧张。锡盟南部地区地均水资源量为 2.56 万 m³/km²，远低于 20万 m³/km² 的"空间压力"指数临界标志（牛文元，1994），说明锡盟南部地区水资源相对于空间也已经造成压力。地表水主要集中在南部的多伦诺尔，地下水资源由于水文地质条件的差异，分布不均，浑善达克沙地、太仆寺旗四道沟等区域地下水资源相对较富集，其余区域相对较贫乏，且开采难度较大。

法尔肯马克（Malin Falkenmark）水紧缺指标　　　　　　　　表 6-2

水状况类别	人均可更新水资源（m³/a）	水状况描述
富水	>1700	局部地区、个别时段出现水问题
水紧张	1000~1700	将出现周期性和规律性用水紧张
缺水	500~1000	持续性缺水，抑制经济发展，影响人的健康
严重缺水	<500	极其严重的缺水

资料来源：多伦诺尔生态保护专题研究。

适宜人口规模可利用以下公式初步计算：

$$C = \frac{\lambda \times W_0 \times \sigma}{W_p \times 365}$$

其中：C 为研究对象的水资源人口承载力；W_0 为该地区的水资源总量；λ 为水资源利用系数，反映水资源利用的技术条件；σ 为生活用水占用水总量的比重，反映水资源的可持续性因素；W_p 为该地区人均生活用水量标准，反映当地人们生活水平因素[145]。

W_0 取锡盟南部五旗县多年平均水资源量 74104.69 万 m³；λ 取值以国际上公认的水资源合理开发利用的警戒线值 40% 为准；综合该地区多年生活用水比例以及将来水利用结构变化，σ 取 20%。城市居民生活用水量标准为 80~135L/（人·d），计算得出的南部五旗县水资源量承载人口为 120.31~203.02 万人。多伦诺尔作为锡盟南部区域中心城市至少应聚集区域内 40% 以上的人口，则多伦县总人口应在 48~80 万人。以多伦县域水资源量承载力作为校核，W_0 取多伦县多年平均水资源量 12404.4 万 m³，计算可得多伦县人口在 20.14~33.98 万人（表 6-3）。

南部五旗县及多伦诺尔水资源人口承载力情况　　　　　　表 6-3

地区	水资源总量（万 m³）	人口承载力（万人）	
		80 L/（人·d）	135L/（人·d）
南部五旗县	74104.69	203.02	120.31
多伦诺尔	12404.4	33.98	20.14

资料来源：多伦诺尔生态保护专题研究。

适宜人口规模也是动态变化的，随着时间的推移、社会经济发展、技术进步的影响而发生改变，相同条件下适宜人口容量会随着生产力水平和区域开放度的提高而增大，随着消费水平的提高而降低。水资源承载能力具有地域差异性，与生态环境成正相关关系，同一区域的水资源承载力会随着生态环境的改善而增强。因此锡盟南部的水资源承载力也会随着时间推移、社会经济发展、生产技术进步、生态环境改善等因素而动态发展。综合锡盟南部五旗县和多伦县域水资源人口承载力，参考锡林浩特等区域中心城市现状人口规模，本研究认为多伦诺尔适宜人口规模上限为 40 万人。

6.2 区域人口发展趋势与多伦诺尔人口现状

6.2.1 区域人口发展变化趋势

1. 京津冀地区人口发展趋势

2000~2013 年，京津冀地区人口由 0.9 亿增加至 1.087 亿，年均增长率 13.6‰，几乎是同期全国平均增长率的 3 倍左右，占全国人口增量的近 1/5。如果京津冀长期保持人口高速增长状态，城市的生态环境、基础设施、交通出行、公共设施和城市空间将面临巨大挑战。北京和天津的人口更是超常规增长，2000~2013 年京津两市人口净增长 1204 万人，占到京津冀人口增量的 68.89%，2013 年北京常住人口高达 2114.8 万人，比 2000 年增长了 750.8 万人，年均增长 57.75 万人，相当于每年增加一个中等城市。不断增长的人口规模给北京的生态环境带来巨大压力，水资源承载能力几近极限。京津冀三地水资源总量为 247.2 亿 m^3，人均水资源仅 227m^3/ 人，位居全国十大流域之末，低于联合国公认的 300m^3/ 人的维持可持续发展人均水资源最低标准，其中北京每年缺水近 12 亿 m^3，天津每年缺水约 20 亿 m^3，河北省每年缺水多达 50 亿 m^3。虽然南水北调中线一期工程已经完工并于 2014 年 12 月 12 日正式通水，将分配给京津冀 50 亿 m^3 水量（北京 10 亿 m^3，天津 10 亿 m^3，河北 30 亿 m^3），京津冀地区可利用水资源总量将增加至 297.2 亿 m^3，人均水资源量依然只有 273.3 亿 m^3，根本无法完全解决京津

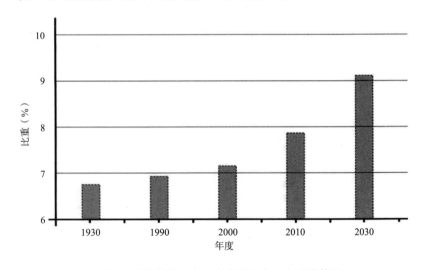

图6-2　京津冀地区人口占全国总人口比重趋势图

冀的需水问题。在近期无法有效增加可利用水资源的情况下，按照联合国维持可持续发展人均水资源最低标准，京津冀地区水资源仅能承载 9906 万人，也就是说京津冀在区域协调人口综合布局的基础上，现状人口中至少还需要外迁 968 万人至有适宜水资源保证的地区。根据孟庆华的研究，北京人均生态足迹是 3.266hm²，人均生态承载力为 0.444 hm²，理论人口规模为 1318 万人，现常住人口已经远远超出了其生态承载力所能够容纳的人口容量，生态形势严峻。按照 2012 年区域生态赤字水平，北京市需要转移人口规模约411 万人[146]。

然而北京因高度集中的城市功能具有超强的人口集聚能力，权力高度集中的体制、庞大的全国总人口和强烈的首都情节是北京人口膨胀的三大要因。根据学者胡兆量的研究，在首都的特殊地位、全国的城市化过程、全国人口总规模继续增长的共同作用下，未来北京的人口将继续增长，而且这一增长大体还要维持 40 年左右[147]。从国际经验来看，单纯政治背景的首都一般占到全国总人口的 1.5% 左右，未来中国人口峰值将达到 15 亿左右，15 亿的 1.5% 就是 2250 万人，而北京还不仅仅是单纯的政治中心，是具有综合功能的首都①，因此人口规模将突破这一数值。据清华大学建筑与城市研究所《北京城市总体规划实施评估空间趋势和战略思考》中预测，2030 年北京常住人口可能达到 2275~2525 万人，2049 年达 2700~3100 万人，水资源和土地资源将面临更为严峻的考验。

因此北京面临在大区域范围内分散人口的巨大压力，要控制北京的人口规模必须从疏解城市功能入手，使部分城市功能向周边地区扩迁，一方面可以缓解北京的人口压力，同时也可以带动周边区域协调发展，加强区域协调是北京发展的必然选择。京津冀地区建立"多中心城镇网络"的战略构想，虽然该区域的总人口一段时间内还将持续增长，但随着北京产业结构调整和部分产业外迁，也会有产业人口随之迁出，实现大、中、小城市和周边地区共同繁荣，给中小城市更多的发展空间和机会，实现腹地与区域中心协同发展。

2. 内蒙古人口变化总体趋势

20 世纪以来，内蒙古人口表现为向西部地区集中的总体趋势（表 6-4）。2001 年，蒙西（包头、呼和浩特、阿拉善盟、鄂尔多斯、乌海、巴彦淖尔）、蒙中（锡盟、乌兰察布）、蒙东地区（蒙东南：通辽、赤峰，蒙东北：兴安盟、呼伦贝尔）人口分布大致呈现 3.4：1.6：5 的格局，分别为 782.74 万人、362.11 万人和 1174.47 万人，2012 年，三区人口分布大致呈现 4.0：1.3：4.7 的格局，分别为 1014.1 万人、317 万人和 1158.8 万人。2001~2012 年，蒙西地区人口增长 231.36 万人，人口比重上升了 6 个百分点。蒙西地区除了巴彦淖尔市人口出现少量负增长外，其余盟市人口均有增加。包头、呼和浩特和鄂尔多斯人口尤其增长迅速。而蒙中、蒙东地区人口出现负增长，人口比重分别下降 3 个百分点和 1.3 个百分点。锡盟所在的蒙中

---

① 北京的综合功能体现在8大城市功能上：政治中心、文化中心、经济和金融管理中心、信息中心、交通中心、国际交往中心、旅游中心、高新技术制造业中心。

地区人口出现负增长主要源于乌兰察布市人口的下降。蒙东地区人口负增长主要源于兴安盟人口的负增长及赤峰、通辽市地区人口的缓慢增长，而呼伦贝尔地区人口数量变化不大。

内蒙古人口变化总体趋势　　　　　　　　　　　表 6-4

	地区	2012 年人口（万人）	2001 年人口（万人）	人口增长（万人）	人口比重变化
	蒙西	1014.1	782.74	231.36	6.0%
其中	包—呼地区	568.04	417.99	150.05	3.4%
	其他地区	446.06	364.75	81.31	1.6%
	蒙中	317.0	362.11	−45.11	−3.0%
	蒙东	1158.75	1174.37	−15.62	−1.3%
其中	蒙东南	744.55	747.47	−2.92	−0.8%
	蒙东北	414.20	426.9	−12.7	−0.5%

资料来源：《内蒙古统计年鉴2012》、《内蒙古统计年鉴2002年》。

3. 多伦诺尔周边地区人口增长特征

在蒙东、蒙中人口出现负增长的情况下，锡盟人口的增长可谓一枝独秀。2001~2012年，赤峰、兴安盟、呼伦贝尔、乌兰察布市均出现负增长，而通辽尽管不是负增长，但年均人口增长率仅为2.29‰。锡盟年均人口增长率达11.43‰，成为该区域人口重要的增长点。多伦县年均人口增长6.50‰，其人口增长率也高于内蒙古境内的其他相邻地区（图6-3）。

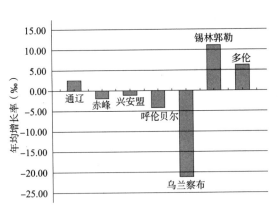

图6-3　2001~2012年蒙东地区人口增长特征

资料来源：2002年、2013年内蒙古统计年鉴

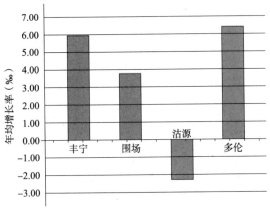

图6-4　2001~2012年冀北相邻县人口增长

资料来源：2002年、213年内蒙 古统计年鉴

与多伦县相邻的冀北三县，其人口增长均较为缓慢，沽源县甚至出现负增长，从2001年的22.98万人降至2012年的22.40万人。围场满族蒙古族自治县和丰宁满族自治县，人

口分别由 2001 年的 51.45 万人和 37.66 万人，增长到 53.6 万人和 40.2 万人，年均增长率分别为 3.73‰ 和 5.95‰，低于多伦县 6.50‰（图 6-4）。

综合以上分析，多伦县周边区域存在大量人口净迁出现象，而多伦县人口增长尽管较为缓慢，与周边区域相比，仍具有一定的优势。多伦县现阶段的人口集聚能力有限，但确实吸引了周边县市包括赤峰市、丰宁满族自治县、围场满族蒙古族自治县、乌兰察布市等地的人口。

6.2.2 多伦诺尔人口发展特征

1. 户籍人口增长较为缓慢

根据多伦诺尔"九五"至"十一五"15 年的人口统计数据来看，自 20 世纪 90 年代中期以来，多伦县人口规模经历了先下降，后上升的过程（图 6-5），截至 2010 年人口总量与 1996 年相比基本持平，为 10.5 万人。在 2005 年以前，由于自然增长率不断下降，同时人口迁移呈迁出大于迁入的净迁出状态，全县总人口规模不断下降。2005 年以后，自然增长率上升明显，达到 10‰ 左右，明显高于全国同期水平，同时也出现净迁入现象，人口总量呈上升态势。

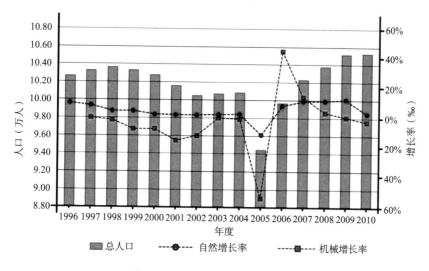

图6-5 多伦县人口规模及增长

资料来源：多伦县"九五"、"十五"、"十一五"统计资料及"五普"资料

2. 暂住和流动人口增长迅速

近20年流动人口、暂住人口增长 表 6-5

时间	暂住人口		流动人口	
	增加人数（人）	年均增长率（‰）	增加人数（人）	年均增长率（‰）
1992~1995	1442	231.7	6242	212.4

时间	暂住人口		流动人口	
	增加人数（人）	年均增长率（‰）	增加人数（人）	年均增长率（‰）
1996~2000	625	40.3	19711	231.5
2001~2005	3259	108.7	55865	290.5
2006~2010	6980	138.1	101912	186.1

资料来源：多伦县公安部门人口统计资料。

从表 6-5 统计的多伦诺尔流动人口和暂住人口数据可以看出，近 20 年来，多伦县暂住人口和流动人口逐年快速上升。1992 年，多伦县居住半年以上的暂住人口仅为 1660 人，在 1992~1995 年间，增速达到 231.7‰，此后 5 年增速放缓。2000 年以后，暂住人口又迅速上升。2001~2005 年之间，年均增长率达到 108.7‰，2006 年以来，则达到 138.1‰。至 2010 年，暂住人口达 17276 人，全县有流动人口 206003 人，是全县户籍人口的 2 倍左右。

多伦诺尔流动人口和暂住人口统计数据说明 20 世纪 90 年代初期，多伦诺尔对外联系较为闭塞，经济活动不活跃，90 年代中期曾有过短暂的人口聚集期，但持续时间不长，2000 年后多伦诺尔的流动人口和暂住人口增长较快，说明该地区对周边人口有较大的吸引力，具有聚集人口的基础条件。

3. 老龄化特征逐渐显现，总抚养比不高

多伦县人口年龄结构见表 6-6 所列。

多伦县人口年龄结构　　　　　　　　　　　　　　　　表 6-6

年龄	"三普"	"四普"	"五普"	"六普"
14 岁以下	37.7%	32.1%	20.2%	14.05%
15~64 岁	59.0%	64.2%	74.5%	79.21%
60 岁以上	5.0%	5.6%	8.2%	10.52%
65 岁以上	3.4%	3.7%	5.3%	6.74%
抚养比	69.6%	55.8%	34.2%	26.25%

资料来源：第三、四、五、六次人口普查资料。

4. 人口表现出缓慢集聚趋势

根据第三次人口普查至第六次人口普查数据来看，自 20 世纪 80 年代以来，多伦县 60 岁和 65 岁以上的老年人口比重不断上升，2010 年 60 岁和 65 岁以上人口比重分别达到 10.52% 和 6.74%，表明目前多伦县刚刚进入老龄化社会。但是由于未成年人比重不断下降，其下降速度快于老年人比例增长速度，因此多伦人口抚养比不断下降，到 2010 年仅为 26.25%。较低的抚养比表明多伦县总人口中劳动力资源比较丰富，有利于现阶段的经济社会发展。

从图 6-6 可以看出，近十年来多伦县总人口占全盟的 10% 左右，比重较为稳定。在南部五旗县（太仆寺旗、镶黄旗、正镶白旗、正蓝旗和多伦县）中，占 20% 左右，而根据第六次人口普查数据，多伦县总人口在南部五旗县中比重达到 26.7%，比重明显上升。

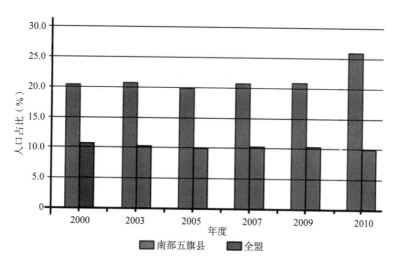

图6-6 多伦县总人口在区域中的比重

资料来源：根据锡盟统计年鉴绘制

从图 6-7 可以看出，多伦县城镇人口在全盟的比重占 8% 左右，该比重在缓慢上升。在南部五旗县中，比重在 20% 左右，略有波动。从表 6-7 统计数据可以看出，2003~2010 年，多伦县人口增长速度慢于全盟平均速度，增长较为缓慢，南部五旗县总人口出现负增长。

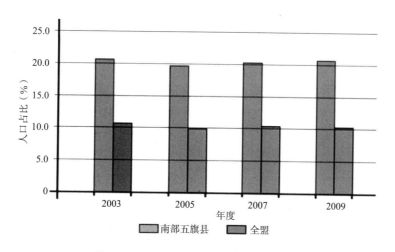

图6-7 多伦县城镇人口在区域中的比重

资料来源：根据锡盟统计年鉴绘制

多伦县人口增长比较 表 6-7

年份	总人口（人）			自然增长率（‰）	
	全盟	锡盟南部五旗县	多伦县	全盟	多伦县
2003	939736	481169	100767	4.4	2.1
2005	943212	475851	94541	-2	-11.8
2007	976945	494288	102223	9.7	11.3
2009	996526	501040	105149	6.5	12.2
2010	1028022	378092	100893		
增长数量（人）	88286	-103077	126		
年均增长率（‰）	12.9	-33.9	0.2		

资料来源：2004年、2006年、2008年、2010年锡盟统计年鉴，"六普"资料。

5. 人口城镇化速度适中

2003~2012 年，多伦县城镇化率从 34.1% 增长到 49.5%，年均提高 1.7 个百分点，高于内蒙古的 1.4 个百分点，增速与锡盟基本持平，城镇化率一直落后全盟城镇化率 10 个百分点左右。多伦县的城镇化率在南部五旗县中，略具领先优势。2003 年，多伦县城镇化率比南部五旗县平均城镇化率高 2.7 个百分点，2005 年，扩大至 4.6 个百分点，而 2005 年以后，多伦县城镇化进程在南部五旗县中的优势逐渐减弱，2009 年多伦县的城镇化率比南部五旗县的平均水平高 0.6 个百分点。进入 2011 年后，多伦县的城镇化速度在锡盟南部五旗县中的优势又表现出来。2012 年，多伦县的城镇化率比南部五旗县的平均水平高出 2.7 个百分点（图 6-8）。

6.2.3 多伦诺尔人口发展趋势

多伦诺尔的人口目前处于缓慢增长的状态，依靠传统的自然增长和机械增长方式很难在短时间内将城市人口聚集到一定规模。多伦诺尔构建锡盟南部区域中心城市，需要短时间内聚集一定规模的城市人口，按照常规发展模式肯定实现不了这一目标，寻求适宜的人口增长方式是多伦诺尔构建锡盟南部区域中心城市的重要工作之一。依据前述研究，多伦诺尔位于首都经济圈和首都功能协调区范围内，北京的产业外迁和人口外溢，为多伦诺尔聚集人口提供了有力支撑条件。

从区位、资源、产业、经济等角度对内蒙古各盟市比较分析中，可以得出锡盟具有较好的发展前景的结论。本章对锡盟人口发展趋势的分析中，内蒙古中部和东部区域人口呈下降趋势下，锡盟总人口不减反增现象，也验证了锡盟在区域发展中有较好前景这一结论。锡盟人口近几年表现出向盟域东部的锡林浩特市和西部地区的二连浩特市集中的趋势。其中锡林浩特市 2010 年有 24.6 万人，占锡盟东部地区的 52.2%，相比于 2001 年，增长了 9.8 个百分点。二连浩特市 2010 年人口为 7.4 万人，占锡盟西部地区人口的 41.5%，相比于 2001 年增长 16 个百分点。多伦县在南部五旗县中，集聚作用已经显现，但明显弱于锡林浩特市和二连浩特市。2010 年，多伦县人口占南部区域的 26.7%，相比于 2001 年的 20.9%，仅增长了 5.8 个百分点。2010 年锡林浩特市的城市人口占锡盟东部地区总人口的 44.56%，二连浩特市的城市人口占锡盟西部地区总人口的 38%，基本上能起到辐射带动锡盟东部地区和西部地区的作用。多伦诺尔城市人口在整个锡盟南部区域总人口中仅占 10.65%，无法起到区域中心城市的作用。

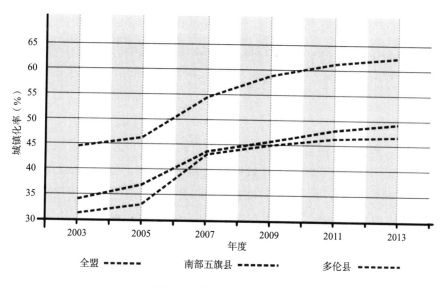

图6-8 多伦县城镇化率演变

资料来源：根据锡盟统计年鉴绘制

截至 2010 年底，多伦诺尔城市总人口为 5.03 万。1996~2010 年，多伦诺尔非农户籍人口从 19599 人缓慢增长至 33777 人，暂住人口从 3285 人迅速增长至 16542 人（约占全县暂住人口总数 90%），增长比较缓慢，按此趋势外推至 2030 年，多伦诺尔非农户籍人口将达到 6~8 万，暂住人口的发展则将达到 3~15 万（表 6-8），保守估计总人口可达到 10~24 万人左右。

多伦诺尔非农业人口趋势外推法预测　　　　　　　　　　　　　　　　　表 6-8

人口	方法	公式	R^2	2030 年
非农户籍 人口	线性	$P_t=17001+1097.9t$	0.8921	55428
	指数	$P_t=18114e^{0.0419t}$	0.9338	78506
暂住人口	线性	$P_t=857.9+920.1t$	0.890	33061
	指数	$P_t=2908e^{0.113t}$	0.956	151785

资料来源：根据统计数据计算。

依托多伦诺尔构建锡盟南部区域中心城市战略的实施，将给多伦诺尔带来极大的发展机遇，人口发展将会突破传统的自然增长和机械增长模式，新型化工、商贸物流、旅游休闲、文化创意等产业发展，京津冀地区产业和人口的外溢，无疑都将迅速扩大锡盟南部地区的人口规模，因此多伦诺尔完全可以发展到 I 型小城市规模（20~40 万人）。

6.3 多伦诺尔人口与城镇化途径

城市人口的增长和聚集来自两个方面，其一是城市自身人口的自然增长，其二是来自城市外部人口的迁入。人口自然增长是一个缓慢过程，在城市发展中所起的作用一般都非常小，尤其是多伦诺尔现状人口基数小（仅 5.03 万人），多年来自然增长率稳定在较低水平，因此自然增长对多伦诺尔未来城市人口增长的贡献将十分微小，而城市人口聚集主要将依靠机械增长。

城市之所以能吸引人口迁入，无非是因为城市能够提供更多的就业机会、更好的生活环境。因此多伦诺尔在培育锡盟南部区域中心城市的过程中，要吸引本地农牧业人口城镇化，吸纳北京疏解的外溢人口，唯有通过聚集足够的产业，塑造良好人居环境和区域城乡一体化路径来实现对外地流动人口的聚集和本地农牧业人口的城镇化，并使其真正市民化。另外依靠行政手段接受生态移民也是多伦诺尔聚集人口的一种辅助方式。

6.3.1 产业发展带动人口聚集

产业经济是有效配置人口的关键因素，因为一个地区产业经济的规模和结构决定着该地的劳动力需求情况，产业规模的扩大，经济的繁荣会增加就业岗位，产业结构的变动同样也可以带来就业结构的变动，反过来人口的聚集和就业结构的变化也会促进产业的继续发展和结构调整优化，二者相辅相成。因此，城市人口的聚集从根本上是有赖于产业集聚带动作用，要增强城市的人口吸纳能力，最重要的是做强做大产业支撑能力。从"深圳经验"中不难看出，深圳市之所以在短时间内由边陲小镇发展到中等城市、大城市再到千万人口的国际化大都市，得益于多元化的产业支撑，无论是初期的"三来一补"来料加工，还是"以工业为主，工农结合的边贸城市"建设目标，深圳市的早期发展以劳动密集型为主的产业类型为主，对快速吸纳和聚集人口起了关键性作用。

历史上多伦诺尔繁盛时期人口多达 18 万人，就是由于其盛极一时的对蒙转口贸易业所支撑的，而后多伦诺尔城市的衰落，人口的流失也是与商贸和手工业的没落，漠南商埠地位的丧失相伴发生的。近年来，伴随着大唐煤化工的建成投产，工业化进程加快，休闲旅游业的逐渐兴起，越来越多的外来人口迁入多伦诺尔从事化工产业和旅游商贸服务业。根据多伦诺尔民政部门提供的社区人口统计数据，仅 2013~2014 两年时间，实际迁入多伦诺尔的产业及随迁人口就达到 2 万人之多。在未来的区域中心城市建设过程中，以产业集聚带动人口集聚将会是多伦诺尔实现人口跨越式增长的主要途径。

"六普"数据显示，2010年锡盟南部五旗县共有13万人口外出务工，其中绝大多数流向京津冀地区，这些外出务工人口大多仍然处在流动之中，很难真正融入流入地的生活。多伦诺尔如果能够充分发挥自身区位、交通和资源优势，抓住北京产业转移的机遇，与京津冀密切联系，积极承接产业转移和资本流动，建立起由现代商贸物流业、生态文化旅游业、绿色农畜产品加工业、新型能源化工业、高新技术产业、养老服务业和文化创意组成的多元产业体系，推动城市步入高速度、跨越式的发展状态，收益最大化的博弈将会促使锡盟南部地区在外流动人口回流至多伦诺尔，部分其他地区在北京的流动人口也会伴随着产业转移向多伦诺尔转移，同时各项产业的发展也会吸引本地农牧业劳动力的就地转移，并逐渐在多伦诺尔沉淀下来，实现城市人口的规模聚集。

6.3.2 宜居城市吸引人口聚集

每个人都有不断追求生活环境改善的意愿，城市越"宜居"、文明程度越高，对外来人口的吸引力就越大，前来旅游休闲度假甚至定居的人就会越多。笔者认为良好的城市人居环境主要体现在3个方面：一是要有良好的城市环境质量，二是要有良好的公共服务和基础设施配套，三是要有良好的人文环境。多伦诺尔在建设锡盟南部区域中心城市过程中应重点从这3个方面入手塑造良好的城市人居环境，以增强吸引北京外溢人口和周边及本地农牧业人口往多伦诺尔迁移的城市魅力。

多伦诺尔自然生态本底较好，草原、湖泊、森林等自然景观丰富，空气质量优良，为塑造良好的城市人居环境提供了很好的基础。在未来城市建设发展过程中，需要切实保护生态环境，充分利用河流、湖泊、丘陵、山脉、林地等宝贵的自然资源，形成城市廊道空间和开敞空间，打造适宜的城市环境，增加城市辐射力。

完善的城市基础设施和公共服务设施是提升城市品质和综合服务能力的保证，同时也是城市整体生活水平与社会文明程度的代表。多伦诺尔构建锡盟南部区域中心城市需要同步配套建设完善的道路交通、给水排水、供热燃气、电力电信等基础设施，以保证城市能够健康、高效运转，更重要的是要提供足量、均等、良好的教育、医疗卫生、文化体育、社会福利等公共服务，放宽户籍制度，吸引流动人口落户并最终沉淀为多伦诺尔的长久市民。

良好的人文环境能最大程度唤起人们对自己所生活城市的热爱和归属感，是维系市民感情的纽带。多伦诺尔是中国历史文化名镇，历史底蕴深厚，文化遗存众多，北方游牧文化与中原农耕文化在此交融，形成了开放独特的人文环境。在未来的城市发展中，多伦诺尔需要保护和传承好历史文脉，塑造城市特色，并创新文化发展，不断增强城市文化吸引力。

6.3.3 新型城镇化引导人口回流

新型城镇化倡导城乡统筹和城乡一体，大中小城镇和新型农村社区协调发展，这是一种打破二元结构的一盘棋发展思想，强调大城市和小城镇的和谐关系，促进区域整体发展。城镇化是解决三农问题的有效途径和推动区域协调发展的有力支撑，中小城市和小城镇是城镇化居民的主要吸纳地，增强中小城市和小城镇人口聚集功能是推动新型城镇化健康可持续发展的重要支点。面对移居大城市生存成本的不断攀升，户籍制度、就业方式、住房价格、社会保障等一系列风险，农牧业人口向就近的中小城镇集聚的可能性不断增大。锡盟南部五旗县目前外出务工人口有近 13 万人左右，存在"离土不离乡、进厂不进城"的兼业性摆动人口，这部分人口在新型城镇化政策导引下，随着锡盟南部生态环境、就业条件、基础设施、公共服务的改善和提高，会选择回乡就业。而多伦诺尔是锡盟南部区域中心城市，就业和生活条件相对其他旗县好，因此这部分回乡人口首选居留地为多伦诺尔。

为促进锡盟南部地区农牧民落户多伦诺尔，可考虑试点政策，降低农业转移人口进城生活和就业的边际成本，同时也有利于多伦诺尔的城市建设以及各项产业的发展。完善创业扶持体系和职业技能培训体系，通过创业基地和园区的建设，为有创业意识的城市居民营造良好的创业环境和平台，积极引导和帮助迁移人口尽快融入多伦诺尔的城市发展。

6.3.4 承接生态移民迁入

内蒙古是我国北方重要的生态防线，生态建设事关全国生态安全大局。生态移民[①]是内蒙古以禁牧、恢复和保护草场、牧民致富为目标的居民异地安置政策，一方面能够保护草原生态环境和农牧民脱贫致富，另一方面也是推进牧区城镇化的有效手段。内蒙古自治区生态移民实施十多年后，依然还有一些农牧民生活在生态脆弱区，无法脱贫致富，也造成对生态环境的继续破坏。因此 2013 年 4 月内蒙古人民政府办公厅印发了《内蒙古生态脆弱地区移民扶贫规划》的通知，决定用 2013~2017 年 5 年时间，将生态脆弱区 36.7 万通过常规扶贫方式无法实现脱贫的人口全部迁移到环境较好、产业相对发达、就业容量较大的苏木乡镇及旗县政府所在地以上的城市、工业园区、产业基地。锡盟曾经将居住在浑善达克沙地深处，生态环境极度恶化，已经失去基本生产、生活条件地区的 1 万多牧民，搬迁至生存条件较好的上都镇、桑根达来镇、哈比日嘎镇。在浑善达克沙地等生态脆弱区依然还存在相当数量的农牧民，需要在今后的几年内全部搬迁出来。多伦诺尔地处浑善达克沙地南缘，滦河源头，境内河湖水系众多，生态环境比锡盟其他旗县好。锡盟可以通过政策引导，将多伦诺尔作为锡盟南部旗县甚至盟域范围的生态移民承接地，促使多伦诺尔的人口规模快速增长。

---

① 内蒙古生态移民的具体做法是将居住在自然保护区和失去了生存条件的草场严重沙化、退化区的牧户迁到资源相对较好、宜居的小城镇，也是促进牧区城镇化的方法之一。

6.4 本章小结

内蒙古的城市具有规模小、布局松散等地域特征，聚集一定规模的城市人口对于培育锡盟南部区域中心城市有着特殊的意义。借鉴国内外学者相关研究成果，本研究认为培育锡盟南部区域中心城市，适宜人口规模应立为 20~40 万人，达到 I 型小城市规模。对于锡盟南部五旗县来讲，土地资源支撑条件相对宽松，水资源是城市发展的短板，对人口规模的约束很强，是最根本性的制约因素。根据多伦诺尔目前水资源情况所能承载的人口规模以 40 万为上限。适宜人口规模上限和下限，是一种理想状态下的人口规模，对于地域广阔，人口密度低的边疆少数民族地区而言，笔者认为仅以人口规模衡量城市级别和城市职能有失偏颇。因此，多伦诺尔成长过程中，即便人口没有达到 20 万人的理想规模，凭借其区位、资源、交通、产业等优势条件，依然可以起到一定的区域中心城市作用。

多伦诺尔聚集人口的途径非常关键，近年来户籍人口增长缓慢，周边地区人口流失较为严重。要想短时间内聚集一定人口规模，主要的途径有：①融入首都经济圈和首都功能协调区，通过产业发展带动人口聚集，建立多元产业体系，承接"京津冀"产业转移，接纳外溢人口；②通过宜居城市建设，塑造城市良好的人居环境，吸引外来人口休闲度假甚至定居；③通过新型城镇化引导本地农牧民进城，吸引外出务工人员回流；④通过行政干预，承接锡盟南部甚至盟域范围的生态移民。

第7章　区域交通一体化发展

7.1　交通与城市发展的关系

7.1.1　区域交通与城市形成及发展

城市交通对于城市的形成和发展具有重要作用。城市历史学家芒福德认为：城市的形成不能脱离其动态部分，否则，城市便不可能继续增加它的规模、范围和生产能力[148]，而交通是城市中最主要的动态因素，如果缺少交通，便构成了城市发展的一种威胁，甚至根本上威胁到城市的存在。在城市发展的历史过程中，无数实例都证明了交通，尤其是城市之外的区域大交通，对于城市形成和发展有着重要作用。古代交通运输以水运为主，因此许多城市都发端于大河河谷，而城市的兴起也是同航运的改进同步进行的。随着马车、汽车、火车等交通工具逐一问世，人工修筑的公路、铁路进一步扩大了运输的范围，进一步促进了城镇化进程，同时也不断改变区域交通的格局，使得城镇格局随之不断变迁，有新的城市在交通发达的位置迅速成长起来，也有一些城市因为优越的交通区位逐步丧失，发展逐渐陷入停滞甚至衰退。例如，20世纪初面积不足0.1km²，人口仅200户600余人口的石家庄村，由于卢汉（今京广）铁路和正太（今石太）铁路在此设站，成为运往当时重镇（正定）的物资集散地，进而诱发了工商业和金融服务业的兴起，1941年石太、石德、京汉铁路接轨后，交通地位进一步提高，城市进一步发展，到1947年时，石家庄已经发展成19万人口，大小工厂27家，工业产值2000万元的城市，后来逐步发展为河北省的省会城市，伴随着京石、石太、石黄、石安等高速公路和纵横交错的国省干线公路的建设，铁路、航空等现代交通的大力发展，至2012年，石家庄市区常住人口已达286万，生产总值达到了4500亿。曾经汇集传统官马大道的华北地区重要的区域中心城市保定，伴随着近代华北地区新的交通运输网络的形成，逐步失去交通枢纽的地位，城市经济趋于衰退，沦为发展停滞型城市，而后随着高速公路的发展才逐渐焕发生机。而多伦诺尔历史上的兴盛关键是它处在漠北、漠南东四盟蒙古部众通往京师的交通要道，因而商业活动频繁，城市一度繁荣。在经历鼎盛之后逐渐衰退，一方面有宗教和政治功能逐步退出的原因，而更为决定性的原因则是由于中东铁路（由满洲里入境，经过呼伦贝尔杜尔伯特旗和郭尔罗斯后旗）的全线贯通，导致多伦诺尔区位交通优势下降，致使商业重心东移。因此多伦诺尔要实现历史性复兴，建成区域中心城市，有赖于以此为桥头堡的区域交通大力发展，使得多伦诺尔在区域交通网络中的地位再次凸显出来。

7.1.2 城市交通与城市空间结构交互作用

城市交通的发展包括交通方式创新、交通结构优化、运载工具的改进和城市交通设施的更新等方面。城市空间的演化，包括城市空间扩张和城市空间形态的演化等[149]。城市交通发展和城市空间结构的演化始终处于交互作用之中，当二者相互适应时，互相促进共同发展；当互相不适应时，则发展较慢的一方会制约发展较快的一方继续正常发展，同时发展较快的一方会带动发展较慢的一方，逐步实现协调。城市空间结构演化具有阶段性，城市空间演化进程中，随着经济发展水平的提高和技术的创新，城市交通和城市空间结构演化的交互作用会不断地从较低阶段向较高阶段跃迁。

城市交通对城市空间结构演化的作用主要体现以下几个方面：

①交通工具和交通方式的革新不断突破运载速度和运载能力的限制，降低更大范围内活动的交通成本[149]，使得城市规模在短时间内突破原有限制，城市空间扩张则为结构调整提供了条件，交通发展为结构调整提供支撑和保障，促使相关区位变化与交通条件适应。②城市道路建设改变相应区位的可达性，从而引导城市空间结构出现调整和演化。③城市交通设施的建设时机不同，对城市空间结构的影响力也不同[149]，交通设施建设时机有主导型、追随型、满足型的差异，对于多伦诺尔这种处于快速发展时期的城市，应采取有效的交通导向型发展模式，适当超前地发展城市交通，引导城市合理化发展。

城市空间结构演化对城市交通的作用则体现在如下方面：

①城市规模增长影响交通方式的选择。随着城市规模的扩大，城市人口增加，城市交通出行量持续增长，城市居民出行距离也会相应增加，同时由于城市功能分区会随着城市规模的增大日渐明显，出行成本增长。为了节约出行成本，居民往往要根据不同的出行目的和紧迫性，选择具有相应速度的交通方式。就必然会出现对大运量和快速交通方式的需求，且随着城市空间规模的增大，这种需求也会增加。②城市形态对交通形态的影响。空间布局比较分散的城市，比较适合使用私人小汽车为交通工具，集中式布局的城市，比较适合长距离大运力的公共交通。城市交通系统与城市空间形态相互依存、彼此促进，两者相互适应才能有利于城市经济、城市社会和城市环境的协调健康发展。

7.2 区域交通基础及发展趋势

锡盟地处内蒙古自治区中部靠北，边境线绵长，拥有二连浩特和珠恩嘎达布其两个常年开放口岸，是我国通往蒙古和东欧最便捷的通道。锡盟南部地区地处西部大开发、东北振兴、中部崛起、东部率先发展"四大板块"交界处，是东北、华北、西北交会地带，具对内对外全方位开放的区位优势，因此该地区的交通条件的改善对于区域经济发展举足轻重。依据《国家新型城镇化规划（2014—2020）》到 2020 年，普通铁路网覆盖 20 万以上人口城市，快速铁路网基本覆盖 50 万以上人口城市；普通国道基本覆盖县城，国家高速公路基本覆盖 20 万以上人口城市；民用航空网络不断扩展，航空服务覆盖全国 90% 左右的人口。

7.2.1 区域公路交通现状

公路运输方式速度快，机动性强，投资少，是现代区域交通最广泛、最基本的交通方式之一，是实现人与物门到门位移过程中唯一不可缺少的交通方式。历史上作为以发展畜牧业为主的地区，锡盟长期以来交通基础比较薄弱，公路网密度小，等级低。进入 2005 年以后，伴随着煤炭资源的开采，重化工业的发展，内蒙古自治区公路建设重点向东部盟市倾斜，锡盟的交通条件也开始发生巨大的变化。

截至 2012 年底，锡盟境内有干线公路 12 条，其中国道 3 条，省道 9 条。3 条国道分别是：北起锡林浩特市向西南方向经正蓝旗在太仆寺旗出境接张家口的 G207，北起二连浩特市经苏尼特右旗出境接乌兰察布的 G208，北起锡林浩特市往东南方向出境接赤峰市的 G303。与 G208 平行的 G55 高速公路苏尼特右旗以南路段，锡张高速太仆寺至张家口路段已经建成通车。9 条省道分别是东西走向的 S101、S105、S303、S304、S307、S308 线和南北走向的 S204、S208、S309 线，技术等级除 S105、S208、S307 以及 S204 的部分路段为一级公路外，其他省道多为二、三级公路，甚至 S309 为四级和等外公路（图 7-1）。再加上县道、乡道和专用公路，锡盟 2012 年公路总里程达到 18104km，公路网密度为 9.06km/100km²，远低于内蒙古平均水平（13.84km/100km²）和全国平均水平（44.14km/100km²），更是远远低于与之比邻的全国公路网密度最大的京津冀地区的水平（河北省为 86.86km/100km²，其与锡盟南部相邻的张家口和承德市的公路网密度也分别达到 56.05km/100km² 和 52.4km/100km²），公路总量少，与大荷载要求的工业经济运输需求矛盾突出。锡盟 2012 年等级公路 17416km，等级公路占公路总里程的 96.2%，其中，高速公路 396km，一级公路 521km，二级公路 2333km，三级公路 1633km，四级公路 12533km，等外公路 688km，计算公路网络等级水平指数为 3.52（换算系数取高速公路为 0，一级公路为 1，二级公路为 2，三级公路为 3，四级公路为 4，其他公路为 5），略小于内蒙古自治区和全国整体公路网络等级水平指数（分别为 3.63 和 3.75），略大于河北省公路网络等级水平指数，说明锡盟整体公路网络等级级配比全国和内蒙古整体公路网络等级级配略高，但略低于与之相邻的河北地区（图 7-1）。

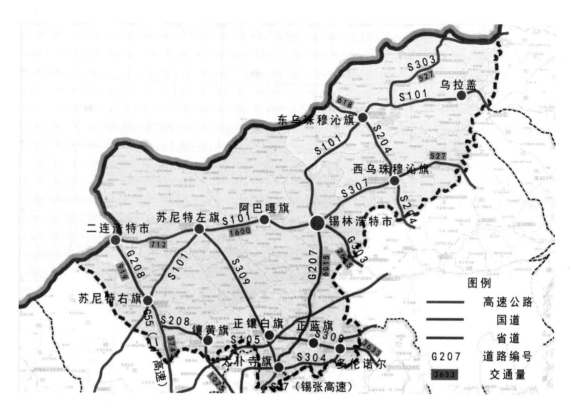

图7-1　锡盟国省干线公路分布及日均交通量现状图

资料来源：根据《锡林郭勒盟城镇体系规划（2012—2030）》改绘

锡盟南部与相邻冀北及全国公路发展水平对比表　　　　　　表 7-1

省市名称	面积（万 km²）	公路通车里程（km）	公路网密度（km/100km²）	公路网络等级水平指数
锡盟南部地区	2.89	5582	19.32	4.64
锡林郭勒盟	20.00	18104	9.06	3.52
内蒙古自治区	118.3	163763	13.84	3.63
承德市	3.94	20632	52.4	
张家口市	3.69	20667	56.05	
河北省	18.88	16400	86.86	3.50
全国	960.4	4237600	44.14	3.75

资料来源：根据交通部官网及内蒙古统计年鉴、河北省经济年鉴数据整理。

　　锡盟南部地区主要有 G207、S308、S105、S309、S304 等主干公路，2012 年底公路总通车里程为 5582km，公路网密度为 19.32km/100km²，相对锡盟整体而言，该地区公路网密度已经比较高，计算公路网节点连通度为 1.36，说明该区域现状公路已经基本能形成网络，为公路网的整体升级打下了良好的基础。但是相对近邻的京津冀地区而言，锡盟南部地区的公路网密度依然远远满足不了要求。锡盟南部地区计算公路网络等级水平指数高达4.64，远高出锡林郭勒盟、内蒙古自治区、河北以及全国的整体等级水平指数，说明该区域公路网整体等级偏低，公路承载力无法支撑地区发展。

由各观测路段的年平均日交通量分布情况来看，锡盟与京津冀方向的联系较强，南部地区各路段交通量较大，其中锡林浩特向南G207路段交通量最大（图7-1）。从整体路网来看，锡盟目前对外公路网络以东西向联系内蒙古东西部为主，向南进京或往东南入海港缺乏直接通道，只能通过赤峰市或取道张家口市绕道而行，增加了旅客出行和物资运输的时间和成本，阻碍了锡盟资源开发、产品外运以及各项产业的发展，不利于当地城镇聚集发展和区域协调。而锡盟内部各旗县、乡镇之间交通网络尚不完善，过分依赖过境交通干道，不仅相互之间联系不够紧密，无法形成发展合力，还造成干线路网局部交通压力过大，影响区域交通效率，造成交通安全问题和对路面的损坏。

7.2.2 区域铁路交通现状

铁路运输速度快，运量大，运费低，可靠性强，在国民经济和人民生活中发挥着重要作用。锡盟铁路基础设施建设大致可以分3个阶段：①从新中国成立初年到20世纪70年代中期，先后建成了集二铁路和那查铁路，结束了没有铁路的历史；②20世纪90年代中期至2000年左右，集通铁路和锡桑铁路建成通车；③"十五"之后，伴随着西部大开发和东北老工业基地振兴战略的实施，锡盟为加快煤炭外运和推进工业化进程，铁路建设近年发展较快，运营里程逐年增加，铁路网不断完善，铁路货物运输快速增长，在综合运输体系中的骨干作用明显增强。到2012年末，锡盟境内现有和在建铁路共9条，基本实现了每个旗县都有铁路，现有铁路为集通铁路（集宁—通辽）、集二铁路（集宁—二连浩特）、郭查铁路（郭尔奔—查干淖尔）、锡多铁路（锡林浩特—多伦）、霍乌铁路（霍林郭勒—乌里雅斯太）、赤大白铁路（赤峰—大板—白音华）；在建铁路为多伦—丰宁—曹妃甸铁路，珠恩嘎达布其经东乌、西乌旗—辽宁阜新铁路、郭尔奔—白音乌拉矿区铁路、白音花—亚图特煤运支线（图7-2），其中集通铁路和锡多铁路十字穿越锡盟南部地区。2012年底，锡盟铁路通车总里程达到1700km，但总量仍然偏小，铁路网密度为85.05km/万km^2，低于内蒙古及全国的平均水平（分别为103.1km/万km^2、101.72km/万km^2），更大大低于与之比邻的全国铁路网密度最大的京津冀地区的水平（河北省为311.77km/万km^2，与锡盟南部相邻的张家口和承德市的铁路网密度也分别达到168.96km/万km^{2}和147.30km/万km^2）（表7-2）。现有铁路运力较低，已经建成的铁路中专用线、支线较多，通往锦州港、曹妃甸港、葫芦岛港等达海通道虽然已经在运作之中，并有部分路段建成通车，但是仍然存在断头路，影响了通疆达海通道的形成，因而削弱了铁路运力和对沿线城镇的带动作用。

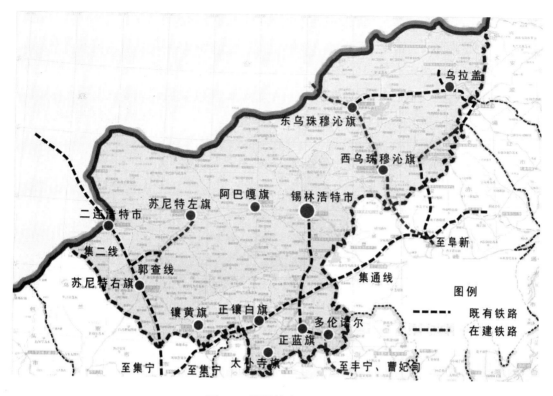

图7-2　锡盟铁路网示意图

资料来源：根据《锡林郭勒盟城镇体系规划（2012—2030）》改绘

锡盟与相邻冀北及全国铁路发展水平对比表　　　　　表7-2

省市名称	面积（万 km²）	铁路运营里程（km）	铁路网密度（km/万 km²）
锡林郭勒盟	19.9882	1700	85.05
内蒙古自治区	118.3	12197	103.10
承德市	3.9375	580	147.30
张家口市	3.6873	623	168.96
河北省	18.88	5886	311.77
全国	960.4	98000	101.72

资料来源：根据交通部官网及内蒙古统计年鉴、河北省经济年鉴数据整理。

7.2.3　区域航空交通现状

航空速度快，机动性强，通达性强，但投资大，运营成本高，适合于小批量、时效性强、高运费客货运输，是现代综合交通运输的重要方式之一。内蒙古自治区幅员辽阔，机场数量较多，但密度较低。截至 2012 年底，内蒙古境内共有 12 个机场，平均 0.1 个/万 km²，除呼和浩特白塔国际机场外，其余都是支线机场，是名副其实的"支线大区"。

锡盟域内现有机场 2 处，机场密度与内蒙古自治区整体水平持平，为 0.1 个 / 万 km²，但远低于全国平均机场密度（0.18 个 / 万 km²）和京津冀地区机场密度（河北为 0.37 个 / 万 km²）（表 7-3）。机场有效服务范围（可达性按 2.5h 计）仅包括二连浩特市、苏尼特右旗大部、苏尼特左旗西北部、锡林浩特市、阿巴嘎旗大部、西乌旗西部，锡盟南部地区和东北部东乌旗、西乌旗绝大部分不在机场的有效服务范围内，不利于当地经济迅速发展。

锡林郭勒盟与河北及全国民用机场密度比较　　　　　　表 7-3

	面积（万 km²）	机场个数（个）	机场网密度（个 / 万 km²）
锡林郭勒盟	20.00	2	0.10
内蒙古自治区	118.3	12	0.10
河北省	18.88	7	0.37
全国	960.4	183	0.18

锡盟南部地区现状无机场，周边 250~300km 范围内分布的锡林浩特机场、赤峰机场（已开通至北京、上海、天津、呼和浩特、沈阳、大连、昆明、西安、锡林浩特、广州、呼伦贝尔、哈尔滨、南京等航线）、张家口机场（2013 年 6 月正式通航，初步确定至石家庄、上海、广州、西安、成都、海口等 6 条航线）等 3 个机场，都无法有效服务该区域（图 7-3）。

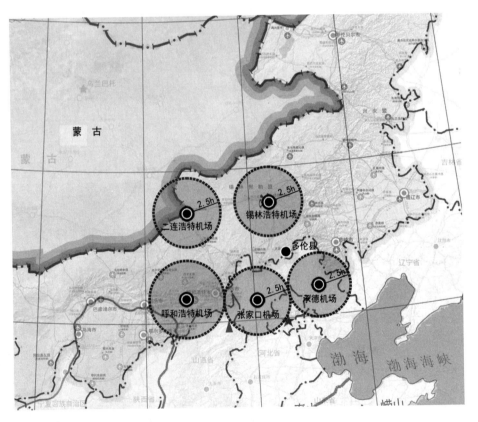

图7-3　锡盟及相邻地区航空示意图

7.2.4　锡盟南部交通通达性分析

据封志明等学者的研究，我国各省的交通通达性呈现"东高西低"空间分布特征，直辖市和东南沿海省份的交通通达性明显高于中西部省份，而内蒙古、青海、新疆、西藏等边疆少数民族地区的交通通达性最差。借鉴并简化封志明等学者的研究方法，对内蒙古的 12 个盟市的交通通达能力进行分析，以区域自身交通设施保障程度和对外联系便捷程度来测度区域交通通达能力，其中区域交通设施保障程度以交通网络密度①来度量（表 7-4），对外联系便捷度以各盟市的中心城市距离机场及周边相邻区域中心城市的平均距离来度量（表 7-5）。

内蒙古各盟市交通网络密度　　　　　　　　　　　　　　　表 7-4

地区名称	辖区面积（万 km²）	公路里程数（km）	公路网密度（km/km²）
呼和浩特市	1.72	6723	0.3909
包头市	2.77	6862	0.2477
呼伦贝尔市	25.3	20788	0.0822
兴安盟	5.98	9949	0.1664
通辽市	5.95	18140	0.3049
赤峰市	9.00	23825	0.2647
锡林郭勒盟	20.26	17896	0.0883
乌兰察布市	5.50	12682	0.2306
鄂尔多斯市	8.68	17822	0.2053
巴彦淖尔市	6.44	20068	0.3116
乌海市	0.17	890	0.5235
阿拉善盟	27.02	8118	0.0300

资料来源：根据《内蒙古统计年鉴2013》和各盟市其他资料整理。

内蒙古各盟市交通便捷度概况　　　　　　　　　　　　　　表 7-5

地区名称	机场级别	市区—机场距离（km）	与周边中心城市平均距离（km）	便捷程度
呼和浩特市	4E	14.3	294	便捷
包头市	4D	23	293	便捷
呼伦贝尔市	4D	7	636	不便捷

---

① 交通网络密度：包括公路网密度和铁路网密度两项指标，因资料的不可获得等因素，本研究仅采用公路网密度度量区域交通状况，虽不够完善，但基本能表达各盟市交通设施保障程度。

续表

地区名称	机场级别	市区—机场距离（km）	与周边中心城市平均距离（km）	便捷程度
兴安盟	3C	17	305	一般
通辽市	4C	9	273	便捷
赤峰市	4C	15	268	便捷
锡林郭勒盟	4C	7.5	512	不便捷
乌兰察布市	无		202	便捷
鄂尔多斯市	4C	18	271	便捷
巴彦淖尔市	4C	33	390	一般
乌海市	3C	15	255	便捷
阿拉善盟	3C	5		一般

资料来源：根据统计资料整理。

从表7-4统计数据来看，内蒙古各盟市公路网密度整体较低，公路网密度最高的乌海市也仅有0.5235km/km²，略高于全国公路网平均密度（0.4278km/km²），其他11个盟市均低于全国平均水平，阿拉善盟、呼伦贝尔市和锡盟的公路网密度均不足0.1km/km²，交通设施保障程度较差。从表7-5统计数据来看，呼伦贝尔和锡盟与周边相邻区域中心城市空间距离高达500km以上，对外联系不便。综合各盟市交通线网密度和对外联系便捷程度两项指标来看，呼伦贝尔和锡林郭勒的交通通达能力较差。

从锡盟境内12个旗县的公路网密度来看（表7-6），公路网密度整体低于全国平均水平，就盟域范围内部比较而言，锡盟南部五旗县公路网密度明显高于盟域东部和西部的旗县，太仆寺旗和多伦县的公路网密度相对较高，但太仆寺旗境内没有铁路经过，多伦县境内有锡多—多丰铁路经过，因此，多伦县的交通通达能力相对较好。

锡林郭勒盟各旗县交通通达程度　　　　表7-6

旗县名称	辖区面积（万km²）	公路里程数（km）	公路网密度（km/km²）	铁路	机场
二连浩特市	4013	320	0.0797	通	4C
锡林浩特市	14780	1258	0.0851	通	4C
阿巴嘎旗	27474	1884	0.0686	无	无
苏尼特左旗	34240	2233	0.0652	无	无
苏尼特右旗	22455	1906	0.0849	通	无
东乌珠穆沁旗	45575	3006	0.0660	通	无

续表

旗县名称	辖区面积（万 km²）	公路里程数（km）	公路网密度（km/km²）	铁路	机场
西乌珠穆沁旗	22459	1761	0.0784	通	无
太仆寺旗	3426	1364	0.3981	无	无
镶黄旗	5137	860	0.1674	无	无
正镶白旗	6253	912	0.1458	通	无
正蓝旗	10206	1508	0.1478	通	无
多伦县	3864	938	0.2428	通	无

资料来源：根据《内蒙古统计年鉴2013》和各盟市其他资料整理。

7.3　锡盟南部区域交通需求及主要流向分析

7.3.1　锡盟南部区域交通需求分析

锡盟南部五旗县 2006~2010 年客运和货运的平均增长率分别达到 7.7% 和 35.1% 以上，但客运增长历年变化幅度较大，货运量基本呈线性稳步迅速增长（图 7-4）。同时，货运的平均运距也在增长，货运需求正在面向更广泛的市场。所有这些都表明区域的交通需求正在快速增长。

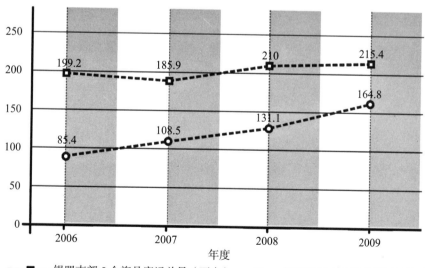

图7-4　锡盟南部区域近年客货运量变化趋势

资料来源：多伦诺尔综合交通发展研究

未来锡盟南部货运需求将呈现以下特征：①伴随着产业结构的优化升级，货运量将在较长一段时期内保持急剧增长态势。长期以来，农牧业产品占货运的大部分，随着锡盟南部五旗县产业结构和产品结构的优化升级，公路货运需求不断增加，尤其以能源、金属选矿、建材为代表的工业产品货运量将急剧增长，同时煤化工等体积小、重量轻、附加价值高的深加工制成品和中间产品的运量尽管较小，但是增长快速。②锡盟煤炭资源丰富，煤炭工业及其相关产业被作为锡盟经济发展的支柱行业和产业重点，在锡盟的国民经济中居于主导地位，煤炭除满足本地需求外，还将运输到东北、华北等地区。因此未来不论是区内运输还是对外运输，煤炭将成为锡盟未来货物运输的主导品类。③中长距离、大运量的过境运输将成为南部区域交通通道的主要成分，锡盟北部丰富的矿产资源、特色工业产业和快速的工业化进程，将会产生大量的大运量、长距离大宗物资和产品的运输需求，促进原材料和产成品在更大范围内快速的流动和交换，形成多层次的区域合作，并促进锡盟南部区域有效融入周边经济区和城市联盟发展体系，参与区域产业功能分工。

而客运需求将体现以下特点：①随着国民经济的快速发展，人民生活水平的提高，因私出行、休闲旅游、对外交往和商务往来将日趋频繁，城乡交流进一步加强，锡盟南部区域未来人均出行次数将会大大增加，客运量必将快速增长。②得益于丰富的旅游资源，锡盟将吸引越来越多的国内外游客，快速发展的旅游业将成为客运快速增长的因素。③伴随着通勤商务和旅游观光需求的快速上升，对运输服务的快速性、便捷性和可靠性要求越来越高。

总之，未来随着锡盟南部地区及周边区域一些重大基础设施的增加、产业优化升级转型和区域合作深层次开展，交通需求有更大的增长空间。受环渤海经济圈辐射及京津冀吸引，锡盟北部区域所产生的人流、物流大部分都要从锡盟南部通过，南部区域与周边省市经济交往更加频繁，必将对交通运输网络提出新的发展要求。

7.3.2　锡盟南部区域交通主要流向分析

锡盟目前的交通流向有往西至呼包鄂方向，向东至东北方向，向南至京津冀方向和向北至蒙古国方向，现状以向南京津冀方向的客货交通量最大。锡盟南部地区是锡盟沟通京津冀地区的门户，随着锡盟向南开放力度的不断加大，京津冀及出海口方向的客货运交通量还将日益增多（图7-5）。

锡盟作为内蒙古能源基地的重要组成部分，伴随着煤炭生产规模的迅速扩大，铁路承担煤炭外运的规模将会逐步增大。锡盟除了供应蒙东的通辽、赤峰等地的煤炭需求，还将成为东北老工业基地的主要能源后备基地之一，弥补吉林、辽宁等地的煤炭缺口，另外，锡盟也将供应河北省北部的承德和京唐港、营口港和锦州港的下海煤炭，急需建设铁路以满足区域发展需求。

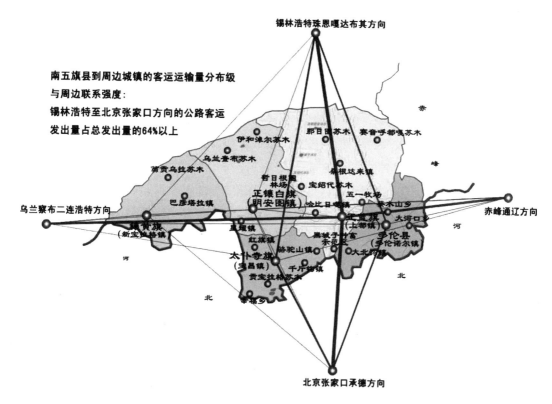

图7-5　锡盟南部各旗县与周边城市客运联系强度图

根据《锡林郭勒盟铁路网规划》预测，到2020年，锡盟煤炭本地转化和消耗量达55.92%，其余44.8%主要外运至辽宁、吉林、河北、蒙东的赤峰和通辽等地。2020年铁路旅客中出盟旅客将占总量的84.28%，主要方向是蒙西的呼和浩特、包头，蒙东的通辽、赤峰、呼伦贝尔，以及东北地区和京津地区，铁路规划应根据预测满足重点方向铁路运输需求（表7-7）。

锡林郭勒盟煤炭铁路发送量及去向预测表　　　　表 7-7

年度	指标	合计	盟内	盟外	其中					
					蒙东	辽宁	吉林	黑龙江	河北	其他地区
2010	发送量(万t)	7953	3580	4373	1060	1200	493	50	670	900
	比重（%）	100	45.01	54.99	13.33	15.09	6.20	0.63	8.42	11.32
2015	发送量(万t)	13055	6620	6435	1530	1800	680	75	800	1550
	比重（%）	100	50.71	49.29	11.72	13.79	5.21	0.57	6.13	11.87
2020	发送量(万t)	17613	9850	7763	1810	2200	910	100	900	1843
	比重（%）	100	55.92	44.08	10.28	12.49	5.17	0.57	5.11	10.46

资料来源：《锡林郭勒盟铁路网规划》。

锡盟作为国家重要的能源化工基地，煤炭、金属矿等能源产业发展前景良好，资源外送的运输需求迅速扩大，在近期铁路运输能力不足的情况下，公路运输必将承担补充铁路运力及铁路干线集散运输需求的任务。

随着锡盟南部区域各个旗县特色产业发展壮大，服务于乳、肉制品的外运需求也相当可观。伴随着工业化加速发展，经济增长对原材料、初级产品依赖性进一步减小，转向"集约化、高附加值、时效性强"的品种，小型化、多批次和运输的随机性要求公路与铁路并重。区域经济合作的加强，也将进一步推进锡盟与东北、华北地区及周边省市的联系，公路网建设发展要适应产业发展运输需求和区域经济一体化发展的需求。

7.3.3 区域综合交通发展趋势与前景

虽然锡盟南部地区目前的交通较为不便，多伦诺尔尚没有高速公路联系周边地区，铁路往南出区通道尚未开通，也不在任何机场的有效服务范围内，锡盟通往北京和环渤海的交通出行只能绕行赤峰和张家口等地区。但从全国和京津冀地区的综合交通发展的趋势来看，随着京津冀交通一体化和高级化的进一步发展，锡盟南部及周边地区在未来十多年时间内将全面纳入国家高等级交通网络之中，未来交通状况将得到极大改善。

2014年年初，京津冀一体化上升为国家战略，交通一体化成为京津冀协调发展的三个重点领域之一。目前京津冀三地正在着手编写交通协同发展计划，着力构建海陆空一体，三地互联互通的综合交通运输网络。预计到2020年，将初步建成"一环、六放射、二航、五港"的交通一体化体系。其中"一环、六放射"指区域高速网络（图7-6），"一环"是指正在建设的全长940km的环北京高速大通道，预计2017年全线贯通；"六放射"是以北京为中心向六个方向放射的运输通道，分别是西北的京张方向、正东的京唐秦方向、东北的京承方向、东南的京津方向、正南的京开和新机场方向、西南的京石方向的高速路。正北和正西方向通过国道连接，其中国道G111去往河北丰宁方向2014年内开通。"二航"则是指首都国际机场和北京新机场两个航空枢纽。"五港"指秦皇岛港、京唐港、曹妃甸港、天津港和黄骅港。河北强化交通基础设施建设，重点建设北京大外环高速公路，疏解首都过境交通压力；完善津冀港口群"东出西联"运输通道，密切港口与腹地的联系[150]；推进适应举办冬奥会需要的张家口交通网络建设等，打通"断头路"，完善公路网、铁路网、公交网。

根据《国家公路网规划（2013—2030年）》，锡盟南部地区将增加两条国道与周边区域相连（图7-7），其中南北向G239北起桑根达来，向南经沽源、赤城至怀来接G110；一条东西向将原S308改造升级为G510，东起河北围场的牌楼，向西经多伦、正蓝旗、正镶白旗，再往南折向康保、张北，连接G207。新增二秦高速，西起二连浩特，途经赛罕塔拉、化德、康保、沽源、丰宁、承德市，至秦皇岛，与在建张承高速相连。

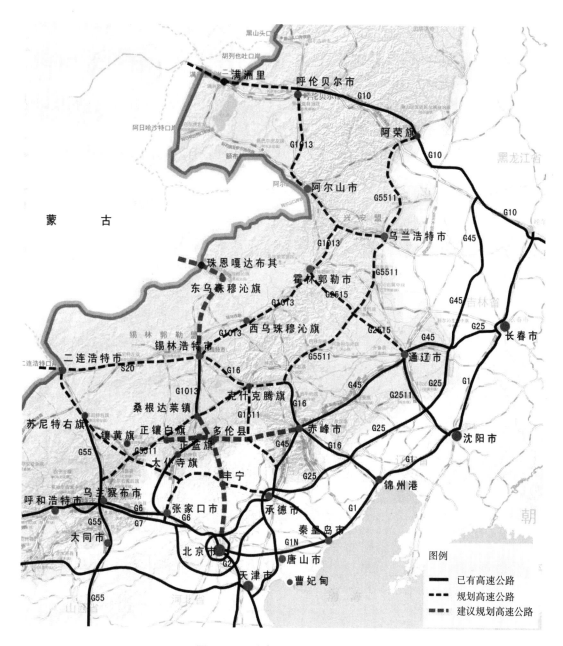

图7-6　区域高速网络发展趋势图

资料来源：根据《国家公路网规划（2013—2030）》改绘

内蒙古应借助京津冀一体化交通干线，构建以多伦诺尔为中心的"十"字形由高速和国道组成的区域联系通道（图7-6、图7-7），南北向与G239并行增加北京—丰宁—多蓝（多伦、蓝旗）—锡林浩特—口岸的快速通道，这一南北向国际通道的建设，一方面可以使京津冀和东部沿海地区的通疆达海通道更为便捷，另一方面也可以缓解京藏、京新等交通动脉的交通压力。东西向与G510同向，增加正镶白旗—正蓝旗—多伦诺尔—围场—赤峰的区域快速联系通道，这一快速通道的构建，将改善内蒙古因地域狭长东西部联系不畅的现状，使得内蒙古区域中心城市之间的相互联系更为方便，加强了内蒙古中西部地区和东部地区的联系。以多伦诺尔为中心的十字高速和国道网络系统的构建，使得该地区将不再是高等级公路绕过的盲点，而成为高等级公路网上的重要枢纽城市，区位和对外开放条件凸显，商贸物流等各类产业将向该地区聚集。

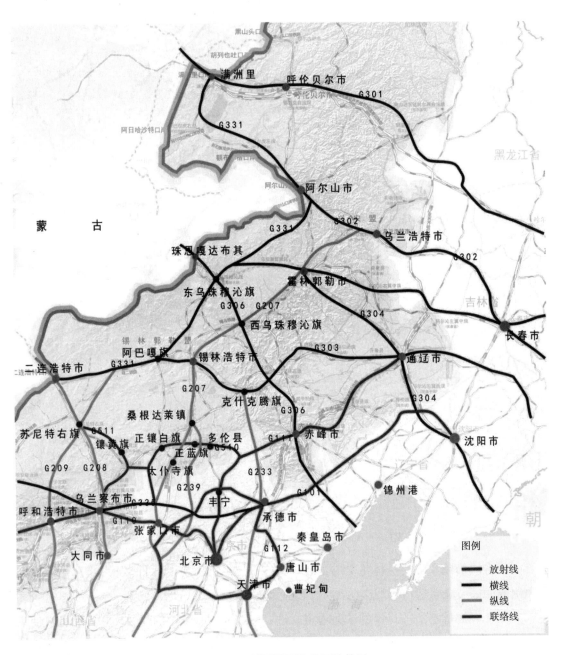

图7-7 区域国道网络发展趋势图

资料来源：根据《国家公路网规划（2013—2020）》改绘

　　未来锡盟和京津冀的铁路网将进一步加密加强，尤其是铁路货运方面将得到长足发展，结构更加清晰，功能更加完善，衔接更为顺畅（图7-8）。截至2014年6月，锡盟除在建巴珠铁路、锡二铁路、多丰铁路外，另外还主要有蓝张铁路、集通铁路复线等已经立项准备建设。其中巴珠铁路起于锡盟西乌珠穆沁旗巴拉嘎尔高勒镇，终到中蒙边境珠恩嘎达布其口岸，向北与蒙古国铁路相连可达俄罗斯赤塔，向南与拟建的巴新铁路（蒙古国乔巴山至我国辽宁锦州港）连接，将沟通京津冀和内蒙古中东部地区通往蒙古国和俄罗斯的新通道，缓解满洲里和二连浩特两个铁路口岸的运输压力。锡二铁路是自治区东西铁路大通道的北部辅助通道的重要组成部分，也是北部口岸联系和后方通道，预计2015年能全线通车。多丰铁路北起多伦与锡多铁路相连，南到河北丰宁，经虎丰、张唐联络线与张唐铁路、虎丰铁路、京通铁路相接，是内蒙古中部地区丰富的矿产资源出海大通道。蓝张铁路北起锡盟正蓝旗，经沽源至张家口，是锡盟通向京津唐地区的另一条经济大动脉。这几条铁路建成后，锡盟铁路出区通道将形成，锡盟南部铁路网将完全融入京津冀区域大交通网络之中，多伦诺尔将成为锡盟向南出区的铁路节点。

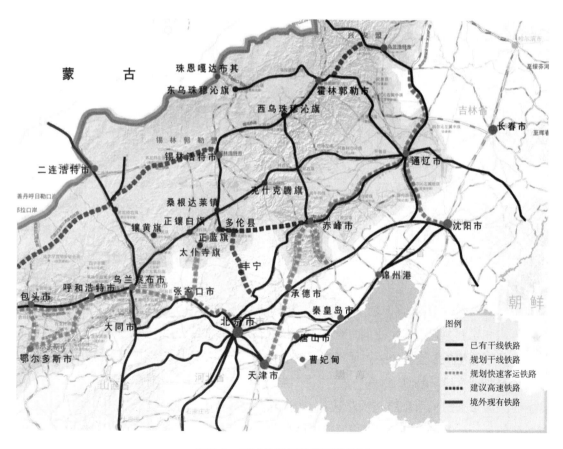

图7-8　区域铁路网络发展趋势图

资料来源：根据铁路线网资料改绘

国家高速铁路线网规划，规划了天津—承德—赤峰—通辽—呼伦贝尔—满洲里和京津—张家口—乌兰察布—呼和浩特—银川两条跨区域高铁，借助京包高铁内蒙古规划了张家口—正蓝旗的支线高铁，笔者认为应将这一支线高铁进一步向蓝旗—多伦诺尔—赤峰方向延伸（图7-8），使两条区域性高速铁路能便捷联系。打通张家口—正蓝旗—赤峰的联系通道具有重要意义：①适应内蒙古地域狭长的特征，有助于内蒙古东西向交通走廊的形成（这条联系走廊将由高铁、高速和国道综合组成），便于内蒙古中西部地区与东部地区便捷联系。②利于我国西北与东北的联系，使得这两区域之间的联系不一定取道北京，减轻京津地区交通压力。③有助于提高锡盟南部地区交通通达性和区域交通网络的形成。

航空方面，多伦诺尔东南车程260km的承德已经获批建设国内旅游专线机场，但是依然无法对锡盟南部地区进行有效服务。河北已经提出要在围场、张北建设通勤机场，内蒙古则已经在《内蒙古自治区民航发展第十二个五年规划》中提出建设正蓝旗支线机场。未来围绕锡盟南部地区经济社会发展，在蓝旗或多伦建设支线机场将能有效服务该区域的航空发展需求。

7.4 区域交通一体化发展策略

7.4.1 构建通疆达海区域性通道

区域交通通道是区域内外运输的主动脉和影响区域经济发展的最积极活跃的因素，高效合理的交通通道能最有效打破行政区划的限制，最大限度地克服客货交流的空间阻力，推动资源整合和优势互补，促进区域分工与合作，引导生产力布局向通道聚集形成新的产业带，推动地方经济社会高速发展。

锡盟南部地区的发展滞后，很大程度上缘于其长期缺乏直接出区通道，尚未形成与京津冀的有效互动。多伦诺尔未来要实现城市快速增长，必须能充分融入环渤海经济圈，高效利用锡盟境内境外各项资源（大规模的能源基地、丰富的矿产资源、畜牧业资源、旅游资源），必然要依赖以多伦诺尔为重要节点的大运力综合运输通道的建设。

结合锡盟区位条件，以及通疆达海、区域协作等方面联系的需求，可以构建呼包鄂方向、东北方向和京津冀方向3个主要方向的区域综合运输通道（图7-9）。京津冀方向的区域通道由3条线路组成：分别是满洲里口岸—锡林浩特市—多伦诺尔至京津，珠恩嘎达布其口岸—乌里雅斯太镇—锡林浩特市—多伦诺尔至京津，二连浩特—锡林浩特—多伦诺尔—京津，各条区域通道均由公路与铁路联合，辅以航空运输、管道运输，充分发挥各自交通运输方式的长处。多伦诺尔则处于锡盟向京津冀方向三条综合运输通道的交点和门户节点上，随着这些区域综合运输通道的打通和运行，将带来巨大的人流、物流和资金流，引导产业和人口在此聚集。这些通道的建设已不仅仅是锡盟的一厢情愿，更不是多伦诺尔的痴心妄想，而是取得了京津冀方面的积极配合和国家层面的区域交通发展战略。京包银高铁是国家高速铁路线网中重要的东西向交通干线，内蒙古提出依托这条高铁建设蓝张（张家口—蓝旗）高速铁路，将极大地改善锡盟南部与京津地区的联系，本研究提出将这条支线高铁由蓝旗经多伦诺尔向东延伸至赤峰，构建内蒙古东西向交通新走廊。满洲里至北京高速公路已经纳入《国家公路网规划（2013—2030）》，河北省也在积极推进从北京经过丰宁和多伦诺尔至锡林浩特的高速公路，甚至有河北的人大代表提议建设北京经丰宁和多伦诺尔直通锡林浩特的高铁。

内蒙古地域狭长，东西向联系通道目前主要依靠省际大通道（集宁—阿荣旗 G5511）和集通铁路（集宁—通辽），G5511 所经地区主要为内蒙古东部和东北部各盟市腹地，并未将乌兰察布、赤峰、通辽等区域中心城市便捷联系，集通铁路虽以集宁和通辽为起始点，但铁路线网所经地区依然以草原腹地为主，因此内蒙古东西方向联系通道并不顺畅，区域中心城市之间的联系经常需要绕经北京、大同、张家口等地，给京津冀地区带来巨大压力的同时又增加了出行时间和距离。

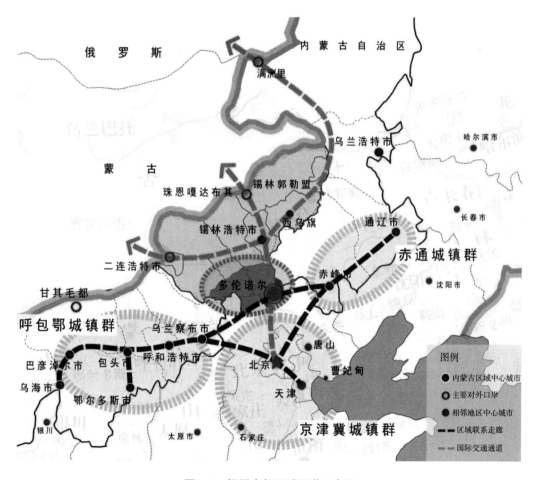

图7-9　锡盟南部区域通道示意图

根据前面章节对锡盟南部区域交通发展趋势的分析，构建以多伦诺尔为节点的东西向交通走廊，首先利于内蒙古中西部与东部地区的联系，进而可以使我国西北与东北地区的联系更加直接、便捷，缓解京津地区交通压力，同时也能带动锡盟南部融入更为广域的区域交通线网。

7.4.2 构建多蓝综合交通枢纽

综合运输通道沿线不必也不可能均衡发展，只有那些成为枢纽的节点城市才能迅速地聚集各类资源，得到率先发展。因此培育锡盟南部区域中心城市，有必要在打通向南通往京津冀方向的综合运输通道和东西向交通走廊的基础上，充分利用运输通道、交通走廊交点和出区门户的有利区位，构建具有多种服务功能的多蓝综合交通枢纽，适应网络交通主流，建设元上都（蓝旗）机场、多伦铁路客货运站、长途汽车站等枢纽设施以及区域性物流园区、物流中心，积极促成张家口经多伦至赤峰以及锡林浩特经多伦诺尔直通北京的高铁项目立项，加强公路、铁路、管道和航空等多种运输方式的整合，构成立体化交通格局，实现客运快速化和货运物流化，奠定多伦诺尔在锡盟向南开放中的重要地位。

鉴于河北张家口机场新近通航，承德机场业已获批，围场机场纳入国家"十二五"民航发展规划前期研究，同时还在着手研究张北通用机场。锡盟南部需要积极加快元上都支线机场的进程，以增加区域航空的供给量。围绕机场发展临空经济，从空间、产业和功能上对机场提供支撑，吸引运输企业建立区域运转中心，并要与公路、铁路做好衔接，适应多式联运。

管道运输与铁路、公路、水运、航空运输并称为当今世界的"五大运输"方式。管道运输量大，运输工程量小，占地少，安全可靠、无污染、损耗小、成本低，且不受气候影响，可以全天候运输，但是管道运输专业性强，只能运输石油、天然气及固体料浆（如煤炭等），[150]且管道起输量与最高运输量间的幅度小。作为国家重要的能源基地和东北工业基地的能源后备区和资源接续地的锡盟，随着锡林浩特以及多伦诺尔煤化工业的迅速崛起，运输成本将是未来制约煤化工工业发展的瓶颈，为了打破这种瓶颈，除了增加现有运输方式的运量外，更应该从增加运输方式的多样性入手，发展管道运输，建设从锡林浩特为起点，以多伦诺尔为重要节点的至北京的煤制气输送管道，有效实现能源外送。

7.4.3 建立便捷高效的内外交通网络

这里所说的交通网络有 3 个方面含义，即多伦诺尔城市外部网络体系、内部网络体系以及二者的合理衔接。首先要打通多伦诺尔至周边区域的出口，尤其是向南通往京津冀地区的出口，为多伦诺尔构建起完善的外部区域交通网络环境，以利于承接发达地区的辐射。结合国家公路网规划部署和锡盟境内二连浩特口岸、珠恩嘎达布其口岸与区域通道布局，锡盟构建以高速、国道干线公路为主骨架，通往旗县的省道为次骨架，同时覆盖重要矿产能源产地，形成以锡林浩特市为中心，以多伦诺尔为支撑点的便捷、通达快速公路网络，在锡盟境内形成由呼和浩特至锡林浩特高速、呼和浩特经集宁至阿荣旗高速和二广高速、苏尼特右旗至张北高速、锡张高速、满洲里至北京高速、丹锡高速（西延至二连浩特）、乌拉盖至霍林河高速组成的"两横六纵"高速公路网络；增加锡盟向南出入一级公路通道，提升国道、省道等级。对现有集二线和集通线进行电气化复线扩能改造的同时，积极新建煤炭、矿产资源通港运输的集疏铁路线。以多伦诺尔为枢纽依托高铁、高速和国道构建南北向国际通道和东西向交通走廊，实现与京津冀、东部沿海的对接和与内蒙古内部的联动。

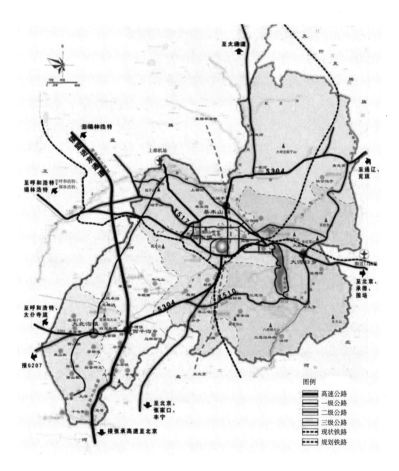

图7-10　多伦诺尔交通网络示意图

资料来源：多伦诺尔综合交通发展研究

城市交通网络是城市布局的骨架，对城市形态发展起着重要的引导作用，与城市布局存在紧密而深刻的互动关系。交通系统通过改变空间的通达性从而影响城市土地的利用方式，进而影响城市功能结构改变直至地域空间结构的变化。而不同的城市土地利用形态又会产生不同的交通需求和对城市交通网络产生影响。二者相互协调一致，方能实现城市和谐健康发展。多伦诺尔城市内部则构建适应城市结构不断生长过程的高效交通网络，完善城市干道路网系统，以结构性主干路网串联各个城市组团，实现城市组团间的长距离交通，同时重视支路网建设，在不断补充调整老城区路网，提高路网密度的基础上，尽量形成道路功能分级明确有序的方格网状道路系统，使整个城区路网畅通便捷、功能明确（图7-10）。多伦诺尔城市内部路网与区域交通的衔接则通过城市外环路和结构性主干路实现，以城市外环路疏解S308和S304的过境交通，并通过结构性主干路在不同方向上对接对外公路和铁路客站。

多伦诺尔在构建锡盟南部中心城市过程中，应该坚持公共交通引导的策略，TOD模式明确了以公共交通为导向，尤其强调了轨道交通的引导作用。城市交通发展模式采用双TOD模式，即城市货运交通方面以建立公路、铁路交通走廊带动城市产业布局的完善和发展，在城市东侧和南侧结合铁路货运站场和公路出入口布置新型工业园区、公铁物流园区、高新技术产业园区等，城市西入口面向元上都机场方向则以布局创意休闲产业为主。城市客运交通则以公共交通为主干，城市道路系统为依托，保障慢行交通稳步发展，引导城市形成合理的路网结构。城区各个组团宜相对职住平衡，减少不必要的交通需求。

7.5　本章小结

区域交通是城市形成和发展的重要因素，城市最早在某个特定地点的兴起得益于其相对较好的区位交通条件，伴随着区域交通条件的变化和交通地位的消长，城市也会因此而出现衰退或快速发展。城市交通则在城市发展过程中与城市空间结构交互作用，当二者相互适应时，互相促进共同发展；当互相不适应时，发展较慢的一方会制约发展较快的一方继续正常发展，同时发展较快的一方会带动发展较慢的一方，逐步实现协调。因此，多伦诺尔构建锡盟南部区域中心城市，有赖于区域交通条件的改善以及多伦诺尔交通地位的提高，同时应采取有效的交通导向型发展模式，适当超前地发展城市交通，引导城市合理化发展。

本研究从京津冀、锡林郭勒盟层面详细分析了多伦诺尔所处区域的公路、铁路、航空等综合交通发展现状，认为锡盟南部地区现状公路、铁路网络不完善，不在周边机场的有效服务范围内，出区通道尚未彻底打通，是制约该地区经济社会发展的重要原因。"京津冀"交通一体化背景下，锡盟南部地区未来交通发展潜力大、前景好，本研究提出了多伦诺尔区域交通一体化策略：①构建以多伦诺尔为重要门户节点的南北向国际通道和东西向交通走廊；②建立"多蓝"综合交通枢纽，奠定多伦诺尔在锡盟向南开放中的重要地位；③建立便捷高效的内外交通网络，使多伦诺尔内外部路网合理衔接。

第8章　"生长型"规划理念下城市空间布局

8.1　城市空间格局的形成与演变

8.1.1　多伦诺尔城市发展历程回顾

1. 七溪会阅，因庙而建（1690~1740年）

"多伦诺尔"蒙古语意为7个湖泊，建于清初，地处阴山北麓，浑善达克沙地南端，位于滦河之源，初称多伦泊、多伦诺罗、七星潭，有着较为久远的历史，是一座在1771年完成的《大不列颠百科全书》中便有记载的草原城市。

多伦诺尔因庙而建，清康熙二十九年（1690年），清军在乌兰布统击败漠西准格尔部噶尔丹的进犯，翌年五月，康熙帝亲赴多伦诺尔，"七溪会阅"内外蒙古诸部，改变了内外蒙古三汗分立的政治局面，遂"从诸部所请"，在多伦诺尔先后修建汇宗寺和善因寺两大喇嘛教寺院，使多伦诺尔成为漠南蒙古草原地区的宗教中心。汇宗寺与北京紫禁城同处一条经度线上，是清朝皇帝在蒙古草原上建设的第一座喇嘛庙，寺庙繁荣时期占地面积多达30多公顷，是仅次于西藏布达拉宫的第二大喇嘛教建筑群。

汇宗寺、善因寺等庙宇建成后，陆续又建了碧霞宫、兴隆寺、清真寺等寺庙，内外蒙古王公贵族每年到多伦诺尔聚会，随行人员的牲畜很多，因此周边游牧民族不断向多伦诺尔聚集，并以寺庙为中心，围绕寺庙陆续建设不少房舍，康熙四十九年（1710年）建设兴化镇，又称买卖营，在今多伦诺尔镇古城区，为多伦诺尔建置之始。乾隆六年（1741年），在兴化镇东北建成新盛宫，又名新营，新旧两营连为一体，逐渐由居住聚集点发展为街市，称多伦诺尔。多伦诺尔的庙宇和街市分设于额尔腾河两岸（今小河子河），汇宗寺和善因寺在右岸，街市位于河的左岸，随着多伦诺尔人口不断增加，街区逐渐扩展，官署位于城区北部称头城街，向南延伸有东盛街、兴隆街和福盛街等商业街区，街道两侧店铺、银号、钱庄较多，形成了当时草原上最大的商贸城市。

2. 渐成集镇，因商而兴（1740年至清末）

多伦诺尔是清朝著名的旅蒙商之都，内蒙古重要的经济中心之一，多伦诺尔的经济发展给蒙古地区带来繁荣。多伦会盟后清廷应蒙古王公的要求，准许内地商号以多伦诺尔为中心，开辟内地至蒙古草原的商道，多伦诺尔成为清代蒙古草原与内地商务贸易枢纽，成为草原上最大的商贸城市。进入蒙古草原的商人以晋商、京商和直隶商为主，晋商资本雄厚、脉络贯通，京商的政治背景深厚，直隶商与蒙古下层交往较多，商户分为大商号、中小商号和小行商，多伦诺尔地区的商贸活动异常繁荣。"出草地"、"赶趟子"[①]这种贸易形式是当时旅蒙商的主要经营方式，商道主要由京津经多伦诺尔至经棚和林西，经多伦诺尔和东乌珠穆沁至东北等方向。"丁戊奇荒"和"晋豫大旱"使山东、河北、山西等地大量人口涌入北方草原，多伦诺尔人口激增，商业愈加发达，商道数量增加，影响范围进一步扩大，远及齐齐哈尔和外蒙古的恰克图、车臣汗部（图8-1）。

随着商业的发展，乾隆和光绪年间多伦诺尔渐成集镇，以至于京城八大商号纷纷持龙票至多伦诺尔经商，晋、冀、鲁等地商人云集而开旅蒙商先河，遂使多伦诺尔日趋繁华。多伦诺尔鼎盛于道光、同治年间，因旅蒙商业发展，成为北方民族贸易的主要集散地，被誉为"漠南商埠"、"塞

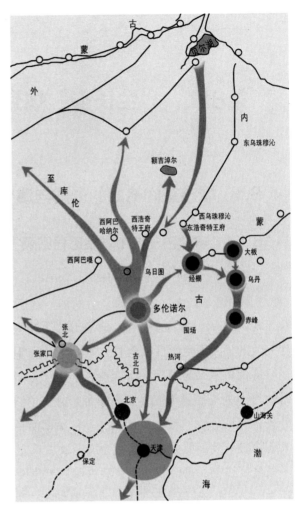

图8-1　清代多伦诺尔市场辐射示意图

外重镇"。仅 7km² 的城区内，人口猛增至 18 万人，票号商家达 4000 余家，寺庙几十座，商业的繁荣推动了手工业发展，多伦诺尔成为塞外主要手工业产地之一。

手工业和商业逐渐兴起，北京、山西、多伦诺尔等地的旅蒙商纷纷来此兴办商号，随之在汇宗寺附近形成固定的商业和居民点，成为大草原上重要的商品集散地。逐渐达到城镇规模，并在通往周边各旗县的要道两侧出现商业和手工业作坊。然而，当时多伦诺尔地区虽达到城镇规模，但经济结构单一，依庙而建，发展较为缓慢。

3. 功能外迁，日趋衰落（清末至新中国成立前）

乾隆帝时期，承德外八庙在热河陆续建成，蒙古王公觐见皇帝的仪式改在承德举行，多伦诺尔失去了政治上的优势。章嘉活佛在包头五当召修建了行宫，经常住到五当召，从

---

① "出草地"和"赶趟子"是蒙古草原上的一种商品交易方式，旅蒙商人利用骆驼、勒勒车等交通工具载着货物，深入到蒙古草原深处，直接到浩特、苏木、嘎查或牧民家中，同牧民进行商品交易活动。

此多伦诺尔又逐渐失去宗教上的优势。再由于张家口市场的繁荣,旅蒙商贾不再绕道多伦诺尔经商,而且在直线交通道路上开辟新市场,宝昌等村镇相继兴起,因此这座商业城市的繁荣便逐渐走向萧条。

清末民初,缘于中东铁路修成,贸易经商路线改变;外蒙古独立,商道中断;军阀混战,兵燹匪患频繁,商家受损,人口锐减,致使多伦商业衰落,日趋萧条,失去昔日繁荣。民国年间,多伦诺尔改称多伦镇,设一区,1945年8月,升镇为市,称多伦市。1949年5月降为城关区,次年改称多伦县第一区。

4.草原城镇,沿袭发展(新中国成立至2010年)

新中国成立后,距离多伦诺尔330km的锡林浩特市,在草原上迅速崛起,成为重要的政治、经济、文化中心。至2000年的一段时间里,多伦诺尔则由于失去政治、经济、交通等方面的优势,城市发展缓慢,进入沿袭过渡时期。2000年后,随着我国进入了快速城市化阶段,多伦诺尔作为多伦县域政治、经济、文化中心,也逐渐显露出迅速发展的态势,城市规模急剧扩张。1999年改称多伦淖尔镇,2009年改称为多伦诺尔镇,这期间多伦诺尔城市处于缓慢的发展过程中,城市形态并无太大变化。

5.区域中心,借势发展(2010年之后)

2011年,依托多伦诺尔培育锡盟南部区域中心城市,上升为内蒙古构建外向型空间格局发展战略,多伦诺尔成为内蒙古对接京津冀地区的桥头堡和疏通内蒙古东西向交通走廊的节点城市,这一战略性决策,为多伦诺尔迎来历史性发展机遇。依托多伦诺尔现状城区培育锡盟南部区域中心城市,可以节约投资,并能够照顾到多伦诺尔和正蓝旗的协调发展,改善锡盟南部长期处于区域发展边缘的境地,促进锡盟南部的经济社会发展,融入内蒙古乃至京津冀地区的发展,参与区域竞争与分工。多伦诺尔的城市空间也将发生较大改变,需要根据功能需求重构城市空间发展构架。

8.1.2 多伦诺尔城市空间形态演变

游牧时期的多伦诺尔并无固定的村落或市镇,多伦会盟后康熙帝"从诸部所请"在多伦诺尔先后建"汇宗"、"善因"两大喇嘛教寺院,委派喇嘛教四大领袖之一的章嘉活佛住寺"俾掌黄教",而使多伦诺尔成为漠南藏传佛教中心,多伦诺尔"因庙而建"。康熙四十九年(1710年),在汇宗寺南侧的民、商聚集地修建兴化镇,乾隆六年(1741年),在兴化镇东北建成新盛营,又名新营,新旧两营连为一体,逐渐由居住聚集点发展为街市,商贾汇聚,日趋繁华,人口编13甲,渐成集镇,成为内地向内外蒙古贸易枢纽。

1900年以前,城市基本集中在现在多伦诺尔东南的古城(买卖营子)聚集发展,城市与庙宇分设在额尔腾河两岸,城市呈不规则椭圆形,周边是滦河支流小河子河由南向北环城而过,城镇西北侧隔河与汇宗、善因两座寺庙相望,空间格局呈现"北庙南居"的格局[图8-2(a)],城市傍水而居,具有鲜明的人文山水空间格局特征。1900~2000年,城市跨出古城，在北面小河子河以西汇宗、善因两座寺庙周边聚集发展，空间格局呈现一南一北沿河双组团的布局 [图 8-2（b）]。城市的行政、商务、商业等功能集中在北侧新组团，古城组团聚集了古时的商贸功能，2000 年以后，城市跨越小河子河东西向发展，形成带状组团式结构。近年来城市东部大唐工业园区的修建再次拉伸了城市东西向构架，城区呈现古城、老城、工业园区倒"品"字形空间格局 [图 8-2（c）]。2011 年依托多伦诺尔培育锡盟南部区域中心城市战略构想的提出，多伦诺尔迎来历史性发展机遇，城市空间格局将随着城市功能的改变而再次打破 [图 8-2（d）、图 8-2（e）]。

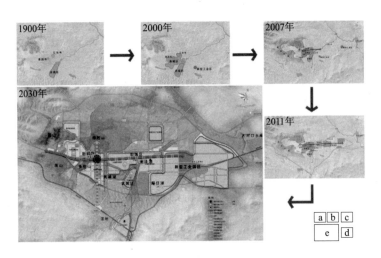

图8-2　多伦诺尔城市空间格局演变示意图

多伦诺尔城市空间形态演化具有自组织机能，具有不以人的主观意志为转移的特性，但城市空间的发展也并非不可控制，通过城市规划手段或行政干预手段可以有效引导城市空间形态发展，使城市空间发展最大限度地走上理性、有序、健康的成长之路。"多伦会盟"是康熙边疆政策的重大举措，也是多伦诺尔肇建的因由，多伦诺尔因庙而建、因商而兴，城市空间形态形成和演化过程中受到宗教、政治、经济等因素的影响较大，三面环水、傍水而居、不规则椭圆形是多伦诺尔古镇的重要形态特征。随着经济和贸易的发展，多伦诺尔跨出小河子河，依汇宗寺和善因寺建设城市，与古城隔河相望。锡盟南部区域中心城市的建设，多伦诺尔迎来历史性发展机遇，必将突破自组织发展，受城市空间发展规划手段以及行政手段的干预，引导城市空间形态发展，促使其适应城市社会经济发展需要。

8.1.3　多伦诺尔城市空间布局影响因素

1. 政治因素

城市从产生到发展，每一过程无不与政治、政策有关。纵观多伦诺尔政治制度的沿革，其先后经历了封建制度、民主共和制度和社会主义制度 3 个阶段，每一阶段的政治制度均为多伦诺尔镇留下了不同的空间行为痕迹，城市形态随之产生较大变化。

清帝的边疆政策促使多伦诺尔肇兴和聚集发展；外蒙独立和商道中断加速多伦诺尔衰落和城市缩减；新中国成立初期"先生产后生活"的政策，导致多伦诺尔古镇内工业用地进一步增加；"文化大革命"时期多伦诺尔镇历史空间格局被严重破坏；"改革开放"推动多伦诺尔空间迅速拓展；2011年后受益于"国务院关于进一步促进内蒙古经济社会又好又快发展"，多伦诺尔面向"区域合作"的新局面，积极构建新的发展框架，都反映出政治因素在城市空间形态演变中影响。

2. 自然地理因素

任何一个城市都根植于地球表面的一个特定区域，城市空间形态的发展演变或多或少都会受到自然地形地貌和山水地质等条件的影响，在城市不同时期的形态结构中打下烙印，使之成为城市的特色，其中某些自然地理因素在特定时期甚至会成为城市空间拓展的门槛，当受到经济发展的巨大推力，城市跨越其限制性地理条件后将发生空间形态的根本性变化。

多伦诺尔最初选址就充分考虑了"水圈清溢"的地理条件，从1691年开始建设至1900年的200年左右时间内，城镇一直在环城河以内聚集紧凑发展，水绕城镇，山在城外，我们可以称之为多伦岛时期。1900年以后，城市形态发生变迁，开始在南河北侧围绕汇宗寺和善因寺周边聚集发展，部分水系逐渐由城市边界转变为城市内河。2007年以后，城市进一步拉大框架，向东跨越小河子河发展，城市与水系的交互作用更为密切，但是西山依然只是作为城市背景。2011年后，建设锡盟南部区域中心城市背景下，城市向西发展，西部丘陵进入城市框架之中，山水城林交相辉映。

3. 社会经济因素

社会经济因素是城市生活中最具活力的因素，是城市形态结构演变的内在驱动力。因为城市社会经济的发展，区域间物质、人员、资金和信息的频繁流动，构成了城市空间拓展的动力，并且使城市不断充实新的功能，同时伴随着部分功能的衰退，从而导致城市空间形态的演变和城市功能结构的重组。

多伦诺尔因庙而建，因商而兴。汇宗寺建成后，伴随着人口聚集，额尔腾河左岸开始形成旧买卖营，随着寺庙规模的持续扩大和对蒙贸易的兴旺发达，城镇规模逐步扩大，到1701年，规模已达"南北长四里，东西广两里，街道13条"。到1713年，已经是"居民鳞比，屋庐望接"。1731年建设善因寺，内外蒙古的朝拜者和各地经商者更多。1741年在旧买卖营东北1km处建新营，新营"南北长一里，东西广半里，街道五条"，随后，新旧买卖营连为一体[152]，并不断扩展，逐步发展到空前繁盛景象，人口达到18万之多，转口贸易兴旺，经营商品种类繁多，包括牲畜、洋货、内地生产的日用品以及各种蒙古特产，商号最多达4000多家，手工业发达。清朝后期，伴随着蒙古草原上其他商道的开通，多伦诺尔的商业和手工业迅速衰落[153]，城市人口规模锐减，城镇随之缩小凋敝，繁荣景象不在。新中国成立后，多伦诺尔作为一个半农半牧的县政府驻地，非农产业发展缓慢，城市空间呈现缓慢外溢式拓展的状态。进入 2007 年，伴随着多伦县工业化步伐的加快，城市东部引入了大唐煤化工项目，开始建设新型工业园区，城市开始迅速跨越小河子河向东发展，新建建筑高度增加，城市土地开发强度增强。未来，伴随着新型多元产业的建立和社会经济的进一步发展，城镇空间将进一步拓展，功能结构进一步优化重组，城镇空间将更加紧凑。

4. 交通因素

交通是城市之间、城市内部互动交流的前提，是城市这个有机体的循环系统。在城市空间形态发展演变过程中，交通条件的改善是不可忽视的主要动因之一。一方面对外交通条件的变化对城市规模、发展方向、空间结构起到重要作用，区域交通地位的彼此消长会对城市的性质定位、产业发展产生重大影响；另一方面，城市道路系统是城市空间形态的骨架，对城市形态生长和发育有着决定性影响。多伦诺尔镇清代的繁荣有赖于其在对蒙商道中的独特地位，后期由于其他更为便捷的旅蒙商路开辟，例如毕鲁浩特（经棚）的兴起，多伦诺尔的商业枢纽地位逐步丧失，城市随之衰落。新中国成立后相当长一段时期内，多伦诺尔由于地处区域边缘，交通条件没有大的改善，城市也停滞不前。清代以及新中国成立后一段时期内，城市对外交通主要是西北—东南走向，因此城市基本也是沿着交通线路主要集中在西北和东南方向块状聚集。由于当时交通运输方式主要是肩挑、手提和牛马运输，城市内部道路狭窄，凹凸不平。随着机动车交通方式的逐步发展，城市内部道路也逐步有所拓宽。2005 年前后，东西向 S308 线修通，多蓝铁路建成通车，多伦诺尔的对外交通条件发生重大改观，城市伴随着交通的巨变，沿着省道 308（多伦大街）向东迅速拓展，建设了东部城区和新型工业园区。2011 年，建设锡盟南部区域中心城市的背景下，城市以西 20km 处的锡盟进京快速通道开始建设，省道 308 线向城市南部绕城改线并升级为国道（G510），必将牵引城市调转发展方向向西拓展新城区，并增加高新技术和区域商贸商务、旅游休闲等功能，引领多伦诺尔城镇向带状组团结构发展。

5. 文化因素

每个城市都有区别于其他城市的独特文化，这是城市的灵魂所在，可以从城市骨架、功能布局、街道形态和建筑风格等方面对城市形态产生重要的影响。

多伦诺尔因庙而建，宗教文化突出（图 8-3）。汇宗寺、善因寺的落成和藏传佛教的发展繁荣了街市，形成了寺庙区和买卖营隔河相望的格局。寺庙繁荣时期占地面积多达 30 多公顷，是仅次于西藏布达拉宫的第二大喇嘛教建筑群。额尔腾河南岸则吸引了来自四面八方不同民族不同宗教信仰的人们到此定居，由此也汇集了其他不同的宗教。来自直隶和山西的回族商人带动了独特的伊斯兰文化发展，他们在多伦诺尔古城内修建了东、西、南、北、中 5 座清真寺，绕寺而居，展现出明显的伊斯兰风格。汉族商人则多信奉道教，他们出资修建了许多道教庙宇，著名的有三官庙（后来发展为"直隶会馆"）、伏霞宫（"山西会馆"的前身）、碧霞宫等。因而多伦诺尔又深受道教影响，打上了中原地区文化烙印。多民族、多种宗教、多种文化在此交互融合与碰撞，又有了新的发展，共同影响着城市的布局及风貌。

不同于作为行政中心而发展起来的城市，多伦诺尔古城没有强烈的规则，甚至也没有城门和城墙，可以从草地直接走到街道，开放性很强，至今多伦诺尔古城内还存有许多京式"四合院"，入口为门楼，内有影壁，左右有厢房，与其他草原城镇迥然不同。在未来的城市发展中，多伦诺尔需要切实保护历史文化传统，传承城市文脉，留住乡愁。

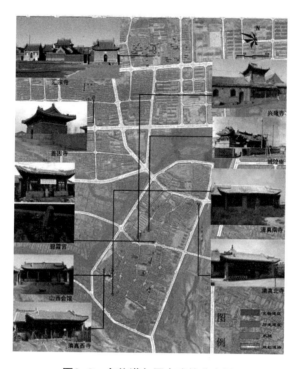

图8-3　多伦诺尔历史建筑分布图

8.2　"生态导向"空间拓展条件评价

锡盟南部地区处于我国第二阶梯向第三阶梯的过渡地带，南濒燕山山脉北坡，东靠大兴安岭南部西缘，北部为浑善达克沙地，整体地势由西南向东北倾斜，地貌上由北部的沙地和南部的低山丘陵两大部分构成，地属我国北方农牧交错带的中心地带，沙漠化敏感性极高，农牧业生产不稳定，生态平衡功能极度脆弱。

锡盟南部地区北部沙区的沙丘连绵不断，沙丘间有面积不等、形状各异的甸子地，形成坨甸结构，土壤以风沙土为主，植被以灌丛类型为主，其间分布着草甸植被。南部低山丘陵区主要是栗钙土，其次是暗栗钙土，土层较薄，质地较粗，肥力较低，植被受大兴安岭南段山地和燕山山地区系的影响明显，类型丰富，有典型草原、干草原、草甸草原、森林草原等。这种低山丘陵到高平原沙地过渡的自然环境也致使该区域森林、草原相互交错，农牧交错，物种十分丰富，生态敏感。

从大区域来看，锡盟南部区域地处京津北部，是京津地区主要的风源、沙源和水源，因此是我国北方重要生态防线——北方防沙带和浑善达克沙漠化防治生态功能区的组成部分，生态重要性非常高。浑善达克沙漠化防治生态功能区包括河北省的围场满族蒙古族自治县、丰宁满族自治县、沽源县、张北县、尚义县、康保县，以及内蒙古自治区的克什克腾旗、多伦县、正镶白旗、正蓝旗、太仆寺旗、镶黄旗、阿巴嘎旗、苏尼特左旗、苏尼特右旗，由于长期以来草地资源不合理开发利用带来的草原生态系统严重退化，承载能力减弱。根据孟庆华的研究，浑善达克沙漠化防治生态功能区 2012 年的人均生态足迹是 5.296hm²，人均生态承载力为 2.429hm²，人均生态赤字为 2.867hm²，生态形势严峻，尤其以南部地区为劣，对京津及华北地区生态安全构成了重大威胁。

因此，锡盟南部区域中心城市的选址和建设必须坚持"生态优先"和"生态导向"。以锡盟南部生态本底为基础，综合《内蒙古主体功能区划》中有关锡盟南部国土开发的研究，"生态导向"确定锡盟南部区域中心城市适宜用地规模、合宜选址，划定城市空间增长边界，选择城市发展方向，在此基础上以"生长型"规划理念为引导，进行中心城市空间布局。

8.2.1 适宜性建设用地评价

区域中心城市的建设和发展需要一定的用地支撑，以便满足城市各类功能对城市空间的要求，锡盟南部地区地广人稀，适宜城市建设的土地广阔。本研究在充分分析区域地质、地形地貌的基础上，选取地形地势、坡度、生物多样性、水文水系、植被覆盖、水土保持、基础设施、历史遗存等因子，运用多学科理论和技术方法，综合分析工程地质环境条件（表 8-1）。在定性分析的基础上，采用层次分析和模糊数学的方法，以 GIS 为主要手段，采用"动态修正、综合集成"的方式，对锡盟南部地区进行建设用地适宜性评价（图 8-4）。锡盟南部区域适宜建设区达到区域总面积的 20% 左右，主要分布在多伦诺尔和正蓝旗的闪电河——滦河沿岸、太仆寺旗西南部、正镶白旗西北部和镶黄旗东北部（图 8-5）。其中仅多伦县适宜建设区面积就达 815km²，占多伦县域总面积的 21.1%。因此仅从土地本身的建设适宜性来说，锡盟南部区域中心城市的空间规模基本不受限制，只不过城市建设用地的区位选择需要避开不宜建设区。从国土开发安全性来看，根据《内蒙古主体功能区划》，锡盟南部区域属于限制开发区域，应该实行"面上保护、点上开发"政策，到 2020 年各旗县的国土开发比例分别控制在 0.64%~3% 之间，总开发规模控制为 428km²，占锡盟南部五旗县总面积的 1.47%，其中多伦县国土开发面积控制为 104km²，占县域总面积 2.76%。本研究考虑将时限适当延展，认为锡盟南部区域城镇化达到稳定状态时，锡盟南部区域整体国土开发比例不宜超过 2%，即建设用地面积不超过 570km²，多伦县国土开发面积控制为 200km²，其中多伦诺尔中心城区建设用地规模控制为不超过 70km² 为宜。

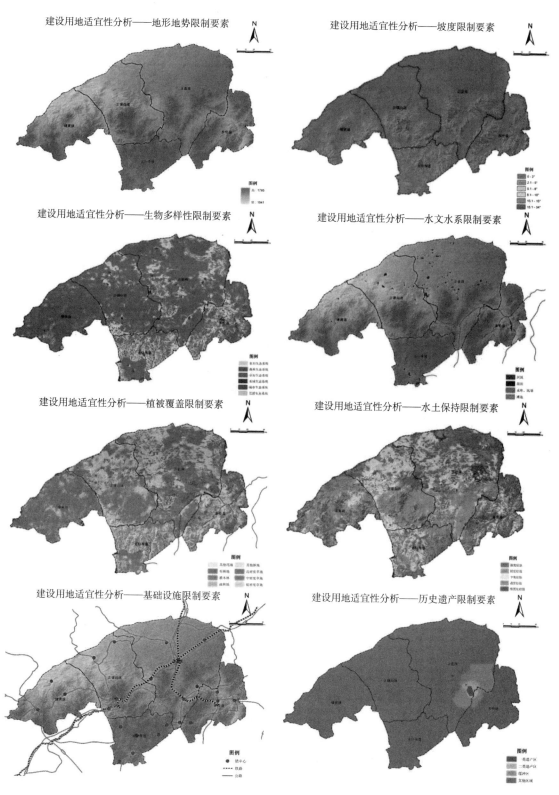

图8-4 锡盟南部建设用地限制要素分析图

资料来源：多伦诺尔生态保护专题研究

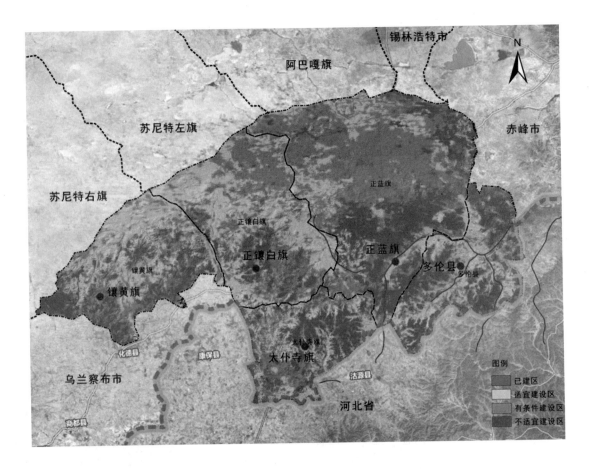

图8-5 多伦诺尔建设用地适宜性分析图

资料来源：多伦诺尔生态保护专题研究

适宜性建设用地评价因子 表8-1

	适宜建设区	有条件建设区	不适宜建设区
地势	≤1350m	1350~1500m	≥1500m
坡度	≤5°	5°~15°	≥15°
地质灾害因子	非易发区	低、中易发区	——
基本农田因子	其他用地	一般农田	基本农田
风景名胜区	其他区域	——	森林公园、生态园、自然保护区范围
矿产资源	其他区域	重点勘查区域	——
基础设施（道路、输电线、输水线）	其他区域	220kV输电线：两侧各50m、110kV输电线：两侧各25m、500kV输电线：两侧各80m	一级公路20m内，二级公路10m内，高速100m内变电站（110kV以上）自身建设用地 220kV高压线25m内，110kV高压线10m内垃圾填埋场500m范围内
水系	其他区域	饮用水水源二级保护区、饮用水水源准保护区、县郊以外150m范围内	饮用水水源一级保护区、自然和干渠水体、县郊以外80m范围内，城市中心区（结合现状绿线具体绘制）

续表

	适宜建设区	有条件建设区	不适宜建设区
生物多样性	其他区域	其他草地、未利用地	林地、大面积的高密度草地、水域
水土保持因子	微度侵蚀	轻度、中度侵蚀	强度、极强度、剧烈侵蚀
植被因子	其他用地	中密度、低密度草地	林地、大面积的高密度草地

资料来源:多伦诺尔生态保护专题研究。

8.2.2 城市发展方向选择

对于生态环境较为脆弱的内蒙古草原城市来讲,城市用地选择应以生态为导向,走紧凑型发展的道路,尽量减少城市发展与生态环境之间的矛盾。紧凑型空间布局不但可以节约用地,同时利于基础设施和公共服务设施的高效利用,而且可以较少因城市空间拓展而占用大量农田,甚至使城市周边自然生态环境遭到破坏,更重要的是在城市的发展历程中保持了城市布局的持续性和合理性,为城市可持续发展提供了空间上的保障。

以生态为导向的城市空间发展方向选择,首先应考虑城市发展后城市内部和周边自然生态环境的变化,城市空间发展应以自然本底为基础,实现城市建设与自然生态保护的双赢,遵循设计结合自然的理念,实现地尽其用的同时使城市有一个良好的生态环境,实现城市可持续发展。其次,综合评价未来可能的城市建设用地的工程地质情况以及周边大型基础设施等限制因素,为城市空间发展提供用地选择支撑。第三,要考虑城市的空间布局现状,尽量依托现状城区紧凑发展。多伦诺尔城市空间发展方向的选择基于以上因素的考虑。

1. 自然生态环境

多伦诺尔西依大西山,东枕滦河,西侧大西山以及由其舒缓渗入城市所形成的德胜山、多伦山、南山等自然山体空间;南河、牦牛吐河、小河子河由城区西侧和南侧穿越城区向东汇入滦河;凤栖湖、那日湖、龙泽湖与三条河流相连;三大湿地(凤栖湖西侧湿地、龙泽湖南侧湿地、那日湖东侧湿地)与农田相邻,生物多样、景观良好。城市主要向西、适度向南发展有助于将城市内部及城市周边的景观元素纳入城市空间布局中,形成独具特色山水的空间形态。

2. 城市周边制约因素

多伦诺尔现状城区地处波状河谷平原,在波状平原四周有低山丘陵分布,地形坡度不大,除西北方向的德胜山等少数几个山丘外,地形对用地选择几乎没有影响。现状城区北部为煤炭采空区,不适宜作为城市建设用地,城市北部的德胜山和煤炭采空区阻碍城市向北发展。城市东部的新型工业园区距离城区仅 7km,为保证城市的环境质量,城市不宜继续向东扩展。城区南部南沙梁是京津治沙工程的重点,不宜进行城市建设,另外改线后的 S308 省道以及锡多铁路均从城市南侧通过,也构成了城市向南拓展的"门槛"。多伦诺尔城区周边有基本农田分布,在提倡集约用地、保护耕地的大背景下,要避免城市建设用地占用农田。

3. 城市现状空间和未来发展需求

多伦诺尔现状呈组团式布局,古城组团、旧城组团和新城组团跨小河子河两岸呈倒"品"字形布局,城市东侧为新型工业园区,多伦诺尔现状城市建设用地为 $10km^2$,城市发展方向以向东发展为主。

多伦诺尔由原来的县城跨越式发展为引领锡盟南部五旗县的区域中心城市,对接京津冀地区的桥头堡,不仅仅要考虑本县的需求,同时还要辐射带动周边旗县协同发展,城市职能和城市性质均会发生较大变化,城市空间势必突破现状城市,用地规模需要拓展到约 $30km^2$,远景理想规模甚至达到 $70km^2$,需要有大量可建设用地拓展城市空间。目前多伦诺尔城区距离正蓝旗政府所在地上都镇的空间距离仅为 40km,如果多伦诺尔选择依托现状城区向西发展,从空间布局上有助于实现多蓝一体化发展的构想。

4. 城市空间发展方向选择

综合用地适宜性评价和分析以上因素,多伦诺尔中心城区北侧受煤炭采空区和德胜山阻隔,东侧受新型工业园区的限制,南侧受 S308 改线、南沙梁限制,城市空间拓展在南、北、东方向上均受不同程度限制,只有西侧沿现状 S308 线有较大的拓展空间,因此城市发展方向选择主要向西跨越发展新城区,形成城市向西发展,产业向东集中的格局,远景考虑南北拓展(图8-6)。

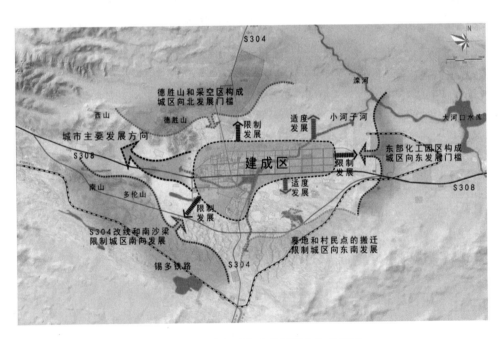

图8-6 多伦诺尔城市空间发展方向分析图

8.2.3 城市空间增长边界

城市空间增长边界(Urban Growth Boundary,简称 UGB)是城市建设用地与非建设用地之间的分界线，也可以理解为城市一定时期内空间拓展的控制线，基本功能是控制城市规模的无节制扩张，是城市增长管理最有效的手段和方法之一[154]。划定 UGB 边界的目的是为了圈定明确的城市发展边界，保护基本农田、河湖水系，减少对空气和水系的污染，确保城市空间拓展避开应该保护的区域，为城市发展提供良好的自然生态环境。划定 UGB 应以生态要素为引导，UGB 的界线来源一般是原始地形、山体、农田、河流、海岸线或区域公园等自然界线。

从多伦诺尔城市外围生态环境以及城市交通组织、空间布局的需要等角度综合考量，大西山将作为城区西部和西北部的屏障而成为城市向西、西北方向拓展的天然界线；城市东部的西山湾水库、大河口水库、燕子窝水库和滦河是城市珍贵的地表水资源，周边有大片湿地，应加大保护力度，这些水系和周边湿地构成了多伦诺尔中心城区向东和东北方向拓展的天然界线；中心城区南部的南沙梁是浑善达克沙地的组成部分，是京津风沙源治理的重点地区，地表一旦受到扰动，植被极易遭到破坏，南沙梁构成城市向南拓展的天然界线。锡多—多丰铁路是连接锡林浩特、多伦诺尔、丰宁的交通主动脉，是构建通疆达海国际通道的主线网，构成了城市空间向南拓展的人工界线。

通过以上对多伦诺尔周边生态环境和生态因素的分析，加上对城市远景发展的预测，综合城市发展趋势判断、远景城市发展用地需求、空间拓展模式、发展方向等因素确定多伦诺尔中心城区空间增长边界范围为：北至北外环，西至大西山，东至新型工业园区，南至锡多铁路，总面积约 210km²，在此范围内进行多伦诺尔中心城区空间布局（图 8-7）。

图8-7 多伦诺尔城市空间增长边界

8.3 多伦诺尔构建区域中心城市空间布局

8.3.1 多伦诺尔城市空间布局特征

城市空间布局是城市政治、经济、社会、环境以及工程技术在城市空间上的综合反映，核心内容是城市用地功能组织。[35] 城市空间布局的构成要素可分为物质要素（景观要素、功能分区、城市道路、用地等）和非物质要素（政治体制、社会组织结构、民俗风情等），物质空间是城市各类活动的空间载体，在城市总体布局中占有重要地位，是本研究的重点。

图8-8　多伦诺尔早期北庙南居格局示意

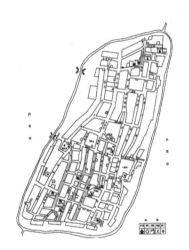

图8-9　多伦诺尔古城示意图

自然山水条件是城市空间布局中非常珍贵的要素，多伦诺尔城市西部的西山和西北部的德胜山呈半包围状环抱在城西北方向；城区外有滦河、闪电河、黑风河等河流，水草丰美，景色宜人，景观连绵至西山湾水库及滦河源国家森林公园，城市外部空间形态可以概括为"西山环抱，东水潺潺"。早期的多伦诺尔形成寺庙区和买卖营隔河相望的格局（图8-8），由于受"井田制"和藏传佛教文化的影响，买卖营自东偏西呈不规则的棋盘式布局（图8-9）。随经济发展，城市以官署为中心，以"汇宗"、"善因"两寺为统领，商业、手工业集聚为发展因素，交通线路为导向，向西北、东南方向蔓延的块状集聚式的城市形态初步形成。

清末以前，城市基本集中在现在多伦诺尔东南的古城（买卖营子）聚集发展，城市呈不规则椭圆形，周边是滦河支流小河子河由南向北环城而过，城镇西北侧隔河与汇宗、善因两座寺庙相望，空间格局呈现"北庙南居"的格局，城市傍水而居，具有鲜明的人文山水空间格局特征。清末至1949年，城市跨出古城，在北面小河子河以西汇宗、善因两座寺庙周边聚集发展，空间格局呈现一南一北沿河双组团的布局。多伦诺尔现状城市空间布局延续古时城镇发展格局,以山水绿廊为分隔形成"带状 + 组团"式城市布局结构(图 8-10)。生活组团在城市西侧、工业组团位于城市东侧,相距 7km 左右,产居分离相互干扰较小。现状城区包括南部古城组团、西部旧城组团和东城组团。

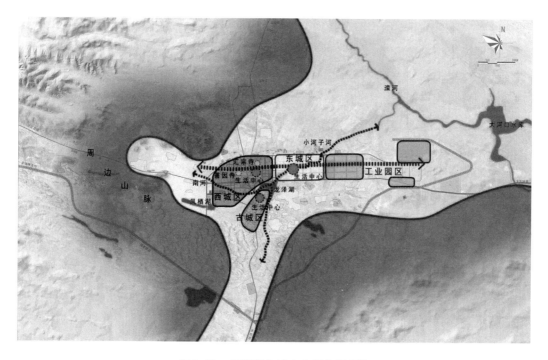

图8-10 多伦诺尔城市空间布局现状

8.3.2 多伦诺尔城市空间结构与形态

城市空间结构是人类的经济活动在一定地域环境下的缩影,城市不同发展阶段,空间结构表现出不同的特征,城市空间结构是否合理,对城市空间布局、城市空间发展战略影响较大。城市空间结构从宏观角度表现为相邻城市群体之间的空间组织关系(城镇体系),微观角度表现为城市内部空间结构和城市外部空间结构。城市内部空间结构以主城区为主,包括城市的各功能分区和城市用地在空间上的组织和排列,是城市空间中最能体现城市空间结构演变规律的实体空间。城市外部空间结构包括城市周边的乡村腹地、发展飞地、卫星城镇等,是城市内部空间增长和向外拓展的发生地。影响城市空间结构的因素众多,包括自然地理、城市交通、产业布局、地域文化、社会、政治、城市规划等方面。本研究对多伦诺尔城市空间结构的研究以锡盟南部城镇空间结构和城市内部空间为主。

1.锡盟南部城镇空间结构

锡盟南部地区作为洼地崛起的区域,区域发展过程中受内生发展动力和外生发展动力双重作用,满足锡盟南部自身发展需要是内生发展动力,构建外向型空间格局,承接国家、内蒙古和京津冀区域发展需要是外生发展动力，多伦诺尔构建锡盟南部区域中心城市，实现"跨越式"增长，外生发展动力的作用力更关键。多伦诺尔由县城发展为锡盟南部区域中心城市，产业基础必然来源于外力的支持，对外经济联系的便利性是产业发展的必然要求，也是城镇发展的根本支撑，由于锡盟南部地区是内蒙古向南连通京津冀地区的门户，其城镇发展的外部产业支撑力很强，构建外向型发展格局十分必要。

未来发展不可准确预知，多伦诺尔作为锡盟南部区域中心城市，承担对接京津冀和国家构建通疆达海国际通道节点城市战略重任，承接京津冀地区的产业转移和环首都绿色经济圈建设。因此，锡盟南部城镇的空间布局应具有足够弹性。首先应做到功能弹性，多伦诺尔既要有一般城市的功能，满足城市自身发展需要，又要为区域甚至国家级产业基地的落址留出足够空间，提升本地区的城镇功能和区域服务职能。其次是规模弹性，既要能够应对大规模的城市开发，又要为小城镇发展提供各种便利条件。第三是空间弹性，产业与人口等要素的发展都具有较大不确定性，因此在快速发展时应主动留有大量的空间储备，留待进一步发展。第四是组织弹性，城镇体系中各城镇的空间关系和功能联系也应具有弹性，既可相对独立，也可一体发展，以应对发展中可能出现的各种机遇与挑战。

锡盟南部由 5 个旗县组成，不是一个完整的行政单元，各旗县为争夺有限的资源条件和发展机遇，存在恶性竞争的可能，行政区划可能成为区域协调发展的重要制约因素。针对行政因素导致的各种约束条件，必须建设创新型城镇体系，开拓一个分工合理、等级明晰、多元交融的新型城镇体系，才可能彻底摆脱这些因素的影响。根据第 4 章对锡盟南部五旗县发展现状的分析，多伦诺尔相对而言最适合培育锡盟南部区域中心城市，正蓝旗也有培育潜能，其他三旗则不适宜作为锡盟南部区域中心城市来培育和发展。锡盟南部城镇空间布局打破行政区划界域，根据城镇体系的现状特征和外向型发展趋势，优化城镇空间布局，以推动区域整体协调发展为目标，构建以"一核、两轴"为骨架的"强核引领、开放带动"城镇体系空间格局（图 8-11）。

以多伦诺尔和正蓝旗的上都镇为主副中心，形成锡盟南部的"多蓝核心区"，基础设施和公共设施一体化发展，产业差别化发展，形成引领区域经济社会发展的核心，对接京津冀地区和参与区域竞争的主体。锡盟南部地区发展轴带的确定受京津冀、呼包鄂、锡林浩特、口岸等外在因素影响较大，纵向发展轴带依托锡盟进京快速通道，构建连接京津冀—多蓝核心—锡林浩特—口岸区域通道，横向发展轴带依托 S308 交通走廊，引导和鼓励人口、产业向该区域集聚，构建"一横一纵、十字格局"的对外开放城镇发展轴线。形成以中心城市为核心，发展轴带为区域联系通道，通过区域中心城市的辐射作用和发展轴带的扩散效应，"点—轴"共同引领锡盟南部地区整体发展，实现区域协调发展。

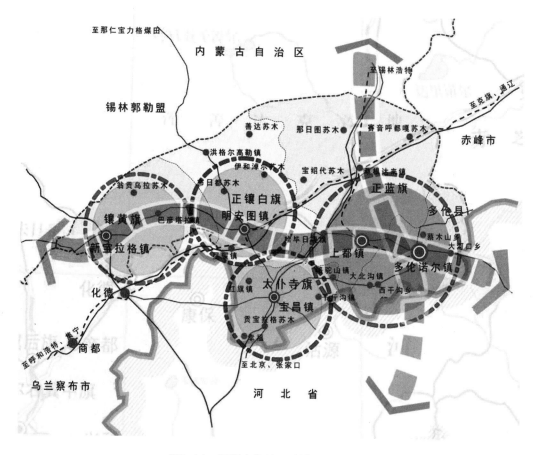

图8-11 锡盟南部地区城镇空间结构图

2. 多伦诺尔城市空间结构

多伦诺尔从城市形成发展至今，一直延续组团式布局结构，早期的多伦诺尔仅有一个组团称买卖营，呈不规则的椭圆形，与寺庙区隔河相望，组团周边被滦河支流小河子河环绕。清末至新中国成立前，随着贸易和手工业的发展，多伦诺尔聚集大量人口，城市跨出古城，以汇宗、善因两座寺庙为核心发展新营组团，买卖营和新营两组团一南一北分居小河子河两岸，城市呈现双组团格局。2000年后，城市跨越小河子河向东发展新的城市组团，多伦诺尔古城组团、老城组团和新的组团呈倒"品"字形，形成东西长8km的"带状组团式"空间结构。近年来，城市东部现代煤化工园区的修建，将城市东西向空间再次拉大，带状组团式布局结构更加明显。

多伦诺尔构建锡盟南部区域中心城市，城市空间布局中，首先将城市西部大西山和城市北部德胜山的生态林地、城市南部南沙梁生态林地和萨日湖周边的湿地、德胜山北部的农田和古城周边的湿地及菜地保留下来，作为城市生态系统中的斑块，并通过生态廊道相互联系。城区分为城市功能区和产业功能区(新型工业区、高新技术产业区、公铁物流园区)。依据对多伦诺尔城市空间发展方向和多伦诺尔中心城区内外部生态环境的研究，为满足多伦诺尔作为锡盟南部区域中心城市的用地需求，同时受地形和城区现状布局结构的限制，确定多伦诺尔向西跨越式发展城市新区，城市发展方向以向西为主，适度向南和向北拓展，多伦诺尔城市空间呈带状发展，形成"一城三区多组团"的城市空间格局。

多伦诺尔城区延续"带状＋组团"式空间布局结构，现状地形条件将可能使用的用地自然划分成若干组团，通过规划手段进行梳理便可形成更加有机、合理的组团式布局结构。突出每个组团的特点，形成组团发展的"有序化"，通过绿廊将各组团连接，空间布局体现生态理念。中心城区包括新城区、旧城区和古城区三个城区，城市组团包括古城区的古城组团，旧城区的职教组团和商贸组团，新城区的行政商务组团、教育会展组团、休闲度假组团，城市东北部高新技术产业组团。城市空间布局以"自然"为核心，自然生态因素成为城市布局的主角，通过生态廊道向城市内部渗透，充分体现生态性（图8-12）。

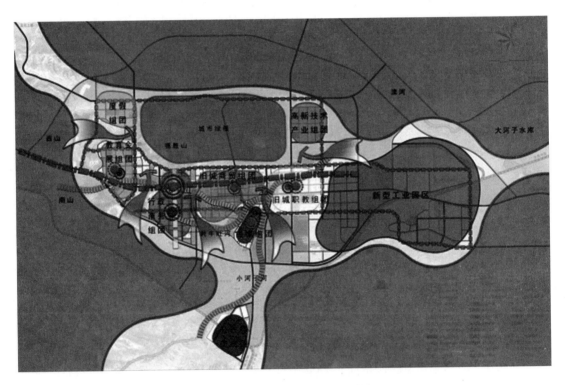

图8-12 多伦诺尔中心城区空间结构图

多伦诺尔城市内部空间结构，不仅仅强调整体协调，更加强调每个组团之间的"内部平衡"，城市的2个中心均位于东西组团中心，各组团中心通过东西向"生活轴"串接起来，方便市民使用，并形成有序的内部形态特征。工业在城市东侧集中布局，居住组团沿河湖水系分散设置，使城市发展过程中人口增长和产业发展同步，充分考虑职住平衡，充分考虑城市居民的工作地点与生活地点距离缩短，提高可达性，减少组团间的交通压力，各组团间以生态绿地相隔离。

从深圳经验来看,"带状 + 组团"式空间布局结构,具有较大的弹性,比较适应城市"跨越式"发展需要,能够很好地应对城市发展中的不确定因素。多伦诺尔由县城发展为锡盟南部区域中心城市过程中,存在较多不确定因素,城市空间应选择极具弹性的布局结构,各组团均有较为均等的发展机遇,可以随时抓住各类预料到和没预料到的发展机遇。多伦诺尔城市空间布局不但具有现代城市布局结构特征,又能够充分保留显现其城市传统布局结构所形成的文脉,使城市空间布局具有时代性的同时又保持和延续城市的地域性特征。

3. 多伦诺尔的城市空间形态

城市空间形态是城市空间结构的整体形式,是城市内部空间布局和密度的综合反映,是城市平面的和立体的形状表现[155]。城市空间形态是城市内在的政治、经济、社会结构、文化传统表现,反映在城市和居民点分布的组合形式上,城市本身的平面形式和内部组织上,城市建筑和建筑群的布局特征上[156]。城市空间形态包括城市内部空间形态和城市外部空间形态,城市内部空间形态主要指市区范围内的工厂、仓库、建筑、道路、园林等各种用地的形状和布局以及城市内部各类建筑空间的组织形式,城市外部空间形态指城市建成区边界所构成的轮廓形状。城市空间结构与城市空间形态密切相关,城市空间结构是城市空间形态形成之核,城市形态是城市空间结构的外在表象,城市空间结构一定程度上能够决定城市形态,但同一城市空间结构也往往表现出不同的城市形态。城市空间布局中的结构与形态的关系犹如动物体中的骨骼与血肉的关系,骨骼支撑了动物的基本框架,血肉的多少充分显示了动物的外在特征[35]。

多伦诺尔的城市空间形态受自然(河流、湖泊、山体、林地、沙地)、经济(产业布局)、城市规划引导(城市发展方向、对外交通、周边城镇)、政治(决策、机制)等因素的影响,同时考虑对锡盟南部其他旗县的辐射和带动需要。城市周边的山脉、自然景观资源、平原、湖泊和河流,形成了多伦诺尔与山水相互映衬的独特的自然地理景观。

城市空间形态塑造中,河流、湖泊、丘陵、山脉、林地等是宝贵的自然资源,所形成的廊道空间和开敞空间,既有利于城市生态保护又可以使城市空间形态更加生动。从城市空间环境和景观形象等方面看,多伦诺尔城市空间布局紧紧抓住小河子河、南河、牦牛吐河等水系和北部德胜山,梳理城市河湖水系,将自然山水融入城市空间布局之中。多伦诺尔的城市形态突出的有山体和丘陵,凹隐的有河湖,潺潺小河从城市流过,山、水、城、林构成了多伦诺尔城市形态的基本机理,城市的景观与其他系统形成良好的关系,成为城市有机组成部分。

8.3.3 多伦诺尔城市空间布局

"生长型"规划理念的核心观点之一是城市分阶段布局,它是与城市的生长相对应的规划生长在图面上的具体体现[35]。城市或城市规模有较大发展前景和可能是分阶段布局的基本前提条件,包含城市人口发展可能和用地发展可能,从这一点来看,多伦诺尔城市空间布局非常适合运用"分阶段布局"方法。多伦诺尔从目前的县城成长为锡盟南部区域中心城市，城市职能和城市性质的转变为其迎来历史性发展机遇，城市人口和城市用地均会在短时间内有"跨越式"的增长，城市规模将会有非常大的突破。另外，多伦诺尔在跨越式发展过程中面临很多不确定因素，建设规模不宜一次摊开太大，城市土地投放遍地开花，城市规模的增长应遵循渐进和有序的原则。多伦诺尔构建区域中心城市，城市发展具有远大发展目标，城市空间结构和空间形态应具有较强的弹性和可操作性，以应对城市发展中的不确定因素。基于以上分析，分阶段布局方法非常适合"跨越式"增长机遇下的多伦诺尔城市空间布局，多伦诺尔历史上形成的"带状＋组团"式布局结构，为城市分阶段布局、动态生长提供了先天条件。

分阶段布局方法强调：①城市布局以现状为依据、远景为目标，将城市按照远景发展合理规模下的地域空间分为连续而完整的"若干阶段"；②每个阶段的空间布局保持合理、有机的同时使城市能够高效运行；③城市的布局形态保持阶段性完整，每个阶段的布局结构和空间形态均有相对完整性，同时具有良好的衔接关系，避免拼图式规划布局；④生长型规划布局的各要点 ① 体现在分阶段布局的各个阶段，充分体现城市作为一个有机体由小到大动态生长过程，并以一系列发展变化图来描述城市的发展过程。

生长型规划布局主张城市空间布局的合理性应该不仅仅体现在终态的规划布局中，还应该体现在结构的生长过程中，保证城市这个有机体在生长过程中始终具有一个合理的空间结构而处于一个良好的发展状态 [35]。多伦诺尔现状空间布局松散、结构不完整，未来很难承担区域中心城市的功能。多伦诺尔城市空间布局应注重从结构层面思考城市空间发展，而不拘泥于具体的地块性质和用地布局，将城市空间的动态生长与城市发展的动力机制联系起来，使城市的生长布局与城市产业空间布局以及经济发展紧密联系。

由于地形条件的限制，未来多伦诺尔城市空间结构以"带状＋组团"为基本特征，城市的分阶段布局也适应这一特征，并在此基础上展开。根据对多伦诺尔所在区域和未来发展前景的分析，未来多伦诺尔城市远景终极人口规模约 40 万人左右，用地规模约 $70km^2$ 左右，达到这一规模的时间大致在 2060 年前后。根据这个预测的规模进行城市总体布局，城市总体布局中将城市发展分为 5 个阶段，每个阶段均有自己的发展重点，总体上按照由东向西、由南向北的时序发展，以组团为基本单元，功能区平行布局，每一个布局阶段在前一个阶段的基础上不断生长，体现城市由小到大有机生长过程。古城组团以保护历史遗存及其环境为重点，充分挖掘其中的文化内涵，其他城市功能组团随着城市建设需要动态生长。多伦诺尔由县城成长为锡盟南部区域中心城市分为 5 个阶段。

第一阶段（图 8-13）是多伦诺尔建设锡盟南部区域中心城市的快速起步时期，城市性质和城市职能发生较大变化，城市规模应迅速达到区域中心城市的规模底线（10 万人，

---

① 生长型规划布局的要点包括：区域定位、城市性质、城市规模、用地发展分析、城市发展综合评价、总体结构与形态、结构要素等7部分内容。

15km²），聚集一定规模的城市人口和产业，具有一定的辐射带动能力，开始行使区域中心城市职能。城市发展的动力机制以行政中心东迁带动城市发展，以行政中心为龙头带动商务、文化等公共服务设施的建设和居住用地开发，加快第三产业发展，迅速启动行政商务组团和会盟湖周边地区建设，重点跨越式发展行政商务组团，拉大城市框架，初步确立城市在锡盟南部的中心地位。古城组团以保护为主，完善各类基础设施和公共服务设施，保护古城历史文化资源和自然景观资源，突出"一河一城"古镇风貌和山水格局。旧城商贸组团以城市有机更新为主，修缮善因寺和汇宗寺，迁出影响文物保护的小型工业，发展商贸和旅游产业。

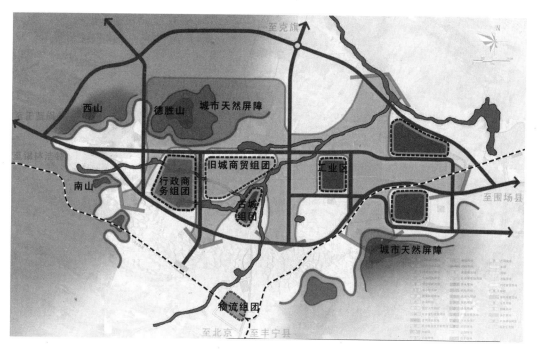

图8-13 多伦诺尔中心城区一期结构图

第二阶段（图8-14），城市发展动力机制为做大做强主导产业，优化现有产业结构的同时承接京津冀地区的产业转移，突破性引入新型产业。城市东部的新型化工园区以现代化工产业为主，在巩固和提升现有煤化工产业的基础上，积极谋划产业转型，重点发展循环、高端的新能源化工、制造等环保、洁净制造产业。城市空间动态生长，根据产业结构调整和城市功能转型需要，适时启动高新技术组团、教育会展组团、休闲度假组团的建设，为城市各类建设提供空间上的支持。

第二阶段的城市建设以适度为本，各组团不宜一下子贪大求全、遍地开花，城市发展过程中保持"紧凑"布局特征，根据城市发展需要由小到大有序进行。古城和老城区以城市内部有机更新为主，职教组团适度向南发展，完善各类基础设施和公共设施，提高城市环境质量。

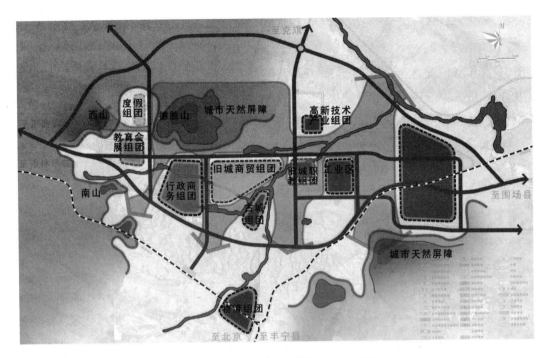

图8-14　多伦诺尔中心城区二期结构图

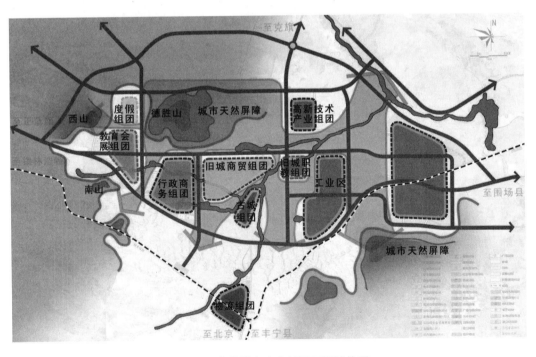

图8-15　多伦诺尔中心城区三期结构图

第三阶段（图8-15）是多伦诺尔建设锡盟南部区域中心城市的充实提高阶段，人口规模发展到15万左右，城市用地规模达到20km²左右，集聚了一定数量和质量的产业，对锡盟南部有较强的辐射带动能力。积极发展商贸服务、商务总部、科教研发、文化旅游、贸易流通等第三产业,完善公建配套,迅速提升城市区域服务职能,显著提高城市辐射能力。城市新区继续快速向西推进,大力发展教育研发事业和医疗康复服务,建设物流服务组团,发展临空物流业,古镇改造和更新步伐明显加快,名镇风貌凸显。

　　第四阶段(图8-16)是多伦诺尔建设锡盟南部区域中心城市的加速至成熟稳定时期,城市功能区日趋完善,稳步提高城市服务能力和辐射能力,真正建设成为锡盟南部区域性的商贸、物流、旅游服务中心和锡盟向南开放和对接京津冀的桥头堡。城市新区空间进一步拓展,古城、旧城、新城与自然山水相得益彰。产城互动,完善体育会展、休闲度假和社会服务功能,旧城区提质改造,古城区文化复兴。多伦诺尔达到I类小城市规模(人口20万人左右,用地30km²左右),各类基础设施和公共服务设施得到较大改善,城市服务能力得到极大提升,在满足自身发展需求前提下,能够为周边地区提供便捷的服务,进一步吸引人口向多伦诺尔集聚。

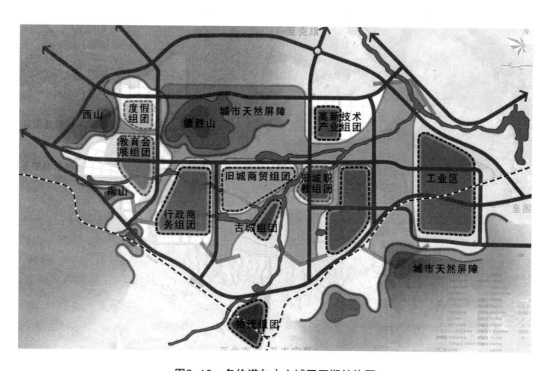

图8-16　多伦诺尔中心城区四期结构图

　　第五阶段(图8-17)是多伦诺尔城市发展远景阶段,城市人口规模达40万人左右,用地规模达70km²左右,跨入中等城市行列。多伦诺尔已成为内蒙古对接京津冀地区的门户城市,承接京津冀地区产业和人口转移,融入环首都经济圈建设。城市发展动力机制在原有产业结构基础上发展高新技术产业,优化和提升产业结构,城市空间生长发展北部的高新产业组团、西北部的休闲度假组团,充实行政商务组团。S308公路继续南迁与铁路并线,实现过境交通的完全疏解，同时利于城市空间的进一步优化，城市新区向西、向南、向北适度发展，并可择机跃迁式发展，平衡城市产业空间和建设空间格局，进一步巩固锡盟南部区域中心城市的地位，继续充实城市服务功能和提升人居环境质量。

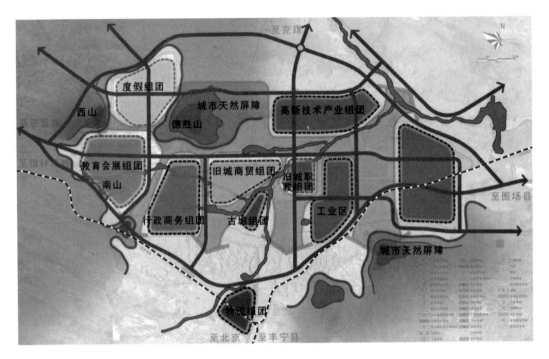

图8-17 多伦诺尔中心城区远景构想图

8.4 本章小结

历史上的多伦诺尔被誉为"塞外名镇"、"漠南商埠"，它的形成和发展受宗教、政治、经济、地形等因素的影响，"因庙而建"、"因商而兴"的形成和演变历史，是内蒙古典型草原城镇的发展缩影。

锡盟南部地处农牧交错带，生态环境相对脆弱，区域中心城市的选址和建设必须坚持"生态优先"和"生态导向"。本研究提出以生态为导向，确定锡盟南部区域中心城市适宜用地规模、合宜选址，选择城市发展方向，划定城市空间增长边界。从自然生态角度，将城市的生态环境视为城市系统重要组成部分，城市内部和周边的自然山水是城市空间布局中非常珍贵的要素，应得到足够重视，城市布局依山体和水网展开，最大限度地将自然要素融入城市空间布局，形成独具特色的草原生态宜居城市。

培育锡盟南部区域中心城市，需要短时间内实现城市"跨越式"增长，包括人口增长和城市空间拓展，城市建设过程中面临诸多不确定因素，借鉴"深圳经验"，采取"带状＋

组团"式空间布局结构，利于应对城市发展中的不确定性。历史上多伦诺尔因地形和城市功能等原因，一直采用组团式布局结构，先天的"带状＋组团"式城市结构为多伦诺尔构建中心城市提供了良好的支撑条件。

多伦诺尔城市空间布局中借鉴"生长型"规划理念，淡化时间因素，将城市视为不断生长的有机体，生长过程分为五个阶段，每个阶段城市根据功能需要，动态生长。"生长型"布局方法适应了以往城市建设与规划所划定的时间和速度不一致的问题，同时也利于应对多伦诺尔快速发展中面临的巨大不确定因素。区域中心城市构建过程中注重城市建设过程，每一阶段均有适宜的城市规模和完整的城市形态，产城互动，城市建设滚动发展，注重城市发展过程的合理性。

第9章 结论与展望

本研究从国家宏观发展战略、内蒙古区域空间布局和锡盟自身发展诉求等层面，提出"培育内蒙古锡盟南部区域中心城市"这一论题。以"提出问题、分析问题、解决问题"为研究思路，研究内容始终围绕"为什么"、"在哪里"、"如何做"这三个问题展开。

在综合分析内蒙古"已有的"区域中心城市发展条件和空间布局的基础上，进行了如下研究：①为什么要培育锡盟南部区域中心城市，即培育区域中心城市的必要性和迫切性研究。②选择在哪里培育这个"将有的"区域中心城市，即锡盟南部区域中心城市的适宜性选址研究。③如何培育锡盟南部区域中心城市，即探讨多伦诺尔由传统草原城镇"跨越式"成长为区域中心城市的途径和策略。

9.1 主要结论与创新点

9.1.1 主要结论

1) 落实国家宏观发展战略，内蒙古构筑外向型空间格局和锡盟自身发展诉求，需要培育锡盟南部区域中心城市。

内蒙古地处边疆，是我国北部重要的边防前线和生态防线，尤其锡盟南部是京津"扼守阴山、咽喉门户"的重要地带，历史上承担着"防御"重任。国家"扩大内陆沿边开放"和"桥头堡"战略的实施，极大地促进了沿边和内陆地区发展，空间开放格局正在由沿海向沿边和内陆地区延伸。开放战略下，内蒙古因借地域狭长，近邻京津，毗邻八省，与俄罗斯蒙古接壤等区位优势，具有对内对外开放的优势条件。构筑外向型空间格局，实现全方位开放，需要内蒙古重新审视自身优势和不足，以区域中心城市为核心，发展轴带为引领，主动承接区域联动发展。

内蒙古"已有的"12个区域中心城市，除锡林浩特外均处于区域发展主次轴线之上或处于其他城镇群组辐射范围内，对外联系相对便捷，外向型格局初成。内蒙古由于地域广阔、空间差异大，区域中心城市中心性低，辐射带动能力有限，空间距离大，一体化网络难形成。锡林郭勒盟资源富集，地近京津，与蒙古国接壤，具有贯通欧亚，连接三北，北开南联的区位优势，但由于交通闭塞，人才匮乏，产业化程度低，资源优势并未很好地转化为经济优势，属于内蒙古区域经济发展中的"塌陷区"，亟须培育新的"增长极"，融入周边地区协调发展。鉴于此，以跨区域视角提出"培育锡盟南部区域中心城市"，以此为枢纽，疏通通疆达海国际性通道和区域性交通走廊，构筑外向型空间格局，主动承接京津冀地区的辐射带动，锡盟南部实现"洼地崛起"。

2）综合评价锡盟南部发展现状以及未来发展前景，评鉴培育中心城市的适宜性选址，选择依托多伦诺尔构建锡盟南部区域中心城市。

内蒙古锡盟南部生态环境脆弱，中心城市选址，需坚持"生态导向"和"优中选优"原则，为提高研究结论的准确性和更具说服力，采取定性分析和定量研究相结合的方法。首先，对锡盟南部五旗县和冀北六县的发展概况、县城接受周边区域中心城市辐射带动情况作比较分析，初判蒙冀边界的这个区域中心城市更适合落址于内蒙古境内。其次，从区位、交通、经济、产业、社会等发展条件，对锡盟南部5个旗县作比较分析，可以粗略判断多伦县和正蓝旗均具备培育锡盟南部区域中心城市的可能性。第三，选取区域交通、经济发展、人口聚集、资源条件、自然生态等影响因子，对锡盟南部5个旗县进行综合性数理分析与评价，以确定锡盟南部区域中心城市的合宜选址。综合计算结果是多伦县得分最高为7.355分，正蓝旗其次为6.8817分，其他镶黄旗、正镶白旗和太仆寺旗分别为4.1417分、2.7421分和2.661分。因此，多伦县最适合培育和建设锡盟南部区域中心城市，正蓝旗也具有培育锡盟南部区域中心城市的潜能。

综合以上分析：经过定性分析和定量计算校核，多伦诺尔最具发展为锡盟南部区域中心城市的潜力，选择依托多伦诺尔培育锡盟南部区域中心城市，多伦诺尔和正蓝旗一主一副形成"多蓝"双核，集中有限的发展资源，迅速形成对接京津冀的桥头堡，通过梯次带动作用，促进区域协调发展。

3）从产业发展，人口与城镇化、区域交通、城市空间布局等角度，探讨多伦诺尔由典型草原城镇"跨越式"发展为区域中心城市的途径和策略。

辐射带动能力、适宜的城市规模、交通通达能力、综合服务功能、良好的生态环境等条件是区域中心城市的构建条件。多伦诺尔实现从典型草原城镇"跨越式"成长为区域中心城市，应从产业发展、人口与城镇化、区域交通、城市空间布局等角度寻求合理的发展途径和策略。

（1）产业发展。一个城市和地区的产业发展存在升级演化、分工与合作、梯度转移、产业互动等规律。在分析锡盟南部产业发展现状的基础上，综合研究了首都经济圈、内蒙古和锡盟对锡盟南部产业发展的影响，划定产业层次，选择适宜产业类型，综合锡盟南部全域合理布局，探索产业发展途径和策略。

依据多伦诺尔产业现状及未来前景，将产业发展层次定位分为主导型产业、战略型产业和辅助型产业3个层次。选择商贸物流业、生态文化旅游业、绿色农畜产品加工业、新型能源化工业、战略性新兴产业、养老服务产业为主要发展产业。构建以"多蓝"双核（现代化工、煤炭电力）产业集群为核心，沿区域重要交通干线为主体、以产业园区为载体的空间布局；多伦诺尔县域划分"中部产业核心区、北部自然保护区、西南部农牧业区、东南部生态旅游区"四大产业经济板块，引导工业向园区集中，人口向城镇集中，农牧业向生产条件较好的地区集中，逐渐形成以多伦诺尔中心城区为发展核心的产业空间布局。产业发展策略为优化自身产业结构，改变产业过重现状；承接京津冀地区产业转移，融入首都经济圈发展；产业选择差别化，实现区域联动发展。

（2）人口与城镇化策略。适宜的城市规模是培育锡盟南部区域中心城市的条件之一，是由人口规模上限和下限界定的区间值。锡盟南部这个"将有的"区域中心城市，有一个从无到有，由小及大的"生长"过程，与"生长型"规划布局相适应，城市人口同样也处于动态生长状态。本研究认为像内蒙古这样地域广阔、人口密度低的边疆地区，城市职能确定和城市等级划分不能仅依据人口规模，有些要冲地区的城市也不能仅仅依据国家标准或发达地区经验定性。本研究界定的适宜人口规模上限和下限，均为构建区域中心城市的理想状态，在未达到理想状态的生长过程中，由于其所处区位和交通枢纽等地位，产业集聚和经济的快速发展，依然可以发挥区域中心城市的部分作用。

适宜人口规模以能够有效发挥区域中心城市综合服务功能和辐射带动能力应具有的人口规模为下限，以生态承载力为前提的最大人口容量为上限。本研究认为锡盟南部区域中心城市的适宜人口规模下限20万人左右，上限40万人左右为宜。在综合分析了京津冀、内蒙古、多伦诺尔周边地区人口发展趋势以及多伦诺尔人口增长特征的基础上，多伦诺尔短时间内聚集一定规模的途径和策略包括：产业发展带动人口聚集，宜居城市吸引人口聚集，新型城镇化引导人口回流，承接生态移民迁入。

（3）区域交通一体化。区域交通是城市形成与发展的重要因素，培育锡盟南部区域中心城市很大程度上是为构建京津冀和东部沿海地区通疆达海国际性通道，疏通内蒙古东西向联系走廊，因此有赖于锡盟南部区域交通条件的改善和多伦诺尔交通地位的提升。本研究从京津冀、锡盟层面分析了多伦诺尔综合交通发展现状和前景，京津冀区域交通一体化背景下，锡盟南部交通发展潜力大、前景好。锡盟南部交通条件的改善和提升，利于京津冀和东部沿海地区通疆达海国际通道构建，同时也利于我国西北与东北地区以及内蒙古东西向交通走廊的形成。

本研究提出区域交通一体化策略：构建以多伦诺尔为重要门户节点的通疆达海国际性通道，疏通内蒙古东西向联系走廊；建立"多蓝"综合交通枢纽，奠定多伦诺尔在锡盟向南开放的重要地位；建立便捷高效的内外交通网络，使多伦诺尔内外部道路网络合理衔接。

（4）城市空间布局。多伦诺尔由传统草原城镇"跨越式"成长为区域中心城市，城市规模扩大、功能增加均需要城市空间的支撑，现状城市空间将迅速拓展，为满足城市各类功能对城市空间的需求，城市空间与城市人口、产业及交通均处于不断"生长"状态，在满足适宜人口规模的同时应具有适宜的用地规模。

本研究认为，锡盟南部区域中心城市空间布局，坚持"生态导向"和"生长型"规划理念。"生态导向"下，选取地形地势、坡度、生物多样性、水文水系、植被覆盖、水土保持、基础设施、历史遗存等因子，确定适宜性建设用地。"生态导向"下划定城市空间增长边界，在强调生态空间完整性和保护自然生态免受破坏的同时，考虑城市空间布局的可持续性和合理性。"生态导向"下，综合城市其他限制和引导因素，确定城市空间发展方向。

锡盟南部地区形成"一核、两轴"为骨架的"强核引领、开放带动"城镇体系空间格局。锡盟南部区域中心城市采取"带状 + 组团"布局方式，形成"一城三区多组团"的空间结构，应对城市快速发展中的高不确定性。城市空间形态塑造应尊重城市历史格局和自然生态要素，形成"山、水、文、城"相融的城市形态。"生长型"规划理念引导下，将多伦诺尔由典型草原城镇成长为区域中心城市的"生长"过程分为5个阶段，从结构层面进行思考，将城市空间的动态生长与城市人口增长以及发展的动力机制联系起来，淡化时间概念强调生长过程的完整性，保证城市这个有机体在生长过程中始终具有一个合理的空间结构和形态，处于一个良好的发展状态。

9.1.2 创新点

1）以跨区域视角，确定区域中心城市。

内蒙古地处边疆，地域狭长，在国家对外开放战略中备受瞩目。锡盟南部地处蒙冀边界，资源富集、近邻京津，是内蒙古对接京津冀的"桥头堡"地区，但受地方本位主义思想影响与外界联系存在瓶颈，发展较为落后，属于内蒙古区域发展中的"塌陷区"。本研究以国家宏观发展战略为背景，立足内蒙古区域发展现实条件和未来前景，以跨区域视角，确定在锡盟南部培育区域中心城市，作为内蒙古参与"京津冀"一体化发展的门户节点和构建区域联系通道的战略支点。本研究认为以锡盟南部区域中心城市为节点，打通京津冀和东部沿海至俄蒙的国际性通道，疏通内蒙古东西向交通走廊，形成跨区域的联系通道和发展网络，有助于内蒙古构筑外向型空间格局，国家实施"促进内陆沿边开放"战略。

2）借鉴国内外经典理论，针对内蒙古地域特征，提出符合内蒙古区情的区域中心城市构建条件。

内蒙古空间广阔，地域狭长，生态环境脆弱，城镇规模小，布局松散，一体化网络难形成。借鉴国内外经典理论，通过对内蒙古区域中心城市生长环境、空间布局、发展现状的分析，针对内蒙古地域特征，提出辐射带动能力、适宜的城市规模、综合服务能力、交通通达能力、良好的生态环境等条件是适合内蒙古区情的区域中心城市构建条件。本研究以多伦诺尔构建锡盟南部区域中心城市为实证案例，论证如何在短时间内以保障生态环境为前提，适度拓展城市空间，集聚一定数量和质量的产业，聚集一定规模的城市人口，提高城市综合服务能力和辐射带动能力，构建区域一体化交通网络，增加交通可达性，实现产业、人口、交通、空间之间的良性互动。本研究认为像内蒙古这样地域广阔，生态环境脆弱地区的中心城市，城市等级划分和职能确定应充分考虑地域差异，不能仅依据人口规模确定城市等级和职能。草原城镇的适宜人口规模界定，应以综合服务功能和辐射带动能力的有效发挥为下限，以生态环境承载力上限。

3）以"生长型"规划理念和方法，探讨草原城镇向区域中心城市生长的途径与策略。

"生长型"规划理念淡化城市发展的终极目标和规划时限概念，强调生长过程的合理性和适宜性，具有跨越时空、区域整体的特征，核心观点之一是城市分阶段布局。城市"生长型"布局最终体现在形态上，城市在各生长阶段应保持合理的空间结构与形态。借鉴"生长型"规划理念和方法，以培育锡盟南部区域中心城市为研究案例，从产业发展、人口与城镇化、区域交通、空间布局等角度，探讨在内生发展动力和外生发展动力双重作用下，传统草原城镇向区域中心城市生长的途径与策略，拓展了区域中心城市和城市空间发展研究的层次性和地域性。

本研究认为多伦诺尔由典型草原城镇生长为区域中心城市的过程中，城市空间适合采取"带状＋组团"的弹性结构，城市空间的动态生长与城市发展的动力机制相联系，每一个生长阶段，城市的产业、人口、交通、空间均处于动态"生长"状态。城市产业发展会带来人口聚集，交通条件的改善能够促进产业发展、人口集聚和城市空间拓展，城市空间反过来又是产业和人口聚集的前提条件，为达到某一理想生长状态，城市各要生长素之间应共处共进、相互协调，城市的各生长阶段之间具有相对的独立性和合理性，并具有良好的衔接关系。

9.2 研究不足与未来展望

9.2.1 研究不足

城市是一个复杂的巨系统，城市空间发展涉及的内容非常庞杂，包括城市空间发展战略、城市空间发展模式、空间发展机制等方面的研究，本研究关于培育锡盟南部区域中心城市的研究，属于城市空间发展战略层面的研究，对其他方面的内容仅作概述性研究。本研究从国家空间发展战略、内蒙古构筑外向型空间格局和锡盟自身发展诉求等角度，论证培育锡盟南部区域中心城市的必要性和重要性。从产业发展、人口与城镇化、区域交通、城市空间布局等方面，探索传统草原城镇，实现"跨越式"成长的途径和策略。城市的形成和发展与政治、经济、社会、文化等因素密切相关，"因庙而建，因商而兴"的多伦诺尔形成和演变历程，足以说明政治、经济因素在城市形成发展中的作用。人类对城市空间的认知经历了一个：物质容器—要素资本—社会关系的演变过程，如今的城市空间已不再仅仅是基于长、宽、高的物质容器，空间与社会存在辩证统一关系，城市空间就是城市社会本身，是一种凝聚着复杂社会关系的内在场所。笔者因受学科领域、实践经历和研究时间等方面的限制，本研究有关城市空间发展的研究，以政治学、社会学、经济学等角度的探讨还不够深入。

多伦诺尔构建区域中心城市，实现"跨越式"发展，是内生发展动力和外生发展动力共同作用的结果。对多伦诺尔发展和建设起最直接作用的力量包括本身的经济、社会发展诉求，同时还包括国家宏观战略层面及周边地区发展需求。京津冀地区的快速发展，产业结构调整，空间重组均是多伦诺尔构建区域中心城市的外生发展动力。京津冀一体化发展研究尚在进行中，京津冀和首都经济圈的发展，是否对锡盟南部地区提出更明确的要求，目前还无法得到更为准确的信息。因此，受资料获取途径和目前掌握的信息量的限制，有关京津冀和冀北六县与锡盟南部的关联性研究深度还存在不足。

9.2.2　未来展望

受笔者学识、学科领域和研究时间的限制，本研究在内蒙古中心城市体系，区域中心城市空间发展所涉及的政治、经济、社会、文化等领域的研究相对欠缺。由于资料获取渠道和目前掌握信息量的限制，京津冀、冀北六县与锡盟南部的关联性研究深度不够，这些研究不足将是笔者未来工作和科研努力的方向。

依托多伦诺尔培育锡盟南部区域中心城市，关系到国家和内蒙古区域空间发展战略的实施，这一战略节点的构建，可以进一步优化内蒙古中心城市体系，完善城镇规模等级结构；有助于打通京津冀和东部沿海地区通疆达海国际性通道和内蒙古东西部联系走廊，构筑外向型空间格局，实施全方位开放。因此，多伦诺尔的发展和建设不再拘泥于县城本身的建设，应具有前瞻性的眼光和思想，打破行政界域的束缚，以"多蓝"双核为中心，疏通区域性通道，调整产业结构，优化空间布局，实现自身"跨越式"发展的同时带动锡盟南部融入京津冀和首都经济圈的发展，主动承接首都产业外溢和可能外迁的功能。

锡盟南部地区是一片得天独厚的热土，是一篇值得大书特书的圣地，那里可以规划出民族地区经济社会发展的蓝图，可以书写守望相助的篇章。谨以此文跻身于学界，就教于前辈，求教于同仁。百尺竿头，更进一步，还需学界前辈的教诲，同仁的指点。写作即将告一段落，但对内蒙古草原城镇的关注和研究还将继续下去，锡盟南部这个"将有的"区域中心城市，是笔者未来需要不断关注和回访的对象之一，经过实地踏勘和访谈，理论与实践相结合，不断修正和验证本次论文研究，为内蒙古草原城镇的建设尽绵薄之力。

附录　城镇综合规模指数

内蒙古县城以上城镇综合规模指标统计值（2012 年）

行政区划	非农人口（人）	非农生产总值（万元）	固定资产投资总额（万元）	财政收入（万元）	在岗职工工资总额（万元）	社会消费品零售总额（万元）	病床数（床）	医生人数（人）	教师人数（人）
呼和浩特市	935570	14694073	7299524	829319	1160474	9221204	10369	12507	13202
土默特左旗	61437	1755271	671552	96208	75819	273481	489	564	2457
托克托县	56374	2173243	571792	101441	100558	205812	499	482	1370
和林格尔县	46905	1466411	897508	100613	84311	187895	242	664	1162
清水河县	56266	512477	254334	26419	40337	52615	364	426	759
武川县	45856	560356	450331	31895	35648	78079	282	663	1142
包头市	1117000	24195029	14135230	851743	1505973	8370365	13285	15798	13573
石拐矿区	25500	896613	620390	31533	36431	45662	390	342	192
白云鄂博矿区	26800	317664	330052	27010	48887	55605	124	191	251
土默特右旗	114200	2491700	2514538	151929	101648	333687	548	782	1708
固阳县	54000	911405	1196384	69559	50978	150295	369	481	1149
达尔罕茂明安联合旗	45600	1551861	1898692	118119	28867	160899	388	408	810
乌海市	518100	5582946	3466704	411429	515743	1005612.3	3556	4061	4612
赤峰市	539250	6215379	4917270	316094	668411	2309982.7	9604	10600	11394
阿鲁科尔沁旗	42738	760936	657304	24603	87882	219695	1222	1131	2856
巴林左旗	52181	814428	1116148	35911	97591	284294	1018	1239	3439
巴林右旗	55752	514044	707083	27273	71198	165014	539	876	2215

续表

行政区划	非农人口（人）	非农生产总值（万元）	固定资产投资总额（万元）	财政收入（万元）	在岗职工工资总额（万元）	社会消费品零售总额（万元）	病床数（床）	医生人数（人）	教师人数（人）
林西县	83276	475148	653036	24224	89786	217188	1054	1340	2306
克什克腾旗	54120	1087551	1282544	78612	67742	221899	1275	1259	2028
翁牛特旗	55302	832124	995831	29228	104541	297224	930	1510	3863
喀喇沁旗	43476	109936	977721	35556	73774	210714	805	1082	3439
宁城县	81232	1064482	1163457	45404	108517	420828	2623	2678	5472
敖汉旗	70756	1019021	902498	36826	83195	306491	1750	1926	4531
通辽市（科尔沁区）	411955	6036104	5435390	346260	657000	2049803.6	6543	6745	6759
霍林郭勒市	71469	2923263	1506215	184630	101018	268881	768	432	910
科尔沁左翼中旗	71284	1040626	1030000	23661	98803	260055	695	819	4261
科尔沁左翼后旗	53821	1146224	865327	27514	92341	265289.5	880	1638	3629
开鲁县	201810	1370671	1146774	40765	72641	292700	836	1693	3770
库伦旗	37447	457468	528681	20768	42254	114703	600	749	2077
奈曼旗	58519	1587797	915868	39593	78322	273775	775	1267	3751
扎鲁特旗	68563	1345526	1456006	72850	86676	238882	833	993	3318
鄂尔多斯市（东胜区）	223388	8488650	6026112	778736	466091	2508565	3072	5405	4236
达拉特旗	214563	4227241	1902895	165421	131985	460007	1270	1895	2104
准格尔旗	206119	9915889	5501237	673807	262958	780027	1590	2332	2683
鄂托克前旗	40900	825738	2013646	97877	32485	140821	335	561	515
鄂托克旗	58992	3753293	2601030	171324	165162	273913	922	846	1380

续表

行政区划	非农人口（人）	非农生产总值（万元）	固定资产投资总额（万元）	财政收入（万元）	在岗职工工资总额（万元）	社会消费品零售总额（万元）	病床数（床）	医生人数（人）	教师人数（人）
杭锦旗	72967	546299	1251312	65382	59143	239535.6	395	786	1041
乌审旗	58643	2985844	3003623	124583	53231	241011	445	675	1032
伊金霍洛旗	95535	6284687	3405905	623637	301319	370008.3	640	1174	1449
呼伦贝尔市（海拉尔区）	260042	2273006	1628389	88830	252705	1008000	2780	3641	2592
满洲里市	169996	1725634	1101585	116771	157201	976487	760	1698	1937
扎兰屯市	130475	1101268	1268920	35054	111148	454300	1705	2108	2840
牙克石市	349890	1559752	1600011	66115	145735	438000	3019	3164	3418
额尔古纳市	81624	237191	214778	19726	63664	102845	471	679	937
根河市	155246	252043	153305	6603	54133	144200	553	1036	1404
阿荣旗	101813	860013	1008550	40349	94021	249000	726	833	2708
莫力达瓦达斡尔族自治旗	49363	475645	360362	21768	78240	235733	870	1037	2915
鄂伦春自治旗	203821	327869	165287	14656	72683	188000	759	1207	2737
鄂温克族自治旗	114289	853025	501989	60709	173102	116000	852	831	1643
新巴尔虎右旗	18438	625435	243684	60785	38459	44701	181	292	297
新巴尔虎左旗	23155	255151	332921	14259	20198	50000	141	290	406
陈巴尔虎旗	44521	691641	410786	38813	74241	41624	222	353	688
乌兰浩特市	239089	1199975	920608	54243	174828	780084	2291	3091	3218
阿尔山市	38656	101825	367567	7825	24364	49927	255	329	360
科尔沁右翼前旗	28227	428675	927103	22071	76490	190084	1145	1446	3520

续表

行政区划	非农人口（人）	非农生产总值（万元）	固定资产投资总额（万元）	财政收入（万元）	在岗职工工资总额（万元）	社会消费品零售总额（万元）	病床数（床）	医生人数（人）	教师人数（人）
科尔沁右翼中旗	70388	316956	772742	17050	56932	135041	1092	1363	2830
扎赉特旗	77409	370668	581036	11447	75434.6	210222.4	932	894	3249
突泉县	69859	353829	639895	6537	45813	151320	726	792	2289
二连浩特市	25368	674647	390398	36209	38327	226605	177	377	617
锡林浩特市	170326	1843355	1448416	160114	272806	415811	1027	2093	2576
阿巴嘎旗	27985	430265	404635	22053	17132	74916	203	290	315
苏尼特左旗	15322	313885	272544	18039	16820	48409	119	239	295
苏尼特右旗	34764	409177	392130	17937	36858	117103	161	371	710
东乌珠穆沁旗	39814	1089541	894799	100163	44585	191821	326	514	692
西乌珠穆沁旗	41944	910948	914632	130249	33044.2	135607	240	358	486
太仆寺旗	39646	270930	230144	7789	30213.1	131510	254	453	1216
镶黄旗	13784	369499	128276	23156	15464	42004	146	256	253
正镶白旗	21060	181760	141465	5849	20621	57369	161	255	484
正蓝旗	29542	464606	429775	37673	44808	91201	221	302	523
多伦县	39969	600895	478585	32302	32217	106608	264	369	784
集宁市	284801	1431841	1936346	108486	235503	587439.8	2381	3394	3583
丰镇市	107036	1117004	465987	34664	70571	261607	478	729	2321
卓资县	123799	82200	370196	20349	32550	123583	257	333	1152
化德县	31812	335290	381618	13266	28016	103728	331	386	853

续表

行政区划	非农人口（人）	非农生产总值（万元）	固定资产投资总额（万元）	财政收入（万元）	在岗职工工资总额（万元）	社会消费品零售总额（万元）	病床数（床）	医生人数（人）	教师人数（人）
商都县	57437	386801	301621	10797	35839	220300.4	482	474	1248
兴和县	51686	451079	532925	23019	33365	203804	424	498	1358
凉城县	44686	585990	160345	28496	52080	138630	394	388	1280
察哈尔右翼前旗	49987	648456	600335	23052	31204	111263	307	415	1354
察哈尔右翼中旗	32748	285601	288609	8228	25178	85301	318	258	1087
察哈尔右翼后旗	37794	578441	500796	21472	42815	175035	343	472	935
四子王旗	44327	335804	204776	11709	33639	153611	549	508	1288
巴彦淖尔市（临河区）	313302	1994714	1695101	132121	350786	831075	4118	5303	3687
五原县	93575	720861	950588	32414	38398	194431	1038	962	1735
磴口县	68517	428588	280099	15987	36252	102981	447	469	763
乌拉特前旗	133858	941882	1030135	76671	87089	227612	1263	1359	2320
乌拉特中旗	55906	879948	1250876	69415	42580	106008	402	435	893
乌拉特后旗	40192	623150	890000	55862	62392	56973	264	300	522
杭锦后旗	126941	1032248	913276	41711	72152	211220	978	1144	1885
阿拉善左旗	88301	3551764	1956130	168661	197092	366470.4	833	1309	1915
阿拉善右旗	16098	334603	143154	10913	22535	51029.9	102	197	285
额济纳旗	11899	438378	305955	32988	23213	93861	173	162	208

备注：旗县数据近似为旗县政府驻地镇数据，不影响相对相关系。

附表 2

内蒙古县城以上城镇综合规模指标标准值及综合规模指数

行政区划	非农人口	非农生产总值	固定资产投资总额	财政收入	在岗职工工资总额	社会消费品零售总额	病床数	医生人数	教师人数	F
包头市	9.64	13.624	10.685	8.45	11.562	16.904	10.916	10.332	5.31	32.609
呼和浩特市	8.074	8.274	5.518	8.227	8.91	18.623	8.52	8.18	5.165	26.536
赤峰市	4.654	3.5	3.717	3.136	5.132	4.665	7.892	6.933	4.458	14.784
通辽市（科尔沁区）	3.555	3.399	4.109	3.435	5.044	4.14	5.376	4.411	2.644	12.092
宁城县	0.701	0.599	0.879	0.45	0.833	0.85	2.155	1.751	2.141	3.461
乌海市	4.471	3.144	2.621	4.082	3.96	2.031	2.922	2.656	1.804	9.224
敖汉旗	0.611	0.574	0.682	0.365	0.639	0.619	1.438	1.26	1.773	2.655
科尔沁左翼中旗	0.615	0.586	0.779	0.235	0.759	0.525	0.571	0.536	1.667	2.085
鄂尔多斯市（东胜区）	1.928	4.78	4.555	7.726	3.578	5.066	2.524	3.535	1.657	11.665
翁牛特旗	0.477	0.469	0.753	0.29	0.803	0.6	0.764	0.988	1.511	2.22
开鲁县	1.742	0.772	0.867	0.404	0.558	0.591	0.687	1.107	1.475	2.737
奈曼旗	0.505	0.894	0.692	0.393	0.601	0.553	0.637	0.829	1.467	2.185
巴彦淖尔市（临河区）	2.704	1.123	1.281	1.311	2.693	1.678	3.384	3.468	1.442	6.424
科尔沁左翼后旗	0.464	0.645	0.654	0.273	0.709	0.536	0.723	1.071	1.42	2.168
集宁市	2.458	0.806	1.464	1.076	1.808	1.186	1.956	2.22	1.402	4.822
科尔沁右翼前旗	0.244	0.241	0.701	0.219	0.587	0.384	0.941	0.946	1.377	1.881
巴林左旗	0.45	0.459	0.844	0.356	0.749	0.574	0.836	0.81	1.345	2.141
喀喇沁旗	0.375	0.062	0.739	0.353	0.566	0.426	0.661	0.708	1.345	1.739
牙克石市	3.02	0.878	1.209	0.656	1.119	0.885	2.481	2.069	1.337	4.587

续表

行政区划	非农人口	非农生产总值	固定资产投资总额	财政收入	在岗职工工资总额	社会消费品零售总额	病床数	医生人数	教师人数	F
扎鲁特旗	0.592	0.758	1.101	0.723	0.665	0.482	0.684	0.649	1.298	2.304
扎赉特旗	0.668	0.209	0.439	0.114	0.579	0.425	0.766	0.585	1.271	1.688
乌兰浩特市	2.063	0.676	0.696	0.538	1.342	1.575	1.882	2.022	1.259	4.053
莫力达瓦达斡尔族自治旗	0.426	0.268	0.272	0.216	0.601	0.476	0.715	0.678	1.14	1.599
阿鲁科尔沁旗	0.369	0.428	0.497	0.244	0.675	0.444	1.004	0.74	1.117	1.844
扎兰屯市	1.126	0.62	0.959	0.348	0.853	0.917	1.401	1.379	1.111	2.924
科尔沁右翼中旗	0.607	0.178	0.584	0.169	0.437	0.273	0.897	0.891	1.107	1.72
鄂伦春自治旗	1.759	0.185	0.125	0.145	0.558	0.38	0.624	0.789	1.071	1.889
阿荣旗	0.879	0.484	0.762	0.4	0.722	0.503	0.597	0.545	1.059	1.983
准格尔旗	1.779	5.584	4.158	6.685	2.019	1.575	1.306	1.525	1.05	8.423
呼伦贝尔市（海拉尔区）	2.244	1.28	1.231	0.881	1.94	2.036	2.284	2.381	1.014	5.145
锡林浩特市	1.47	1.038	1.095	1.588	2.094	0.84	0.844	1.369	1.008	3.785
土默特左旗	0.53	0.988	0.508	0.954	0.582	0.552	0.402	0.369	0.961	1.927
丰镇市	0.924	0.629	0.352	0.344	0.542	0.528	0.393	0.477	0.908	1.698
乌拉特前旗	1.155	0.53	0.779	0.761	0.669	0.46	1.038	0.889	0.908	2.394
林西县	0.719	0.268	0.494	0.24	0.689	0.439	0.866	0.876	0.902	1.842
奈曼县	0.603	0.199	0.484	0.065	0.352	0.306	0.597	0.518	0.896	1.343
巴林右旗	0.481	0.289	0.534	0.271	0.547	0.333	0.443	0.573	0.867	1.447
达拉特旗	1.852	2.38	1.438	1.641	1.013	0.929	1.044	1.239	0.823	4.11

续表

行政区划	非农人口	非农生产总值	固定资产投资总额	财政收入	在岗职工工资总额	社会消费品零售总额	病床数	医生人数	教师人数	F
库伦旗	0.323	0.258	0.4	0.206	0.324	0.232	0.493	0.49	0.813	1.177
克什克腾旗	0.467	0.612	0.969	0.78	0.52	0.448	1.048	0.823	0.793	2.147
满洲里市	1.467	0.972	0.833	1.158	1.207	1.972	0.624	1.111	0.758	3.368
阿拉善左旗	0.762	2	1.479	1.673	1.513	0.74	0.684	0.856	0.749	3.472
杭锦后旗	1.096	0.581	0.69	0.414	0.554	0.427	0.804	0.748	0.737	2.023
五原县	0.808	0.406	0.719	0.322	0.295	0.393	0.853	0.629	0.679	1.704
土默特右旗	0.986	1.403	1.901	1.507	0.78	0.674	0.45	0.511	0.668	2.935
鄂温克族自治旗	0.986	0.48	0.379	0.602	1.329	0.234	0.7	0.543	0.643	1.977
伊金霍洛旗	0.824	3.539	2.575	6.187	2.313	0.747	0.526	0.768	0.567	5.882
根河市	1.34	0.142	0.116	0.066	0.416	0.291	0.454	0.678	0.549	1.365
鄂托克旗	0.509	2.113	1.966	1.7	1.268	0.553	0.758	0.553	0.54	3.301
托克托县	0.487	1.224	0.432	1.006	0.772	0.416	0.41	0.315	0.536	1.851
兴和县	0.446	0.254	0.403	0.228	0.256	0.412	0.348	0.326	0.531	1.066
察哈尔右翼前旗	0.431	0.365	0.454	0.229	0.24	0.225	0.252	0.271	0.53	0.996
四子王旗	0.383	0.189	0.155	0.116	0.258	0.31	0.451	0.332	0.504	0.902
凉城县	0.386	0.33	0.121	0.283	0.4	0.28	0.324	0.254	0.501	0.957
商都县	0.496	0.218	0.228	0.107	0.275	0.445	0.396	0.31	0.488	0.991
太仆寺旗	0.342	0.153	0.174	0.077	0.232	0.266	0.209	0.296	0.476	0.743
和林格尔县	0.405	0.826	0.678	0.998	0.647	0.379	0.199	0.434	0.455	1.658

续表

行政区划	非农人口	非农生产总值	固定资产投资总额	财政收入	在岗职工工资总额	社会消费品零售总额	病床数	医生人数	教师人数	F
卓资县	1.068	0.046	0.28	0.202	0.25	0.25	0.211	0.218	0.451	0.992
固阳县	0.466	0.513	0.904	0.69	0.391	0.304	0.303	0.315	0.45	1.434
武川县	0.396	0.316	0.34	0.316	0.274	0.158	0.232	0.434	0.447	0.968
察哈尔右翼中旗	0.283	0.161	0.218	0.082	0.193	0.172	0.261	0.169	0.425	0.654
杭锦旗	0.63	0.308	0.946	0.649	0.454	0.484	0.325	0.514	0.407	1.566
乌审旗	0.506	1.681	2.27	1.236	0.409	0.487	0.366	0.441	0.404	2.578
额尔古纳市	0.704	0.134	0.162	0.196	0.489	0.208	0.387	0.444	0.367	1.038
察哈尔右翼后旗	0.326	0.326	0.379	0.213	0.329	0.353	0.282	0.309	0.366	0.962
霍林郭勒市	0.617	1.646	1.139	1.832	0.776	0.543	0.631	0.283	0.356	2.573
乌拉特中旗	0.482	0.495	0.946	0.689	0.327	0.214	0.33	0.285	0.349	1.361
化德县	0.275	0.189	0.288	0.132	0.215	0.209	0.272	0.252	0.334	0.723
达尔罕茂明安联合旗	0.394	0.874	1.435	1.172	0.222	0.325	0.319	0.267	0.317	1.748
多伦县	0.345	0.338	0.362	0.32	0.247	0.215	0.217	0.241	0.307	0.861
磴口县	0.591	0.241	0.212	0.159	0.278	0.208	0.367	0.307	0.299	0.892
清水河县	0.486	0.289	0.192	0.262	0.31	0.106	0.299	0.279	0.297	0.841
苏尼特右旗	0.3	0.23	0.296	0.178	0.283	0.236	0.132	0.243	0.278	0.727
东乌珠穆沁旗	0.344	0.614	0.676	0.994	0.342	0.387	0.268	0.336	0.271	1.391
陈巴尔虎旗	0.384	0.389	0.311	0.385	0.57	0.084	0.182	0.231	0.269	0.936
二连浩特市	0.219	0.38	0.295	0.359	0.294	0.458	0.145	0.247	0.241	0.876

续表

行政区划	非农人口	非农生产总值	固定资产投资总额	财政收入	在岗职工工资总额	社会消费品零售总额	病床数	医生人数	教师人数	F
正蓝旗	0.255	0.262	0.325	0.374	0.344	0.184	0.182	0.198	0.205	0.772
乌拉特后旗	0.347	0.351	0.673	0.554	0.479	0.115	0.217	0.196	0.204	1.04
鄂托克前旗	0.353	0.465	1.522	0.971	0.249	0.284	0.275	0.367	0.201	1.544
西乌珠穆沁旗	0.362	0.513	0.691	1.292	0.254	0.274	0.197	0.234	0.19	1.305
正镶白旗	0.182	0.102	0.107	0.058	0.158	0.116	0.132	0.167	0.189	0.406
新巴尔虎左旗	0.2	0.144	0.252	0.141	0.155	0.101	0.116	0.19	0.159	0.486
阿尔山市	0.334	0.057	0.278	0.078	0.187	0.101	0.21	0.215	0.141	0.538
阿巴嘎旗	0.242	0.242	0.306	0.219	0.132	0.151	0.167	0.19	0.123	0.589
新巴尔虎右旗	0.159	0.352	0.184	0.603	0.295	0.09	0.149	0.191	0.116	0.703
苏尼特左旗	0.132	0.177	0.206	0.179	0.129	0.098	0.098	0.156	0.115	0.429
阿拉善右旗	0.139	0.188	0.108	0.108	0.173	0.103	0.084	0.129	0.111	0.382
镶黄旗	0.119	0.208	0.097	0.23	0.119	0.085	0.12	0.167	0.099	0.412
白云鄂博矿区	0.231	0.179	0.249	0.268	0.375	0.112	0.102	0.125	0.098	0.58
额济纳旗	0.103	0.247	0.231	0.327	0.178	0.19	0.142	0.106	0.081	0.53
石拐矿区	0.22	0.505	0.469	0.313	0.28	0.092	0.32	0.224	0.075	0.834

备注：旗县数据近似为旗县政府驻地镇数据，不影响相对关系。

内蒙古县城以上城镇综合规模指标相关矩阵

附表 3

	非农人口	非农生产总值	固定资产投资总额	财政收入	在岗职工工资总额	社会消费品零售总额	病床数	医生人数	教师人数
非农人口	1.000	0.862	0.852	0.742	0.951	0.902	0.943	0.952	0.866
非农生产总值	0.862	1.000	0.971	0.916	0.930	0.888	0.838	0.860	0.752
固定资产投资总额	0.852	0.971	1.000	0.897	0.923	0.850	0.857	0.876	0.771
财政收入	0.742	0.916	0.897	1.000	0.837	0.777	0.709	0.748	0.633
在岗职工工资总额	0.951	0.930	0.923	0.837	1.000	0.933	0.952	0.964	0.872
社会消费品零售总额	0.902	0.888	0.850	0.777	0.933	1.000	0.890	0.908	0.832
病床数	0.943	0.838	0.857	0.709	0.952	0.890	1.00	0.991	0.929
医生人数	0.952	0.860	0.876	0.748	0.964	0.908	0.991	1.000	0.927
教师人数	0.866	0.752	0.771	0.633	0.872	0.832	0.929	0.927	1.00

内蒙古县城以上城镇综合规模指标解释的总方差

附表 4

成分	初始特征值			提取平方和载入		
	合计	方差贡献率（%）	累积方差贡献率（%）	合计	方差贡献率（%）	累积方差贡献率（%）
1	7.968	88.538	88.538	7.968	88.538	88.538
2	0.593	6.585	95.122			
3	0.150	1.670	96.792			
4	0.110	1.222	98.014			
5	0.084	0.936	98.951			
6	0.049	0.547	99.497			
7	0.022	0.249	99.746			
8	0.016	0.178	99.925			
9	0.007	0.075	100.000			

提取方法：主成分分析。

内蒙古县城以上城镇综合规模指标旋转后主因子荷载值矩阵

附表 5

	第一主因子 F_1
非农人口	0.338
非农生产总值	0.335
固定资产投资总额	0.334
财政收入	0.303
在岗职工工资总额	0.350
社会消费品零售总额	0.334
病床数	0.340
医生人数	0.345
教师人数	0.318

参考文献

[1] DOCHERTY I., GULLIVER S., DRAKE P.Exploring the potential benefits of city collaboration［J］.Regional Studies，2003（4）：445-456.

[2] 汪光焘主编.全国城镇体系规划（2006—2020）[M].北京：商务印书馆，2010.

[3] 荣丽华.草原生态住区理念[J].建设科技.2004（17）：48-49.

[4] 雷小华，黄志勇.我国沿边地区开放开发新方略及其对广西的启示[J].东南亚纵横，2013（11）:36-41.

[5] 吴良镛等.京津冀地区城乡空间发展规划研究三期报告[M].北京：清华大学出版社，2013.

[6] 李爱民.我国新型城镇化面临的突出问题与建议[J].城市发展研究,2013(7):104-116.

[7] 任太增，李敏.中国粗放型城镇化道路原因探析[J].现代城市研究,2006（3）:34-38.

[8] 段成荣，邹湘江.城镇人口过半的挑战与应对[J].人口研究，2012（36）:36-45.

[9] 佘绍一.铁岭市新型城镇化发展问题研究[D].沈阳：东北财经大学，2013.

[10] 马野等.中心城市的经济理论与实践[M].北京：中国展望出版社，1986：85-90.

[11] 张新红.西北内陆城镇密集区整合发展研究[D].兰州：西北师范大学，2007.

[12] 王旭，罗震东.转型重构语境中的中国城市发展战略规划的演进[J].规划师，2011，27（7）:84-88.

[13] 王娟.南充构建川东北区域性中心城市研究[D].成都：西南交通大学，2010.

[14] 徐境.呼包鄂区域一体化发展模式及空间规划策略研究[D].西安：西安建筑科技大学，2010.

[15] 许学强，周一星，宁越敏.城市地理学[M].北京：高等教育出版社，2009：485.

[16] 卢锐,马国强."优势区位趋边"现象研究——空间现象与理论模型的契合分析[J].城市发展研究，2008，15（6）:76-81.

[17] 向睿.成都市农贸市场的规划与建设研究[D].成都：西南交通大学，2007.

[18] 安虎森.增长极理论评述[J].南开经济研究，1997（1）:31-37.

[19] 杨大海.辽宁沿海经济带与东北腹地互动发展模式研究[D].大连：辽宁师范大学，2009.

[20] 戴亚南.区域增长极理论与江苏海洋经济发展战略[J].经济地理,2007,27(3):392-394.

[21] 郑世刚.中国城市化的路径选择研究[D].武汉：华中师范大学，2004.

[22] 王家庭，张换兆. 设立国家综合配套改革试验区的理论基础与准入条件探索 [J]. 河北经贸大学学报，2008，29（1）:22-27.

[23] 兰德华. 简述点轴开发模式在我国区域开发中的应用 [J]. 经济视角（下），2009（4）:29-31.

[24] 张志斌，张小平. 西北内陆城镇密集区发展演化与空间整合 [M]. 北京：科学出版社，2010.

[25] 姚士谋，陈振光，陈彩虹. 我国大城市区域空间规划与建设的思考 [J]. 经济地理，2005，25（2）:211-214.

[26] 张聚华. 区域经济非均衡状态下的可持续发展研究 [D]. 天津：天津大学，2002.

[27] 韩志文. 基于经济区划视角的甘肃城镇体系结构分形研究 [D]. 兰州：西北师范大学，2010.

[28] 张建波. 长春市城市功能扩散的模式与路径研究 [D]. 长春：东北师范大学，2009.

[29] 陈洪全. 盐城市：空间结构及城镇体系前瞻 [J]. 城市开发，2003（4）:24-26.

[30] 赵群毅. 全球化背景下的城市中心性：概念、测量与应用 [J]. 城市发展研究，2009，16（4）:76-82.

[31] 方士华. 国际贸易——理论与实务 [M]. 大连：东北财经大学出版社，2003.

[32] 安筱鹏. 区域经济一体化进程中环境与资源管理的制度创新 [J]. 环境保护科学，2003，29（117）:36-40.

[33] 吴国才. 促进西部欠发达地区经济可持续发展的财政政策研究 [D]. 北京：财政部财政科学研究所，2012.

[34] 毛汉英. 人地系统与区域持续发展研究 [M]. 北京：中国科学技术出版社，1995:1-2.

[35] 黄明华. 西北地区中小城市生长型规划布局方法研究 [D]. 西安：西安建筑科技大学，2004.

[36] 叶玉瑶，张虹鸥，周春山，许学强. "生态导向"的城市空间结构研究综述 [J]. 城市规划，2008，32（5）:69-82.

[37] 吴旭晓. 基于复杂系统理论的区域中心城市内涵式发展研究 [D]. 天津：天津大学，2011.

[38] 沃纳·赫希. 城市经济学 [M]. 刘世庆等译. 北京：中国社会科学出版社，1990:23-24.

[39]U. S. Census Bureau，Census 2000，Appendix A. Census 2000 Geographic Terms and Concepts[EB/OL].2006. http://www.Census .gov/geo/www/tiger/glossry2.pdf.

[40] 苗建军. 论区域性中心城市的发展道路 [D]. 成都：四川大学，2003.

[41] 汪前元. 中心城市在转型中的功能、地位、特点 [J]. 湖北大学学报,1998（3）:18-23.

[42] 冯德显，贾晶，乔旭宁. 区域性中心城市辐射力及其评价——以郑州市为例 [J]. 地

理科学，2006（6）:266-272.

[43] 何建文.中国中心城市现代化建设问题研究 [D].武汉：华中师范大学，2002.

[44] 朱传耿，王振波，仇方道.省际边界区域城市化模式研究 [J].人文地理,2006(1):1-5.

[45] 朱翔，徐美.湖南省省际边界中心城市的选择与培育 [J].经济地理，2011（11）:1761-1767.

[46] 朱鹏宇，胡海波.都市圈内部城市空间扩展机制研究——以南京都市圈中心城市为例 [J].规划师，2003，19（12）:87-95.

[47] 修春亮，祝翔凌.地方性中心城市空间扩张的多元动力——基于葫芦岛市的调查和分析 [J].人文地理，2005（2）:9-12.

[48] 王晓琦.东北四大中心城市空间结构比较研究 [D].长春：东北师范大学，2007.

[49] 陈睿，吕斌.城市空间增长模型研究的趋势、类型与方法 [J].人文地理，2007（3）:240-244.

[50] 徐超平.中心还是外围——新时期区域中心城市空间发展重点的思考 [C] // 生态文明视角下的城乡规划——2008 中国城市规划年会论文集.大连：大连出版社，2008.

[51] 车春鹏，高汝熹.国际三大都市圈中心城市产业布局实证研究及启示 [J].科技管理研究，2009（9）:13-16.

[52] 祝昊冉，冯健.经济欠发达地区中心城市空间拓展分析——以南充市为例 [J].地理研究，2010（1）:43-56.

[53] 吕斌,孙婷.低碳视角下城市空间形态紧凑度研究 [J].地理研究,2013(6):1057-1065.

[54] 陈丽红.美国大都市区中中心城市产业结构转型研究（1920—1970）[D].长春：东北师范大学，2003.

[55] 潘伟志.基于技术进步的中心城市产业演化研究 [D].广州：暨南大学，2005.

[56] 赵弘.知识经济背景下的总部经济形成与发展 [J].科学学研究，2009（1）:45-51.

[57] 陈竹叶.我国区域中心城市产业结构转换研究 [D].河南：河南大学，2011.

[58] 欧江波.中心城市产业布局调整与优化研究——以广州市为例 [J].特区经济，2012（7）:36-39.

[59] 鄂冰，袁丽静.中心城市产业结构优化与升级理论研究 [J].城市发展研究，2012（4）:60-64.

[60] 闫小培，钟韵.区域中心城市生产性服务业的外向功能特征研究——以广州市为例 [J].地理科学，2005，25（5）:537-543.

[61] 李妍嫣.区域中心城市生产性服务业选择发展研究——以北京和上海为例 [J].价格理论与实践，2009（11）:74-75.

[62] 崔鹏.榆林市构建陕甘宁蒙晋五省毗邻区域中心城市的研究 [D].西安：西北大学，2010.

[63] 刘杰.国内外区域中心城市现代服务业集群发展特色比较及经验启示 [C] // 中部崛起与现代服务业——第二届中部商业经济论坛论文集.2008.

[64] 陈淑祥.国内外区域中心城市现代服务业发展路径比较研究 [J].贵州财经学院学报，2007（4）:54-58.

[65] 曾安，杨英.区域中心城市现代服务业发展的混合模式与路径 [J].四川兵工学报，2009，30（4）:148-150.

[66] 王晓燕.银川市城市空间发展战略研究 [D].武汉：武汉大学，2005.

[67] 刘英群.中国城市化：经济、空间和人口 [D].大连：东北财经大学，2011.

[68] 沈磊.快速城市化时期浙江沿海城市空间发展若干问题研究 [D].北京：清华大学，2004.

[69] 黄亚平.城市空间理论与空间分析 [M].南京：东南大学出版社，2002.

[70] 杨德进.大都市新产业空间发展及其城市空间结构响应 [D].天津：天津大学，2012.

[71] 尚正永.城市空间形态演变的多尺度研究 [D].南京：南京师范大学，2011.

[72] 武进.中国城市形态：结构、特征及其演变 [M].南京：江苏科学技术出版社，1990.

[73] 段进.城市空间发展论 [M].南京：江苏科学技术出版社，1999.

[74] 朱锡金.城市结构的活性 [J].城市规划汇刊，1987（5）:7-13.

[75] 夏朝旭.吉林城市空间发展演变研究 [D].哈尔滨：哈尔滨工业大学，2012.

[76] Albrechts L.对空间战略规划的重新审视 [J].侯丽译.国外城市规划，2003，18（6）:66-70.

[77] 帕奇·希利.欧洲新空间战略规划对"空间"和"地方"概念的处理 [J].王红扬，马璇译.国际城市规划，2008，23（3）:53-65.

[78] 罗震东，赵民.试论城市发展的战略研究及战略规划的形成 [J].城市规划，2003，27（1）:19-23.

[79] 陈征帆."概念规划"的理念初探 [J].规划师，2002，18（12）:94-95.

[80] 韦亚平.理解"城市空间发展战略研究"的十个问题 [J].理想空间,2004,8（5）:12.

[81] 罗利克.对长沙市城市空间发展战略的思考 [J].规划师，1998，14（14）:106-108.

[82] 李晓江.关于"城市空间发展战略研究"的思考 [J].城市规划，2003（2）:26-33.

[83] 吕晓东.现阶段总体规划编制研究 [D].武汉：华中科技大学，2005.

[84] U N Economic and Social Affairs.World Urbanization Prospects[R].The 1999 Revision.New York，2001.

[85] 张祎然.风景名胜区影响下的华阴市城市空间发展战略研究 [D].西安：西安建筑科技大学，2013.

[86] 黄明华，王林申，李科昌 . 继承与创新：中国城市规划编制体系之管见 [J]. 规划师，2007，23（12）:71-75.

[87] 朱志萍 . 西部中心城市发展方向研究 [J]. 经济体制改革，2003（3）:85-88.

[88] 袁寒，张志斌 . 西北地区中心城市空间发展战略研究——以西宁为例 [J]. 未来与发展，2007（8）:25-28.

[89] 周一星，张莉，武悦 . 城市中心性与我国城市中心性的等级体系 [J]. 地域研究与开发，2001，20（4）:1-5.

[90] Preston R E. Two Centrality Models[J]. Yearbook o f Associationof Pacific Coast Geographers，1970（32）: 59- 78.

[91] Irwin M D，Hughes H L. Centrality and the Structure of Urban Inter action: Measures，Concepts，and Applications[J]. Social Forces，1992，71（1）:17- 51.

[92] 孙斌栋，胥建华，冯卓琛 . 辽宁省城市中心性研究与城市发展 [J]. 人文地理，2008，100（2）:77-81.

[93] Christaller W. Central Place in Southern Germany[M].Translated by Baskin C W，EnglewoodCliffs. NJ and London: Prentice Hall，1966.

[94] Bonacich P. Power and Centrality: A Family of Measures [J].American Journal of Sociology，1987.

[95] Gibson L J，Worden M A. Estimating the economic base multiplier: a test of alternative procedures [J].Economic Geography，1981.

[96] 李书娟 . 西部大开发以来西部地区地级以上城市中心性研究 [D]. 兰州：西北师范大学，2012.

[97] 陈田 . 我国城市经济影响区域系统的初步分析 [J]. 地理学报,1987,42（4）:308-318.

[98] 宁越敏，严重敏 . 我国中心城市的不平衡发展及空间扩散研究 [J]. 地理学报，1993，48（2）:97-104.

[99] 张敏 . 江苏省中心城市的发展差异及其区域发展战略 [J]. 城市发展研究，1998（6）:34-38.

[100] 李妮莉 . 论武汉市城市中心性与城市发展 [J]. 理论月刊，2004（5）:80-82.

[101] 王茂军，张学霞，齐元静 . 近 50 年来山东城市体系的演化过程基于城市中心性的分析 [J]. 地理研究，2005，24（3）:432-442.

[102] Castells M. Materials for an exploratory theory of the network society [J].British Journal of Sociology，2000，51（1）:5-24.

[103] 顾超林,庞海峰 . 基于重力模型的中国城市体系空间联系与层域划分[J]. 地理研究，2008，27（1）:1-12.

[104] 赵燕菁 . 高速发展与空间演进——深圳城市结构的选择及其评价 [J]. 城市规划，

2004，28（6）:32-42.

[105] 深圳市规划和国土资源委员会编著．转型规划引领城市转型——深圳市城市总体规划（2010—2020）[M]．北京：中国建筑工业出版社，2011:115-117.

[106] 钟勇，李兵营．青岛市城市空间形态演化研究 [J]．青岛理工大学学报，2009，30（1）:46-50.

[107] 杨昕．榆林市城乡一体化研究 [D]．呼和浩特：内蒙古大学，2014.

[108] 吴铭．用好水资源建设生态经济型城市 [N]．中国水利报，2003-08-30.

[109] 张瑞荣，申向明．退牧还草任重道远 [J]．中国统计，2006（12）:39-40.

[110] 高佩义．中外城市化比较研究 [M]．天津：南开大学，1991.

[111] 黄金川，孙贵艳，闫梅，刘涛，肖磊．中国城市场强格局演化及空间自相关特征 [J]．地理研究，2012，31（8）:1355-1364.

[112] 于巧红．基于旅游中心城市体系的区域旅游空间结构研究 [D]．大连：辽宁师范大学，2012.

[113] 王素芳．区域性中心城市经济辐射力研究 [D]．重庆：西南大学，2010.

[114] 铁殿君．安阳建立豫北区域性中心城市分析 [D]．北京：对外经济贸易大学，2006.

[115] 秦国伟，卫夏青，田明华，吴成亮．花园中心产业辐射网络建设探析——以北京市海淀区为例 [J]．林业经济，2014，（4）:87-93.

[116] 周游，张敏．经济中心城市的集聚与扩散规律研究 [J]．南京：南京师大学报，2000（4）:16-22.

[117] Krugman P. M aking Sense of the Competitiveness Debate[J].Oxford Review of Economic Policy，1996（12）:17-25.

[118] Douglas W，Larissa M. Urban CompetitivenessAssessment in Developing Coun try Urban Regions: the Road Forward[R]. Washington DC: Paper Prepared for Urban Group，INFUD，theWorldBank，2000.

[119] HANSEN W G. How accessibility shapes land use [J]. Journal of the American Institute of Planners，1959（25）: 73 -76.

[120] 李平华,陆玉麒．城市可达性研究的理论与方法综述 [J]．城市问题,2005(1):69-74.

[121] 曹小曙，薛德升，闫小培．中国干线公路网络联结的城市通达性 [J]．地理学报，2005（6）:903-910.

[122] 郭丽鹃，王如渊．四川盆地城市群主要城市通达性及空间联系强度研究 [J]．人文地理，2009，24（3）:42-48.

[123] 刘承良，余瑞林，熊剑平等．武汉都市圈路网空间通达性分析 [J]．地理学报，2009，64（12）:1488-1498.

[124] 封志明，刘东，杨艳昭．中国交通通达度评价：从分县到分省 [J]．地理研究，

2009，28（3）:419-429.

[125] 张少华 . 中心城市区域服务功能研究 [J]. 中国软件科学，2013（6）:92-100.

[126] Friedmann J. The World City Hypothesi[J].Develop-ment and Change，1986，17（1）:69-83.

[127] Beaverstock J V，Smith R G，Taylor P J.World City Net-work: A New Metage-Ography[J].Annals of the Association of American Geographers，2000，24（4）: 393-420.

[128] 林晓光 . 基于生态优先的新城规划 [D]. 重庆 : 重庆大学，2007.

[129] 陈杰 . 我国知识型服务业发展问题研究 [D]. 太原 : 山西财经大学，2010.

[130] 刘波，朱传耿，房吉 . 国内港口—腹地经济一体化研究述评 [J]. 水运管理，2006（8）:54-56.

[131] 陈颖 . 内蒙古资源型产业转型与升级问题研究 [D]. 北京 : 中央民族大学，2012.

[132] 陈少侠 . 皖江城市带承接产业转移存在的问题及对策研究 [J]. 商业文化(上半月)，2011（12）:188-189.

[133] 刘奇洪 . 北京应向外转移哪些产业 [J]. 中国经济报告，2014（5）:37-39.

[134] 肖金成，李忠 . 促进京津冀产业分工合作的基本思路及政策建议 [J]. 中国发展观察，2014（5）:14-16.

[135] 贺勇 . 联防联控留住蓝天 [N]. 人民日报，2014-11-27（14）.

[136] 郭永奇 . 我国房地产泡沫问题研究 [D]. 广州 : 暨南大学，2007.

[137] 魏小真，来成 . 北京市产业选择评价指标体系解读 [J]. 数据，2006（5）:26-27.

[138] 吕志新 . 我国养老服务产业现实需求与未来发展 [J]. 中国医院建筑与装备，2013（8）:25-28.

[139] 田海宽 . 基于京津走廊经济发展的廊坊市产业结构调整和空间布局优化研究 [D]. 武汉 : 武汉理工大学，2002.

[140] 梁进社，楚波 . 北京的城市扩展和空间依存发展——基于劳瑞模型的分析 [J]. 城市规划，2005，29（6）:9-14.

[141] 陆大道 . 区域发展及其空间结构 [M]. 北京 : 科学出版社，1999.

[142] 麻智辉主编 . 区域中心城市论 [M]. 南昌 : 江西人民出版社，2012: 4-5.

[143] 姚士谋，储胜金，帅江平，许刚，张落成 . 经济发达省区设市规划的若干问题——以江苏省为例 [J]. 城市问题，1994（5）:15-19.

[144] 迟道才等 . 盘锦市水资源承载力研究 [J]. 沈阳农业大学学报,2001,32(2):137-140.

[145] 宋旭光，席玮 . 辽宁省水资源承载力及其可持续利用 [J]. 城市发展研究,2006（6）:119-123.

[146] 孟庆华 . 基于生态足迹的京津冀人口容量研究 [J]. 林业资源管理,2014,4(4):8-13.

[147] 胡兆量 . 北京人口规模的回顾与展望 [J]. 城市发展研究，2011，18（4）:8-10.

[148] 单刚,王晓原,王凤群 . 城市交通与城市空间结构演变 [J]. 城市问题,2007(9):37-42.

[149] 姜成 . 郑州市城市交通与城市空间结构互动作用研究 [D]. 郑州：河南大学，2013.

[150] 董城，陈建强，耿建扩 . 京津冀联合打造交通体系 [N]. 光明日报，2014-4-10.

[151] 刘孝贤 . 中国民用航空发展前景分析 [J]. 山东英才学院学报，2012，8（2）:59-64.

[152] 何一民 . 清代藏、新、蒙地区城市的发展变迁 [J]. 民族学刊，2011（6）:1-11.

[153] 乌云格日勒 . 清代边城多伦诺尔的地位及其兴衰 [J]. 中国边疆史地研究，2000（2）:79-86.

[154] 冯科，吴次芳，韦仕川，刘勇 . 管理城市空间扩展——UGB 及其对中国的启示 [J]. 中国土地科学，2008（5）:77-80.

[155] 李海峰 . 城市形态、交通模式和居民出行方式研究 [D]. 南京：东南大学，2006.

[156] 中国大百科全书编辑委员会 . 中国大百科全书(建筑·园林·城市规划)[M]. 北京：中国大百科全书出版社，1988.

彩色插页

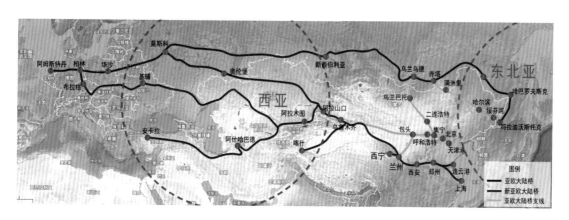

图1-3 亚欧大陆桥重要通道线路示意图

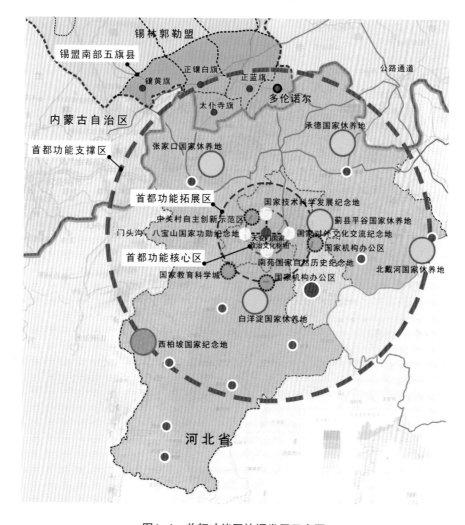

图1-4 首都功能区协调发展示意图

图1-5　内蒙古空间布局结构示意图

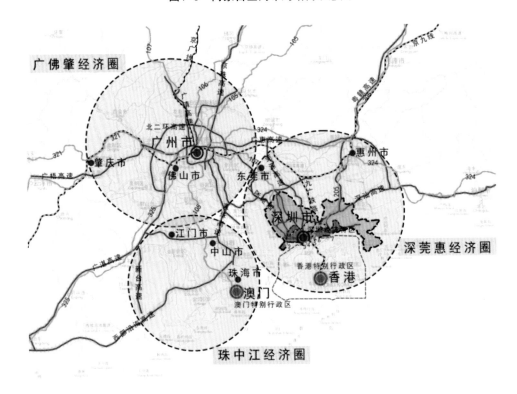

图2-2　深圳市区位示意图

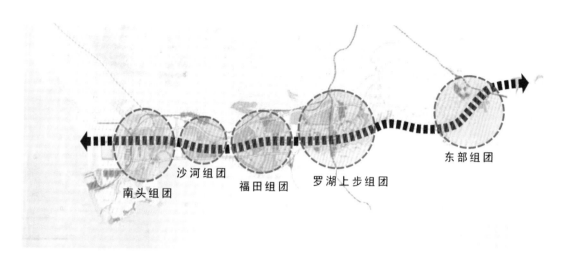

图2-3　深圳市1986版总规城市空间结构示意图

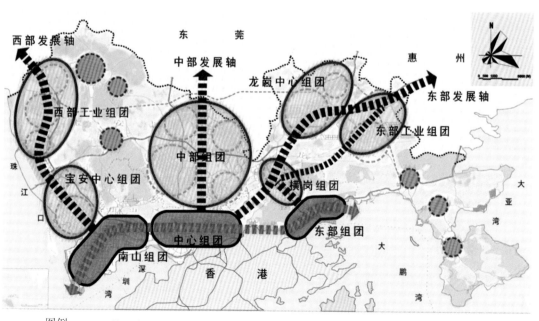

图例　◼特区内组团　◨特区外组团　▢组团内城镇　◉独立城镇　▬▬发展轴线

图2-4　深圳市1996版总规城市空间结构示意图

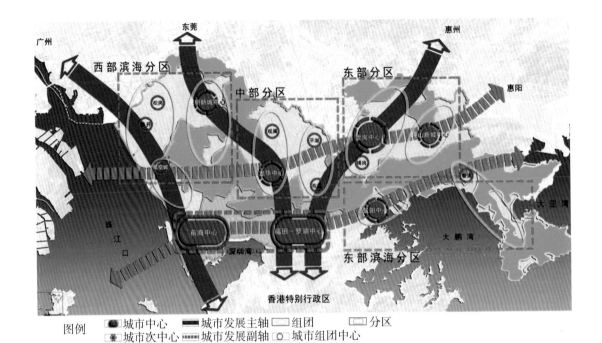

图2-5 深圳市2010版总规城市空间结构示意图

图3-2 内蒙古区位关系示意图

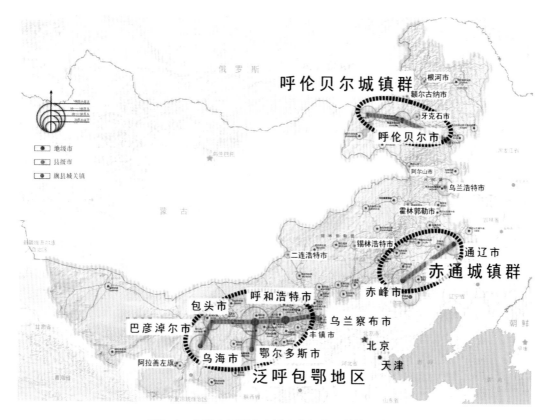

图3-4 内蒙古区域中心城市空间布局结构示意图

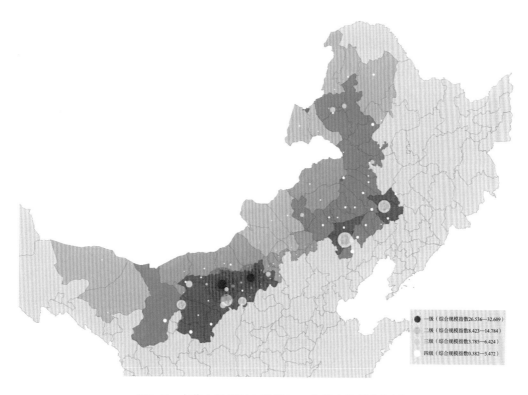

图3-7 内蒙古县级以上城镇2013年综合规模分级图

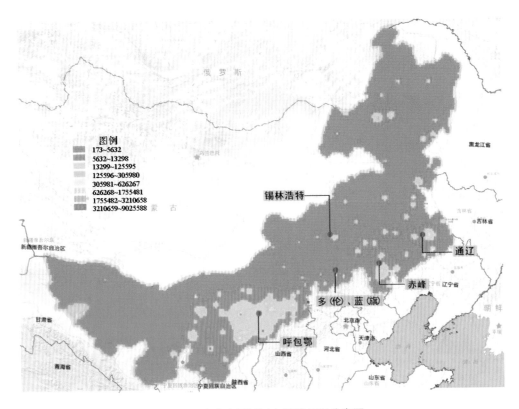

图3-8　内蒙古县城以上城镇场强分布图

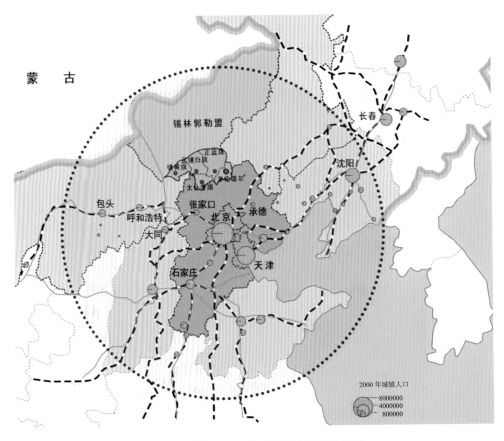

图5-3　半径600km左右的首都经济圈地区

图5-8 锡盟南部产业空间布局示意图

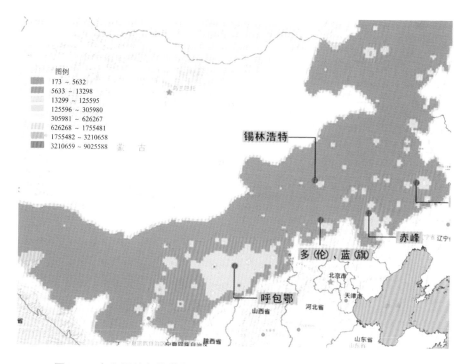

图6-1 人为调整多伦诺尔综合规模后内蒙古县城以上城镇场强分布图

图7-6 区域高速网络发展趋势图

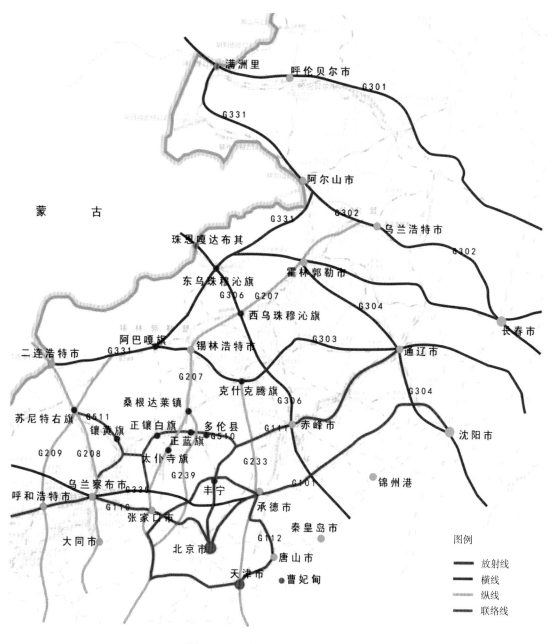

图7-7 区域国道网络发展趋势图

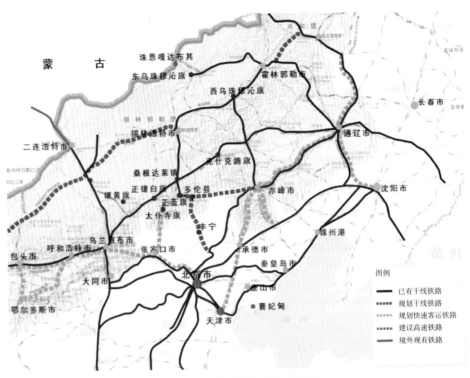

图7-8 区域铁路网络发展趋势图

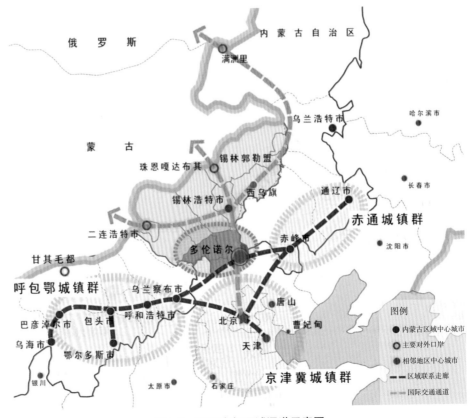

图7-9 锡盟南部区域通道示意图

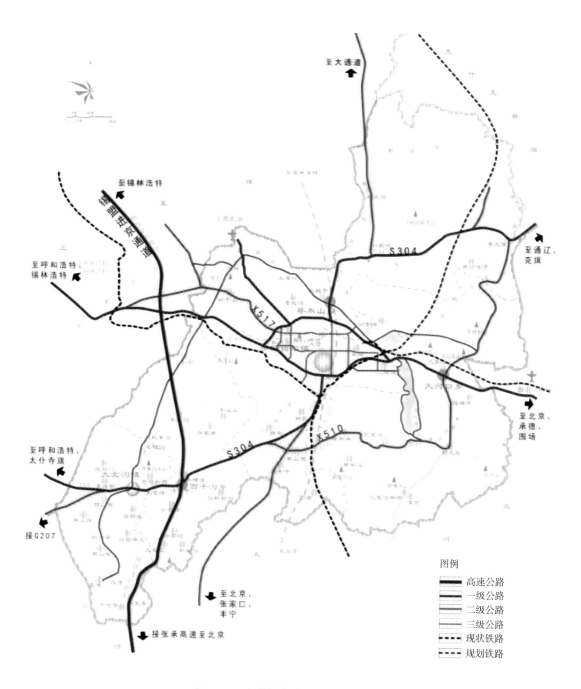

图7-10　多伦诺尔交通网络示意图

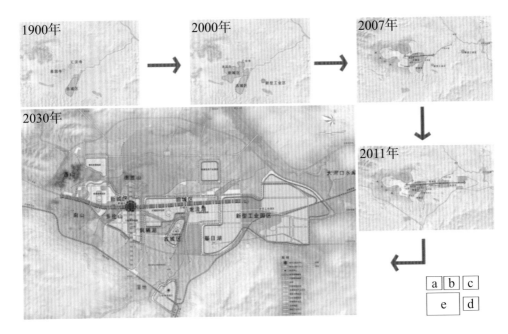

图8-2　多伦诺尔城市空间格局演变示意图

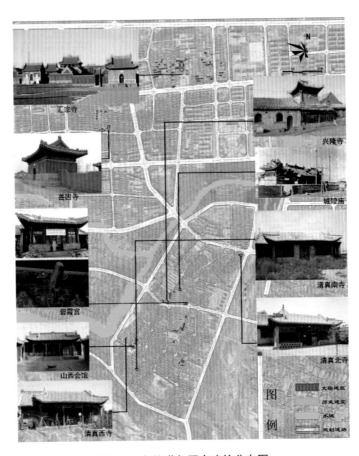

图8-3　多伦诺尔历史建筑分布图

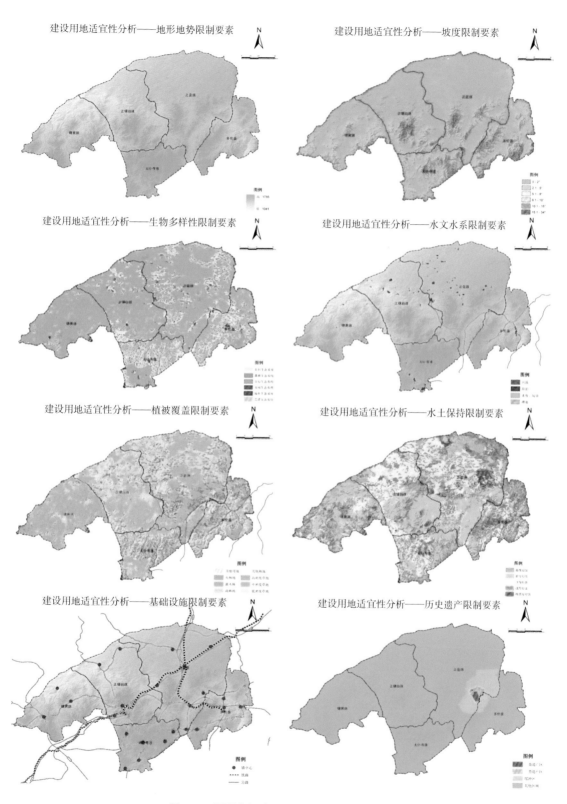

图8-4　锡盟南部建设用地限制要素分析图

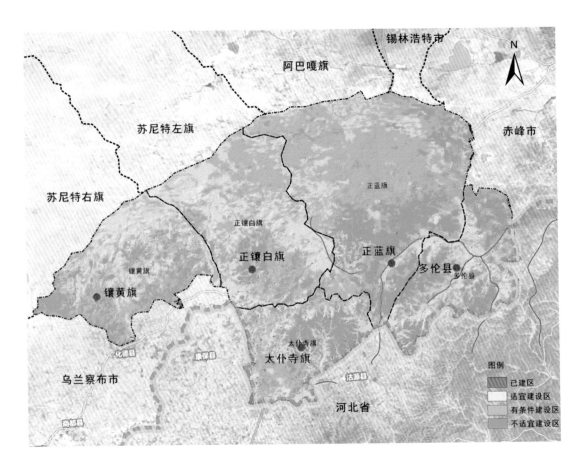

图8-5　多伦诺尔建设用地适宜性分析图

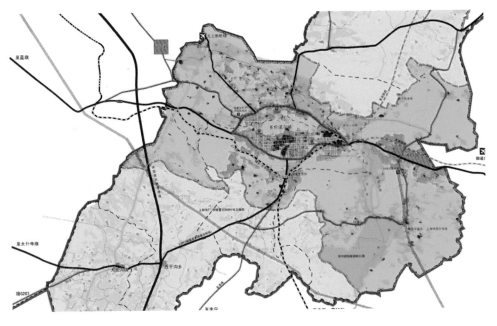

图8-7　多伦诺尔城市空间增长边界

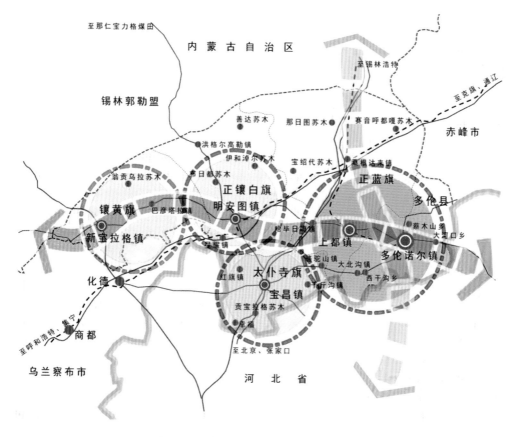

图8-11　锡盟南部地区城镇空间结构图

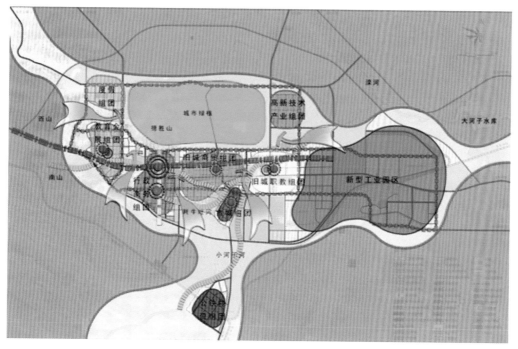

图8-12　多伦诺尔中心城区空间结构图

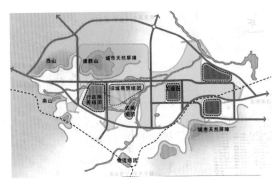

图8-13　多伦诺尔中心城区一期结构图

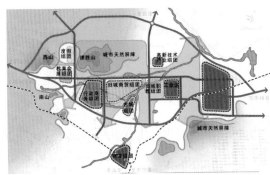

图8-14　多伦诺尔中心城区二期结构图

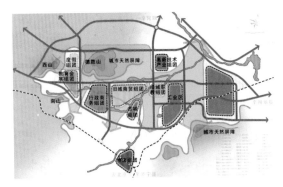

图8-15　多伦诺尔中心城区三期结构图

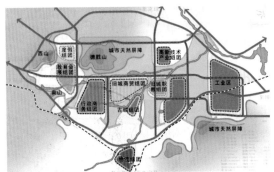

图8-16　多伦诺尔中心城区四期结构图

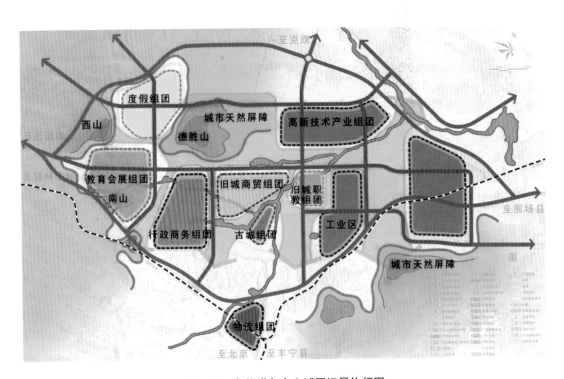

图8-17　多伦诺尔中心城区远景构想图